教学案例

图4.9　某教堂彩色玻璃窗

图5.21　马赛公寓

图5.20　某住宅立面

图5.22　盖蒂艺术中心

图5.23　2010年上海世博会第四展馆

图5.26　美国大气研究中心

图5.27　2010年上海世博会意大利馆

图5.28　毕尔巴鄂古根海姆博物馆

图5.30　苏州科技文化艺术中心

图5.29　贝尔法斯特泰坦尼克号博物馆

图5.31　拉斯维加斯某酒店的玻璃幕墙

图5.32　德国慕尼黑安联球场

图5.33　英国伯明翰塞尔福里奇商店

图6.10　室内设计效果图1

图6.11　室内设计效果图2

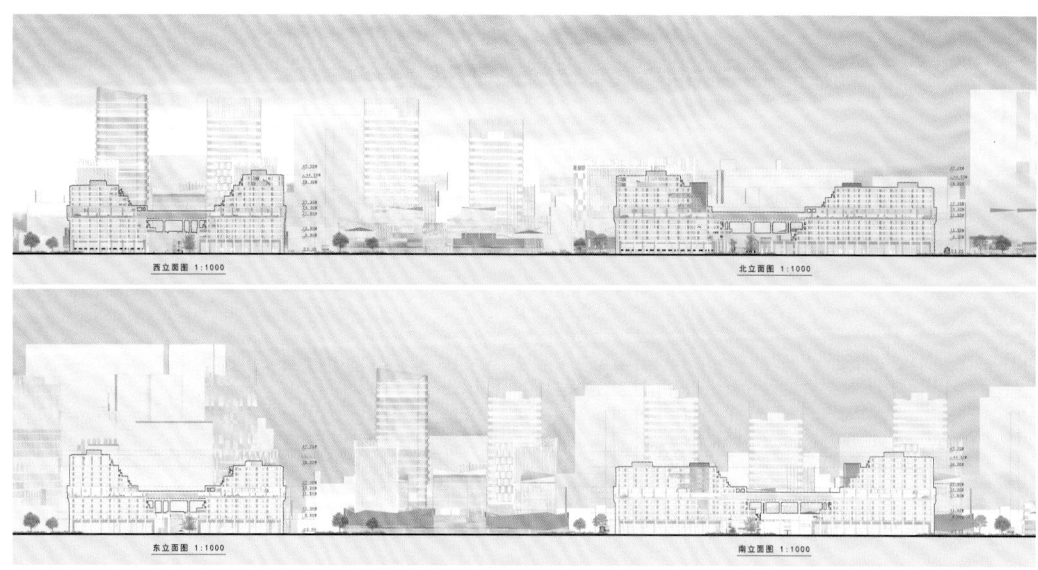

图6.12　建筑设计立面图

图6.13　建筑设计效果图

图6.23　色彩在草图上的运用

（a）明月稷时·清影苑——养老社区设计

（b）教学楼前厅改造设计

（c）矿迹——游客服务中心设计

（d）工大·印——高校博物馆设计

（e）锦韵长安·俯瞰韦曲——高层建筑设计1

（f）锦韵长安·俯瞰韦曲——高层建筑设计2

图6.42 建筑效果图1

（a）The Collage Museum——十张照片摄影博物馆

（b）NOA Hotel——高层商务酒店设计

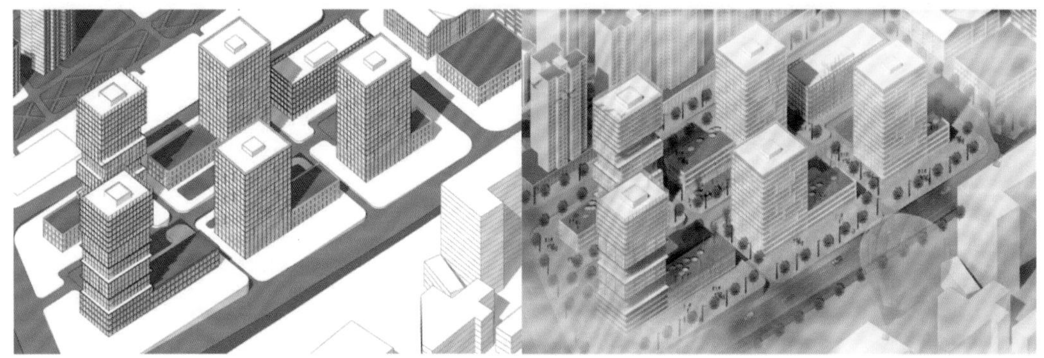

（c）日时新译——韦曲老街及周边地块城市设计

图6.43　建筑效果图2

（a）安·乐·居——住宅设计

（b）古桥之上——博物馆设计

（c）城五届、宅有间——居住区设计

图6.44　建筑效果图3

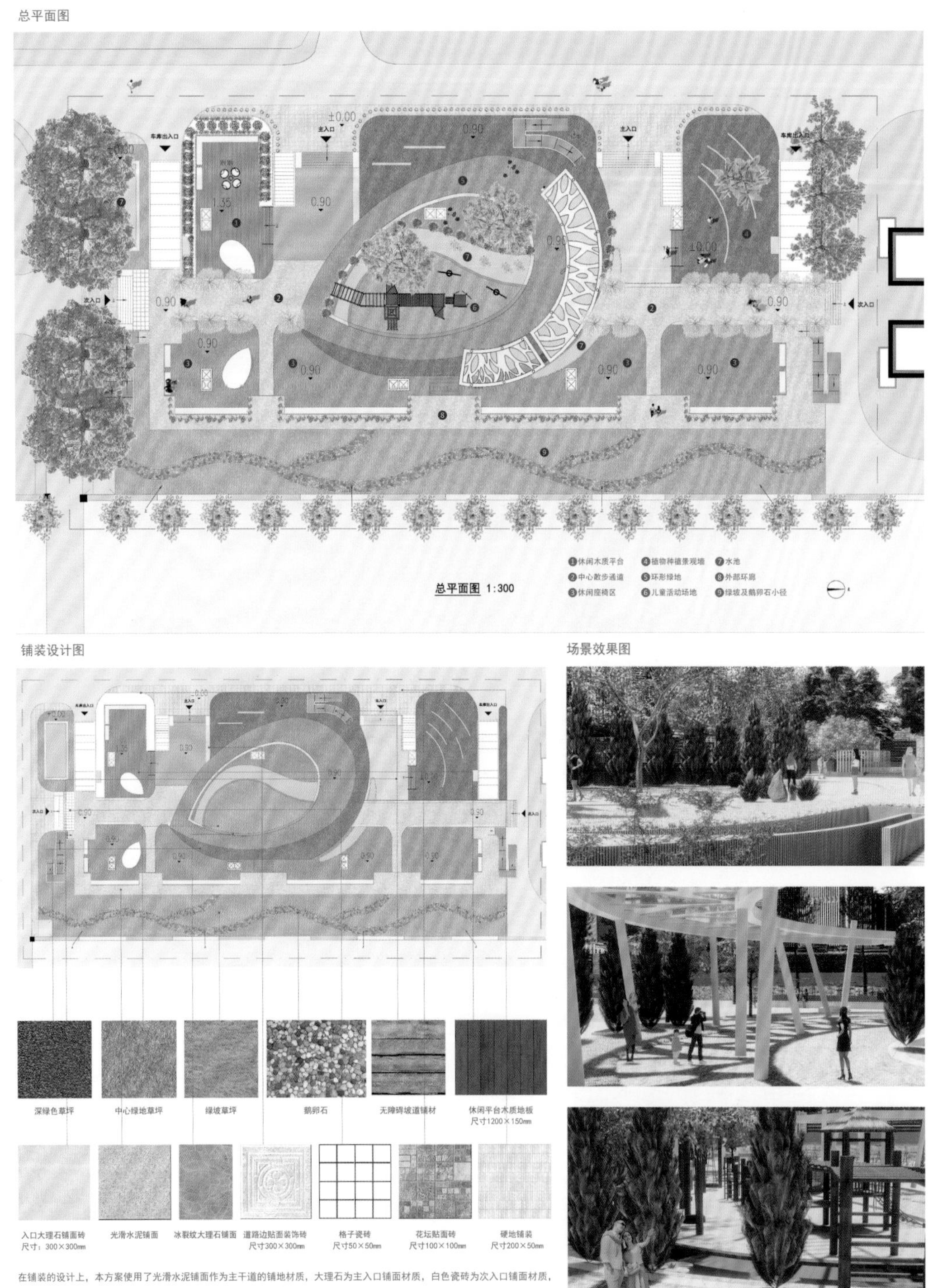

图6.56　绿色调表达场地景观设计总平面图

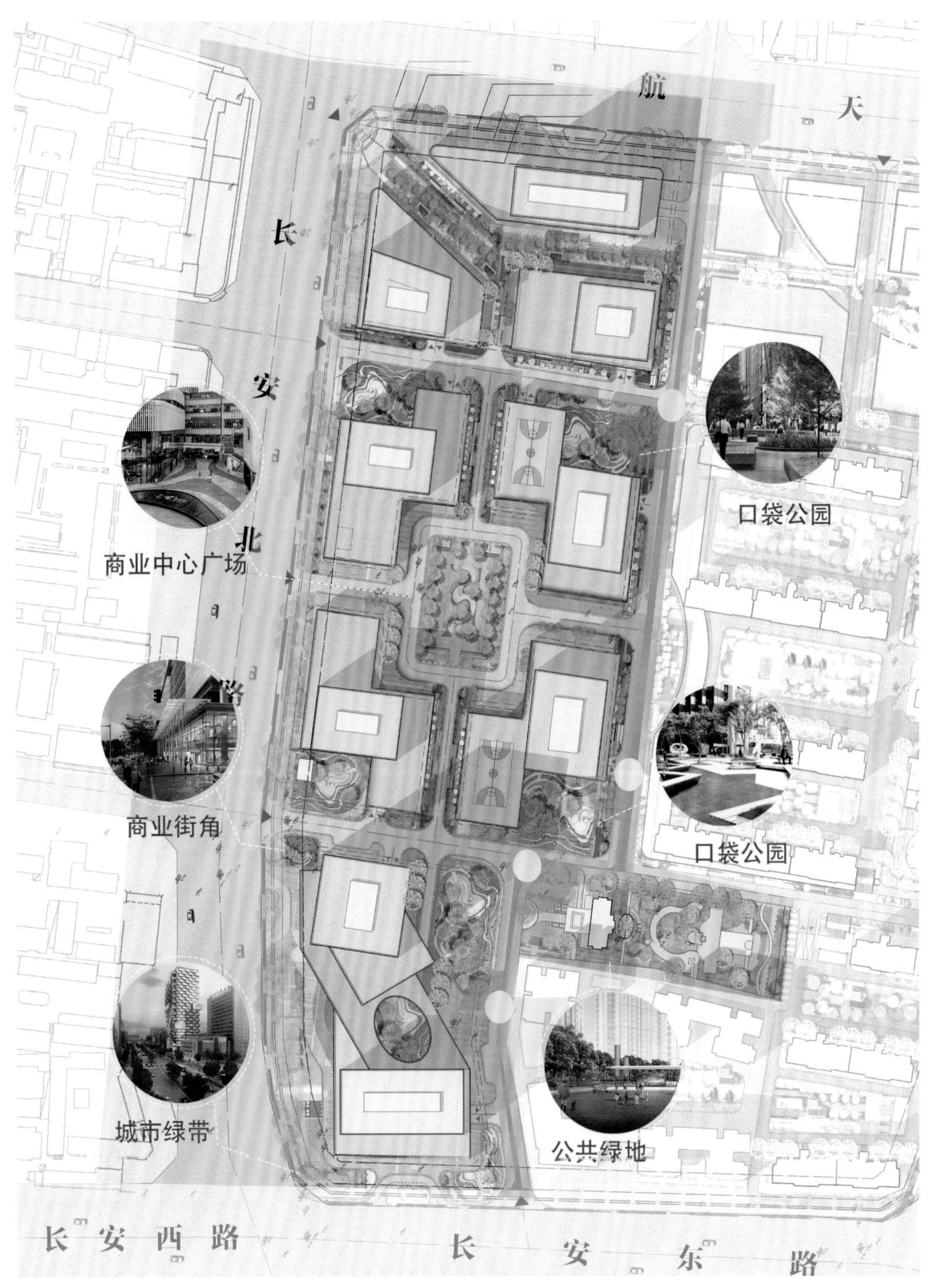

图6.57　城市公共空间设计总平面图

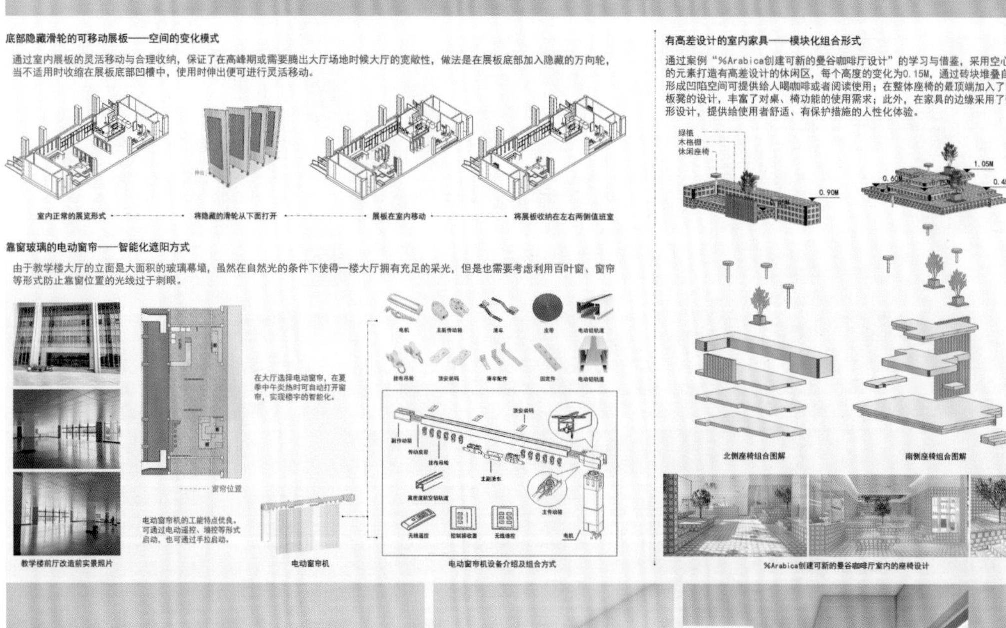

图6.58　教学楼前厅兼咖啡厅设计1

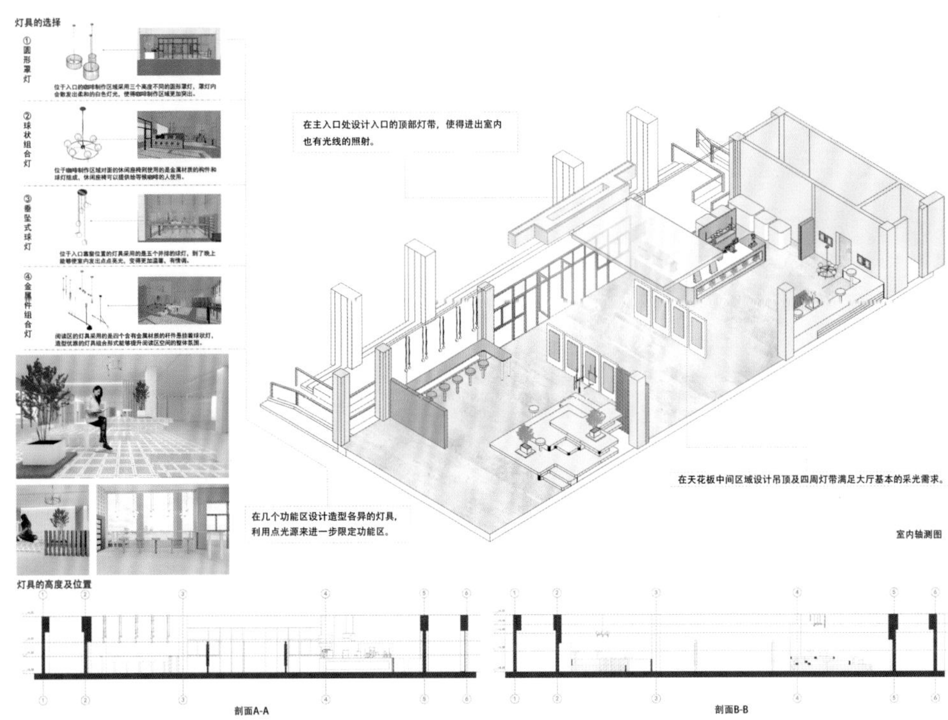

图6.59　教学楼前厅兼咖啡厅设计2

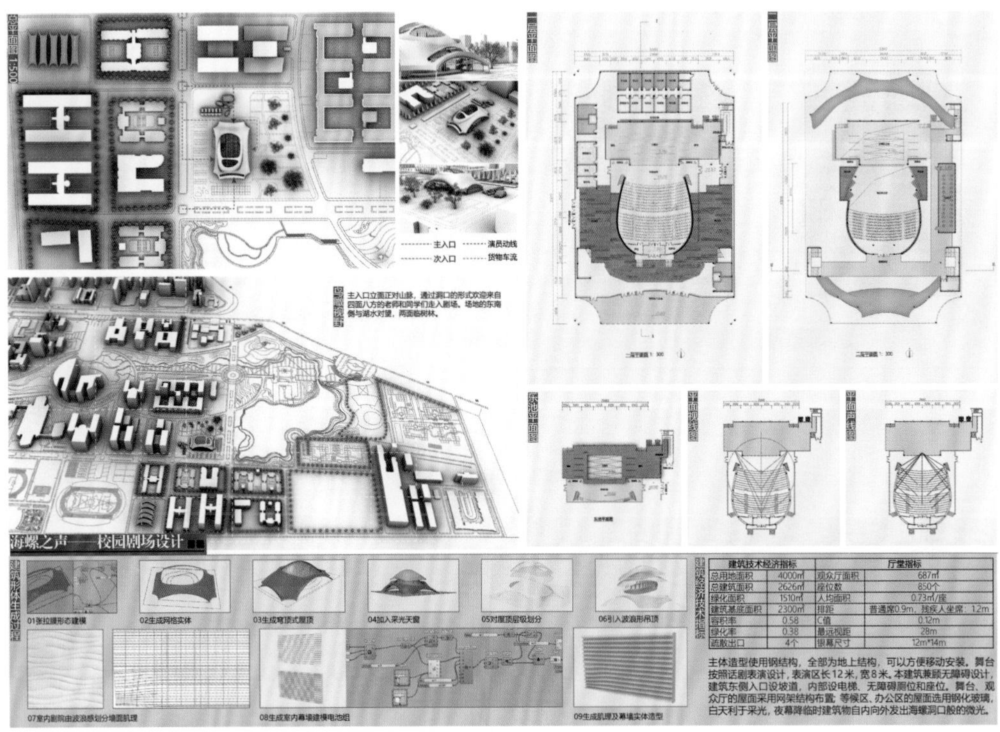

建筑技术经济指标		厅堂指标	
总用地面积	4000㎡	观众厅面积	687㎡
总建筑面积	2626㎡	座位数	850个
绿化面积	1510㎡	人均面积	0.73㎡/座
建筑基底面积	2300㎡	排距	普通席0.9m，残疾人坐席：1.2m
容积率	0.58	C值	0.12m
绿化率	0.38	最远视距	28m
疏散出口	4个	银幕尺寸	12m*14m

主体造型使用钢结构，全部为地上结构，可以方便移动安装。舞台按照话剧表演设计，表演区长12米，宽8米。本建筑兼顾无障碍设计，建筑东侧入口设坡道，内部设电梯、无障碍厕位和座位。舞台、观众厅的屋面采用网架结构布置；等候区、办公区的屋面选用钢化玻璃，白天利于采光，夜幕降临时建筑物自内向外发出海螺洞口般的微光。

图6.61　亮黄色彩表现场地高度差、道路信息

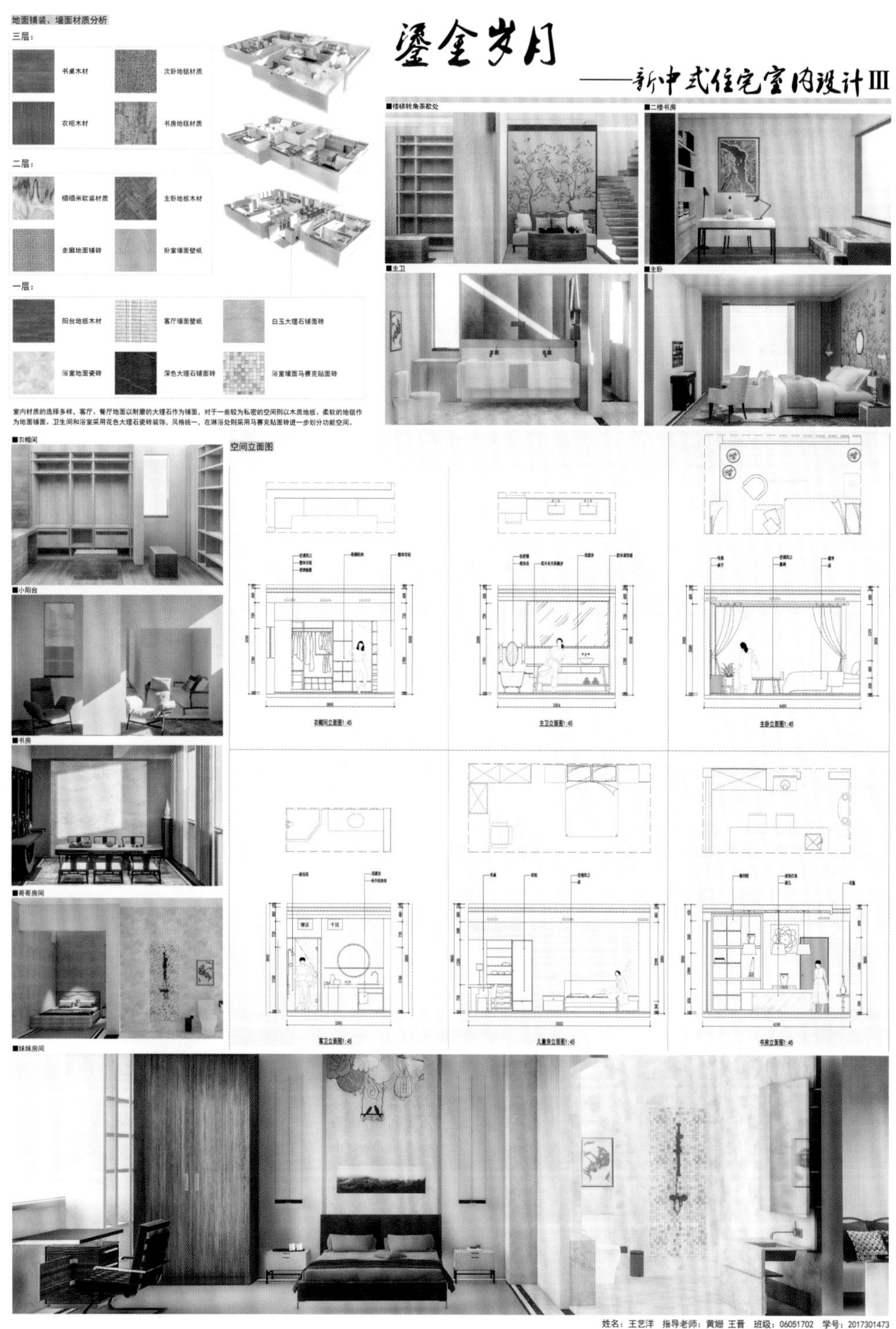

图6.60　暖黄色调在室内设计中的运用与表达

学生作品

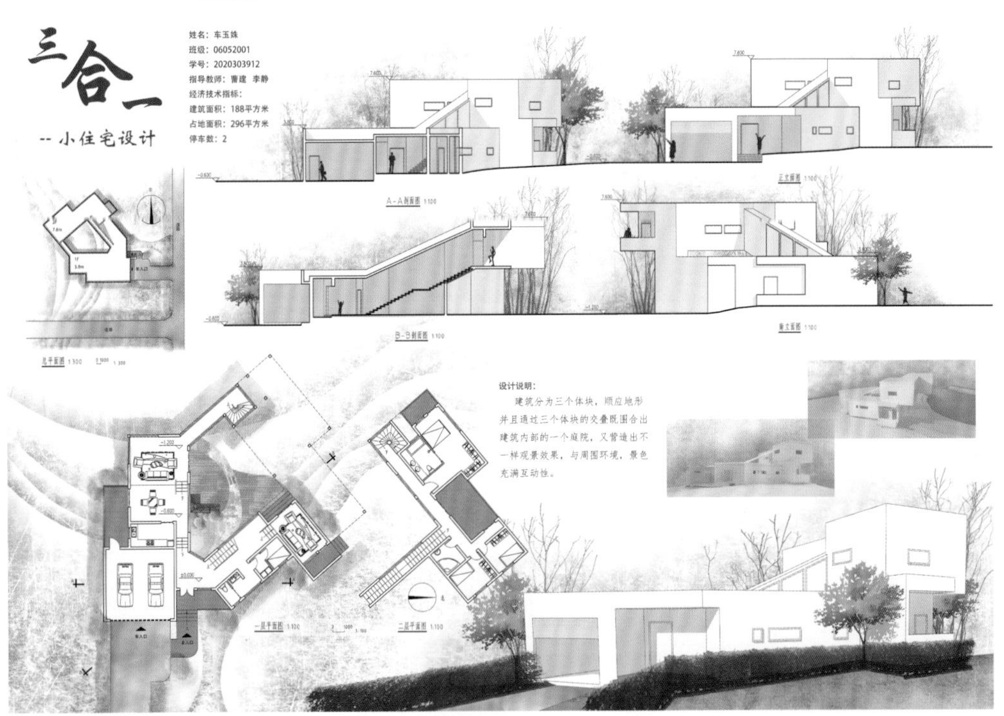

别墅设计作品（学生：车玉姝）

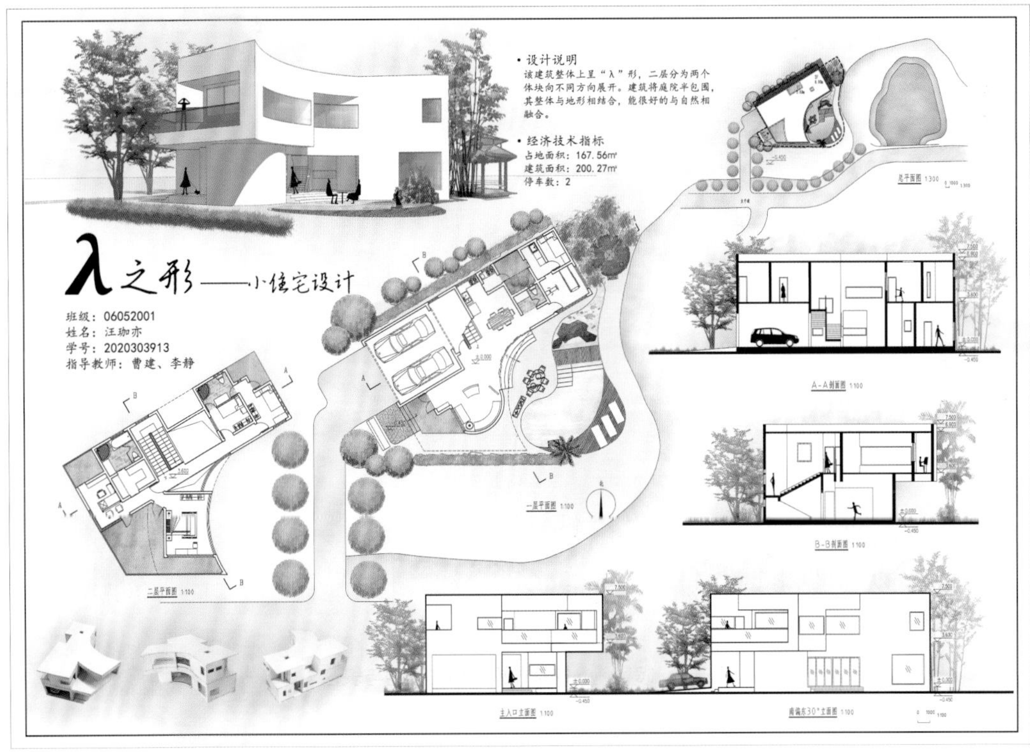

别墅设计作品（学生：汪珈亦）

别墅设计作品（学生：贺富年）

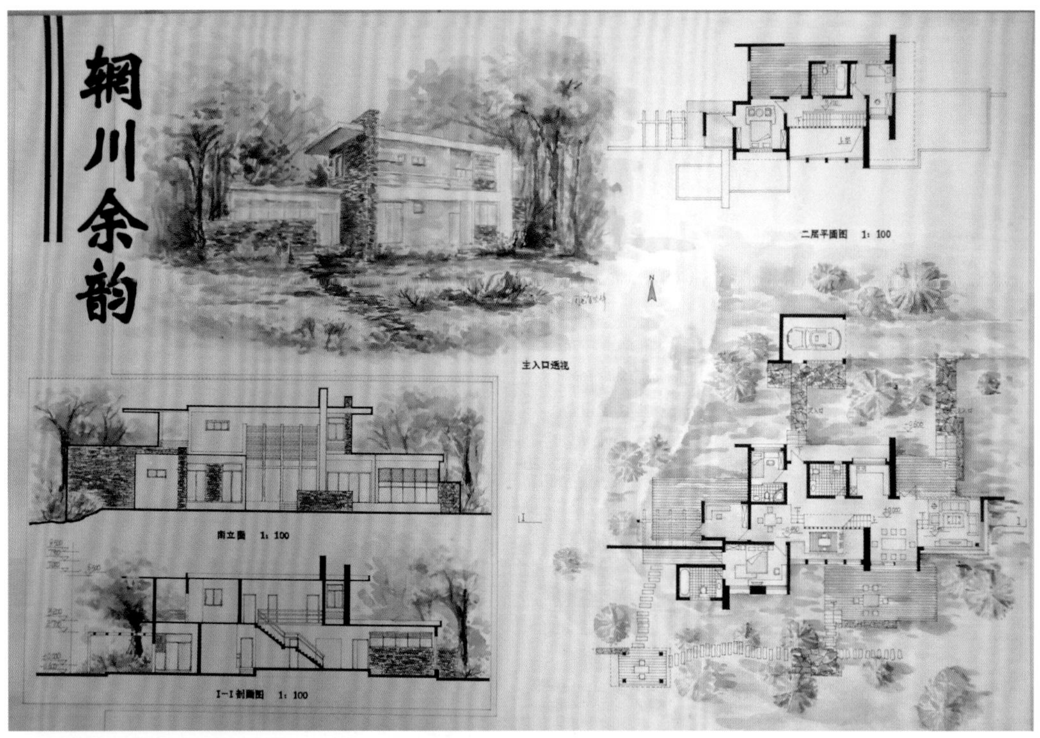

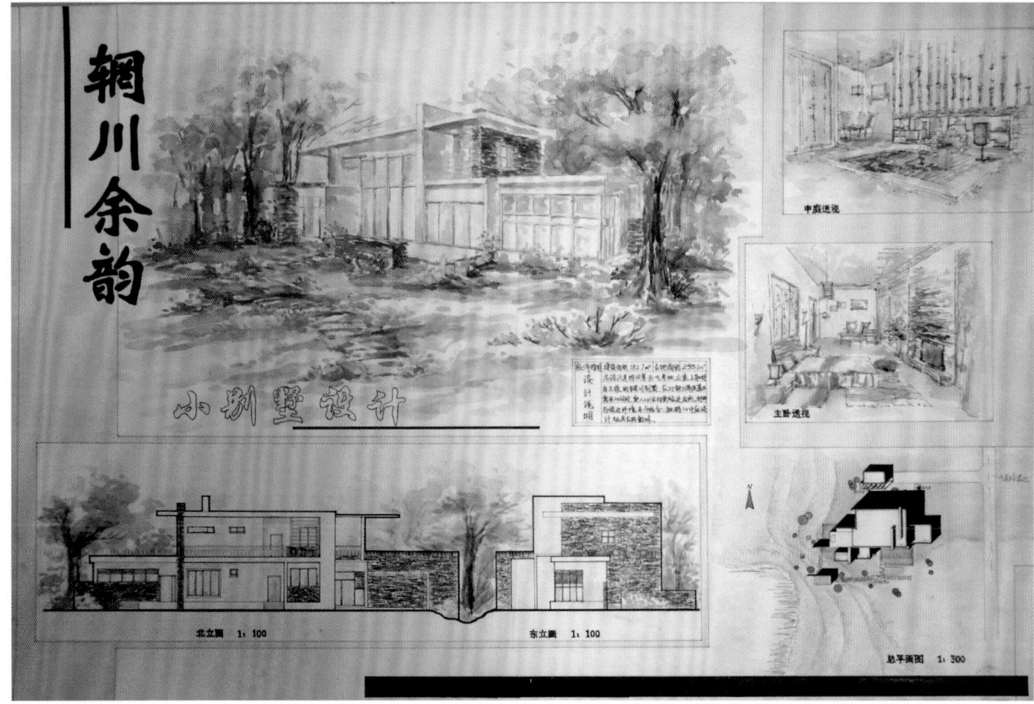

别墅设计作品（学生：王正驰）

别墅设计作品（学生：张梦婧）

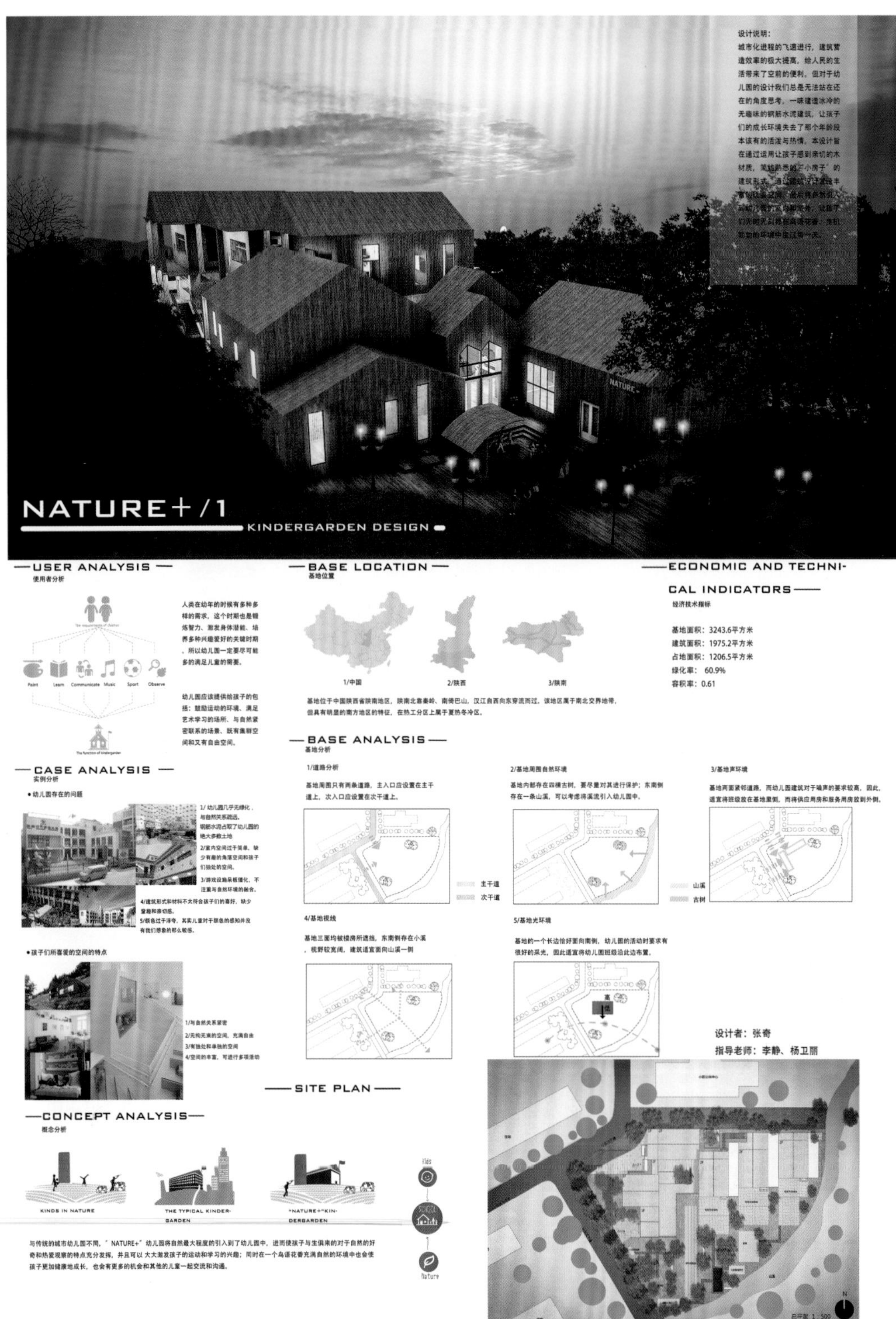

幼儿园设计作品1/3（学生：张奇）

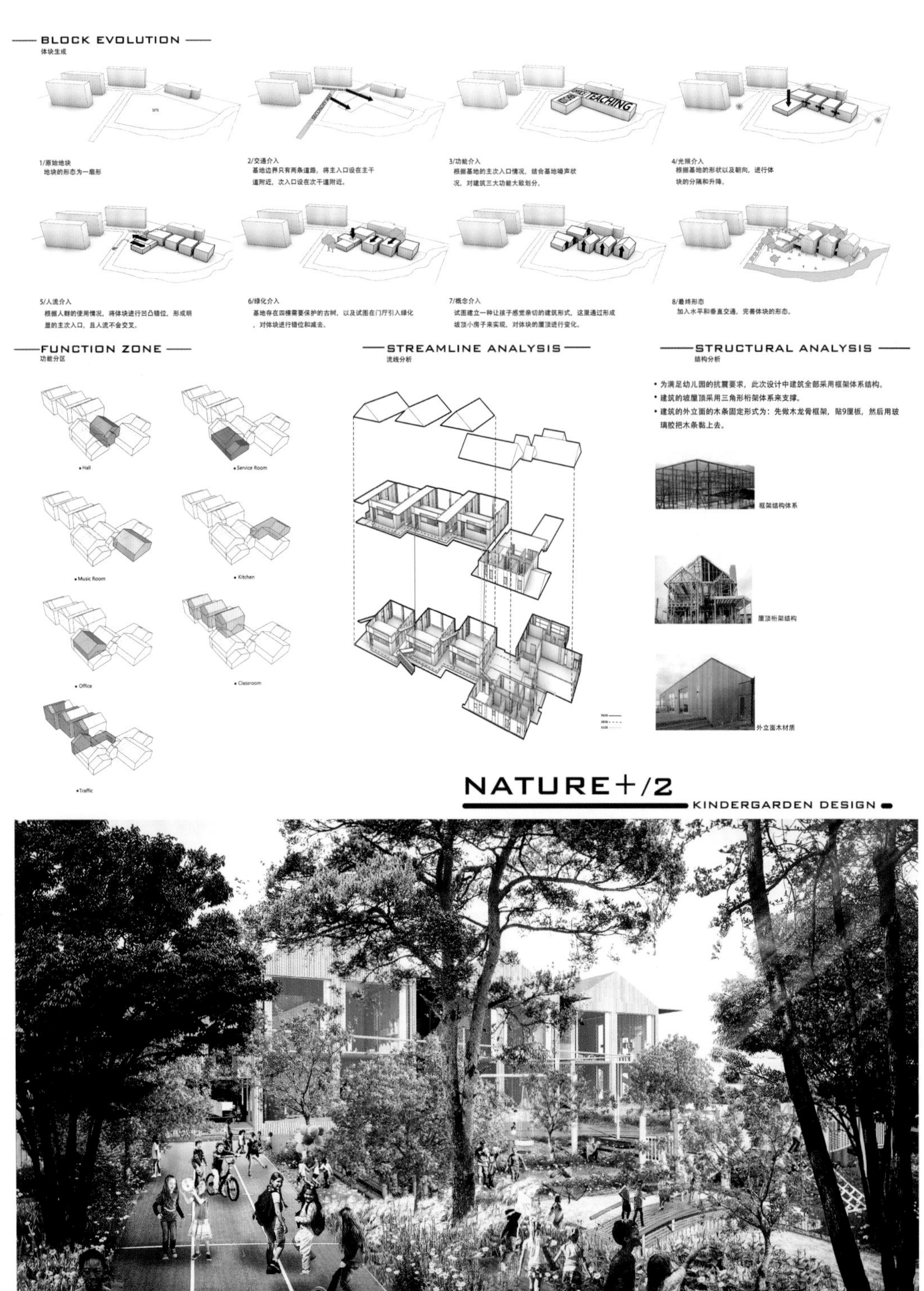

幼儿园设计作品2/3（学生：张奇）

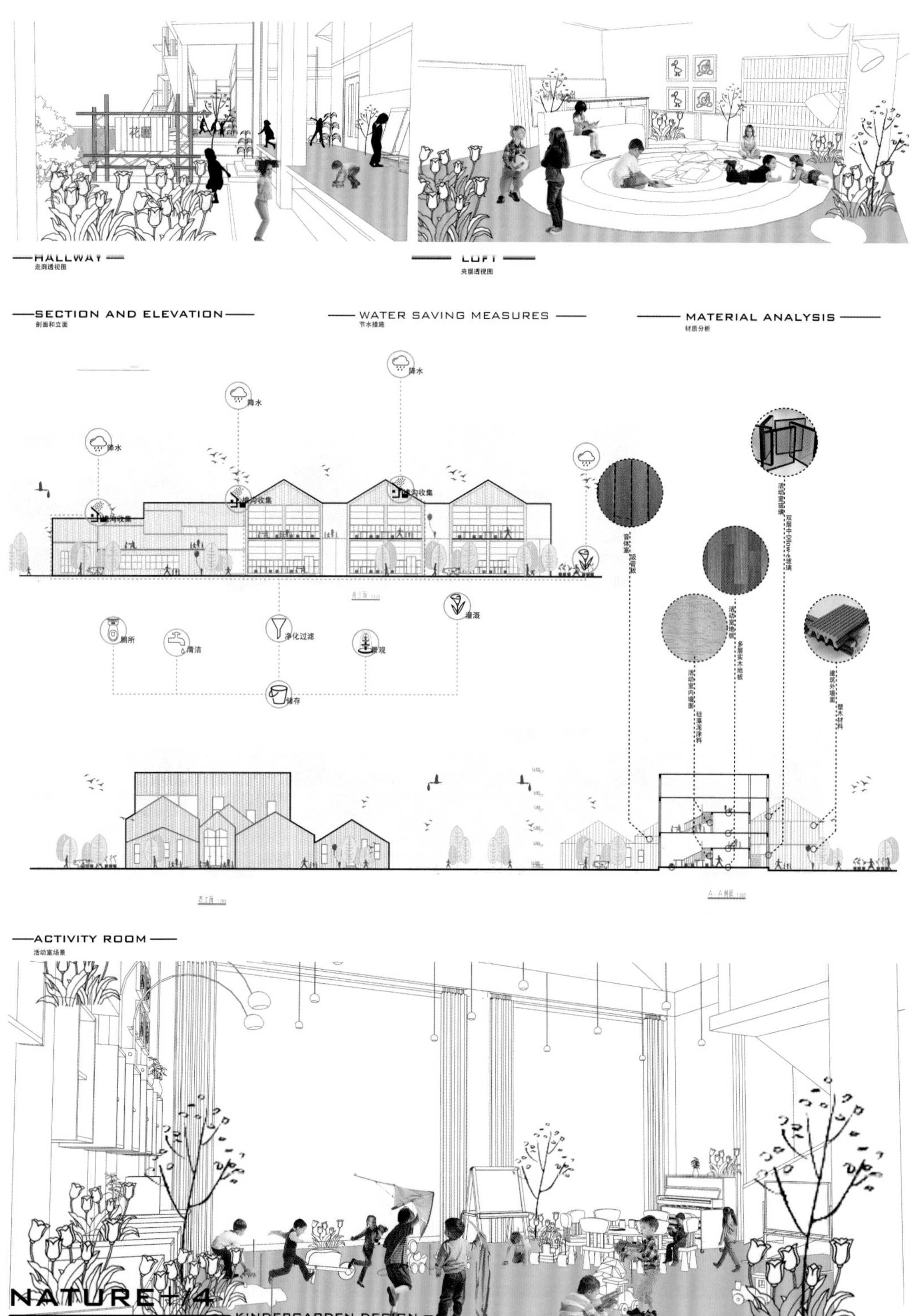

幼儿园设计作品3/3（学生：张奇）

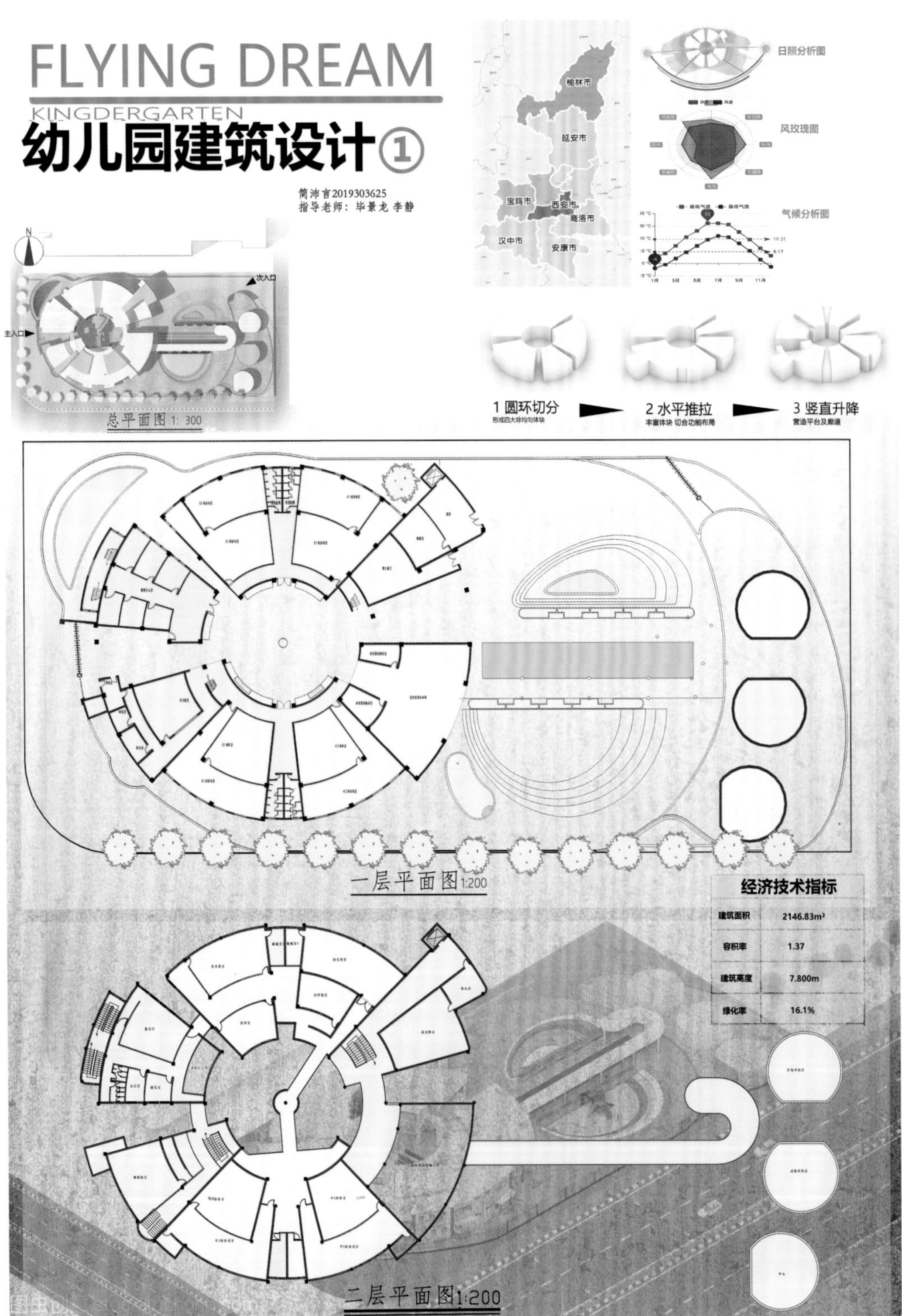

幼儿园设计作品1/2（学生：简沛言）

FLYING DREAM

KINGDERGARTEN

幼儿园建筑设计②

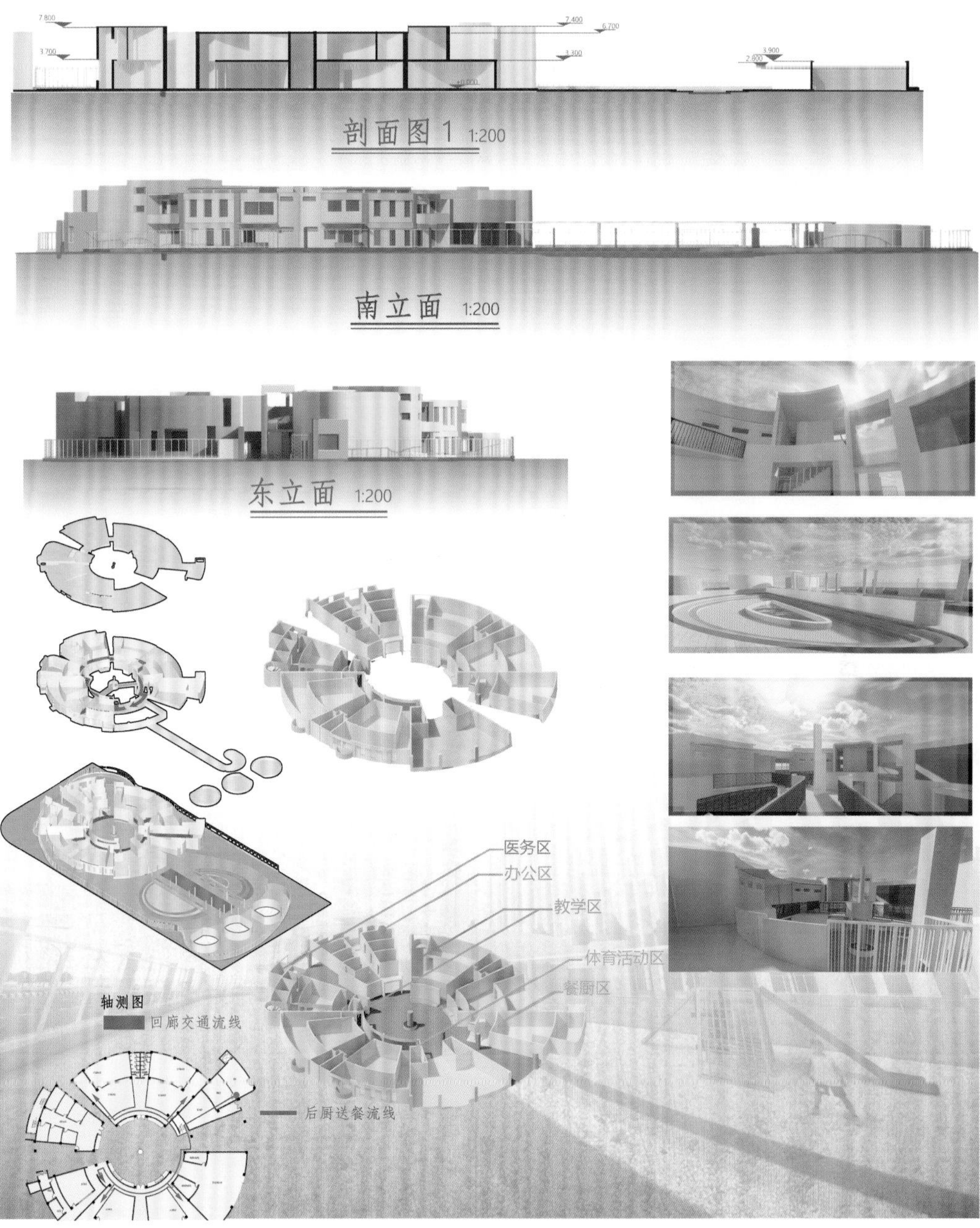

幼儿园设计作品2/2（学生：简沛言）

COLLECTING SUNSHINE 1

LOCATION ANALYSIS

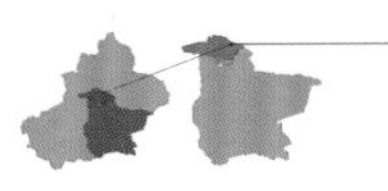

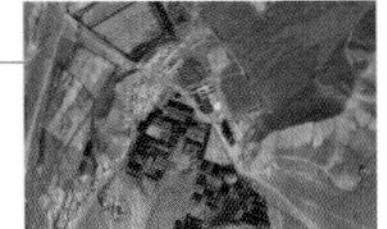

CLIMATE ANALYSIS

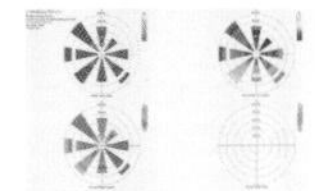

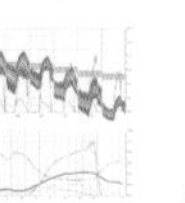

The winter is cold and long, the thawing is slow in spring there are many winds, and the weather is cool in summer and in autumn. The resource of solar energy is rich. The temperature difference between day and night is large.

CURRENT SITUATION ANALYSIS

Village houses

The road outside the project site

Current project land

Current land Eentrance

The old houses are dilapidated, which need to be rebuilt. The infrastructure in the base is poor, no drainage measures, and unstable communication, but with running water system, poor power supply stability. The village is in the northwest side of the land, with a distance of about 100 meters. The land is surrounded by pastures.

DESIGN CONCEPT

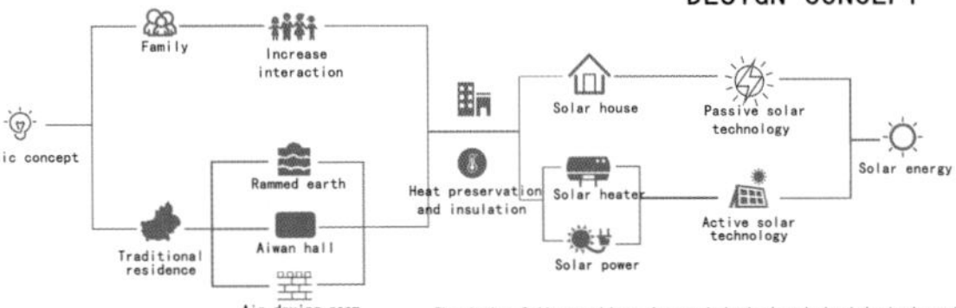

本设计充分考虑幼儿的心理和生理需求，将新疆传统民中的阿以往大厅形式与整体建筑结合，在形成过程中将主动式与被动式太阳能技术、A2/O污水处理系统、风力发电技术等纳入建筑之中，形成完整的节能系统。建筑建造采用适应当地气候特征的夯土结构来减少建造成本和后期维护成本，更好达到保温隔热的效果，为孩子、村民形成温馨的生活、娱乐场所。

The design fully considers the psychological and physiological needs of children, combines the traditional Aiwan hall, and integrates the active and passive solar energy technology, A2 / O sewage treatment system, wind power generation technology, etc. into the building during the formation process, forming a complete energy-saving system. The rammed earth structure adapted to the local climate features is adopted in the construction to reduce the construction cost and later maintenance cost, better achieve the effect of heat preservation and insulation, and form a warm living and entertainment place for children and villagers.

SITE ENVIRONMENT ANALYSIS

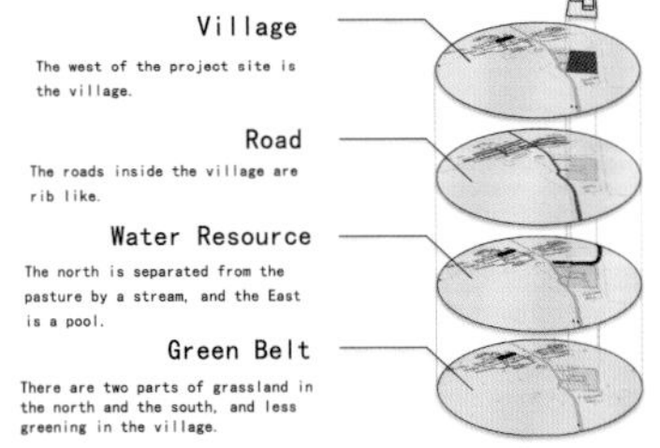

Village

The west of the project site is the village.

Road

The roads inside the village are rib like.

Water Resource

The north is separated from the pasture by a stream, and the East is a pool.

Green Belt

There are two parts of grassland in the north and the south, and less greening in the village.

TIME OF DIFFERENT PEOPLE IN DIFFERENT PLACES

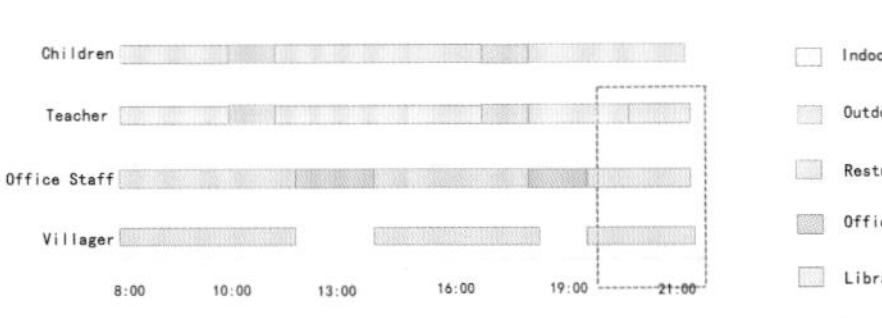

幼儿园设计作品1/5（学生：陈文静、白一伟、董春朝）

COLLECTING SUNSHINE 2

SITE PLANTING/LOGICAL GENERATION

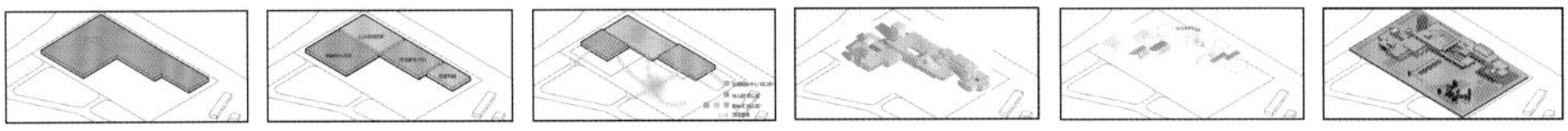

1. The land boundary is irregular.
2. According to the outline of building land, fit the outline of building and divide the area reasonably
3. Two Aiwan living units form the overall Aiwan pattern and create a flow line of activities
4. Refine the connection of partition blocks and deepen the modeling design.
5. Deepen the details
6. Appropriate landscape layout adjusts microclimate, deepens square and strengthens blocks connection.

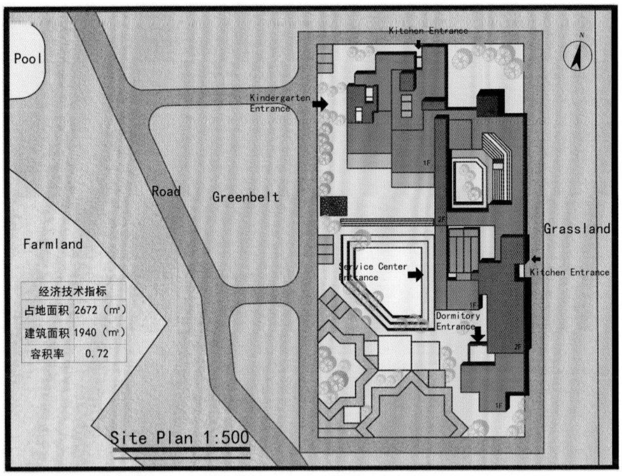

Pool
Kitchen Entrance
Kindergarten Entrance
Road
Greenbelt
Farmland
Grassland
Service Center Entrance
Kitchen Entrance
Dormitory Entrance

经济技术指标	
占地面积	2672（m²）
建筑面积	1940（m²）
容积率	0.72

Site Plan 1:500

TRAFFIC ANALYSIS

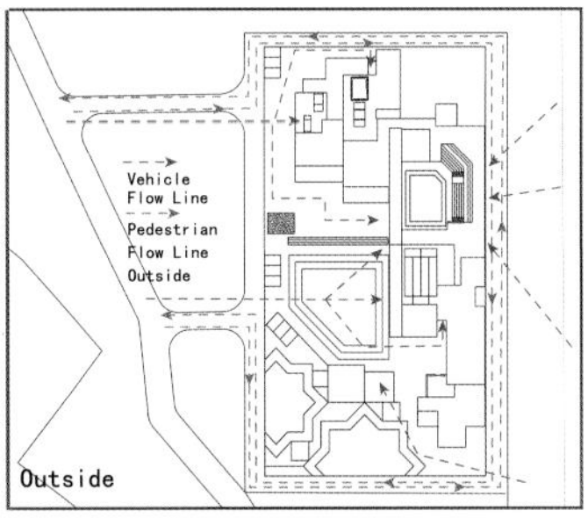

Vehicle Flow Line
Pedestrian Flow Line
Outside
Outside

SUNSHINE ANALYSIS

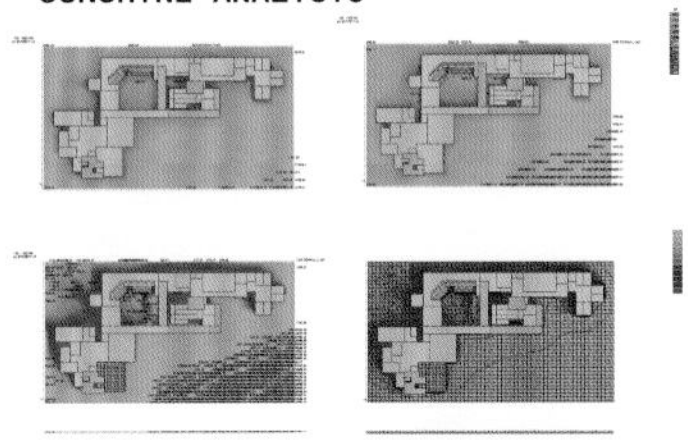

SHADOW ANALYSIS

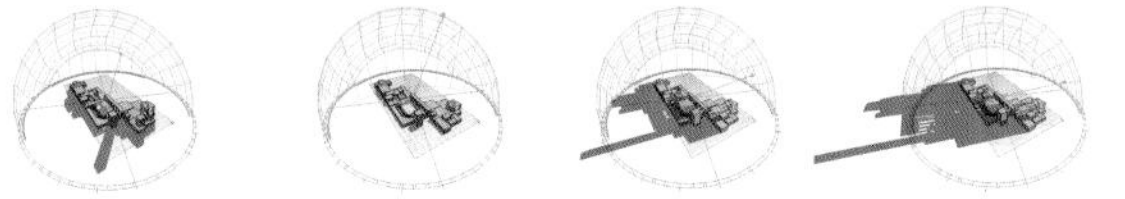

WIND POWER SYSTEM

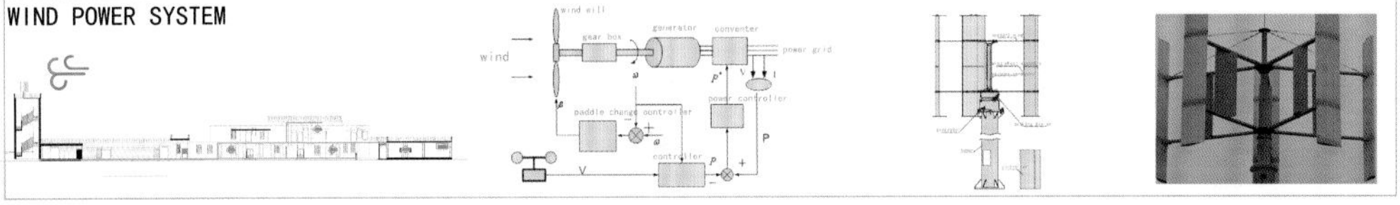

wind
gear box
generator
converter
power grid
paddle change controller
power controller
controller

SOLAR WATER HEATER SYSTEM

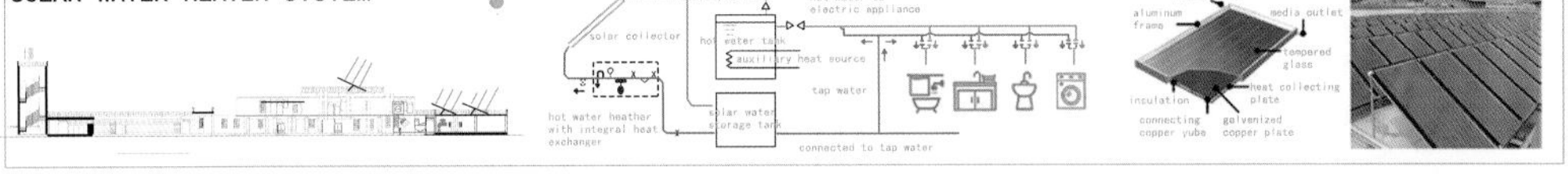

safety valve
hot water to electric appliance
solar collector
hot water tank
auxiliary heat source
tap water
hot water heather with integral heat exchanger
solar water storage tank
connected to tap water
media entry
aluminum frame
media outlet
tempered glass
incubation
heat collecting plate
connecting copper yube
galvanized copper plate

SOLAR PHOTOVOLTAIC SYSTEM

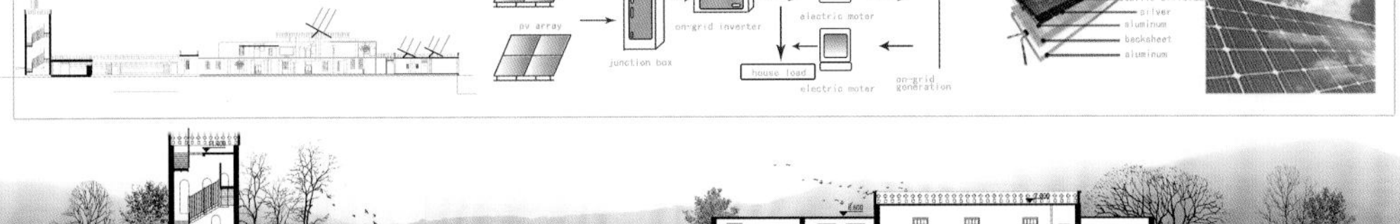

1-1 SECTION

幼儿园设计作品2/5（学生：陈文静、白一伟、董春朝）

COLLECTING SUNSHINE 3

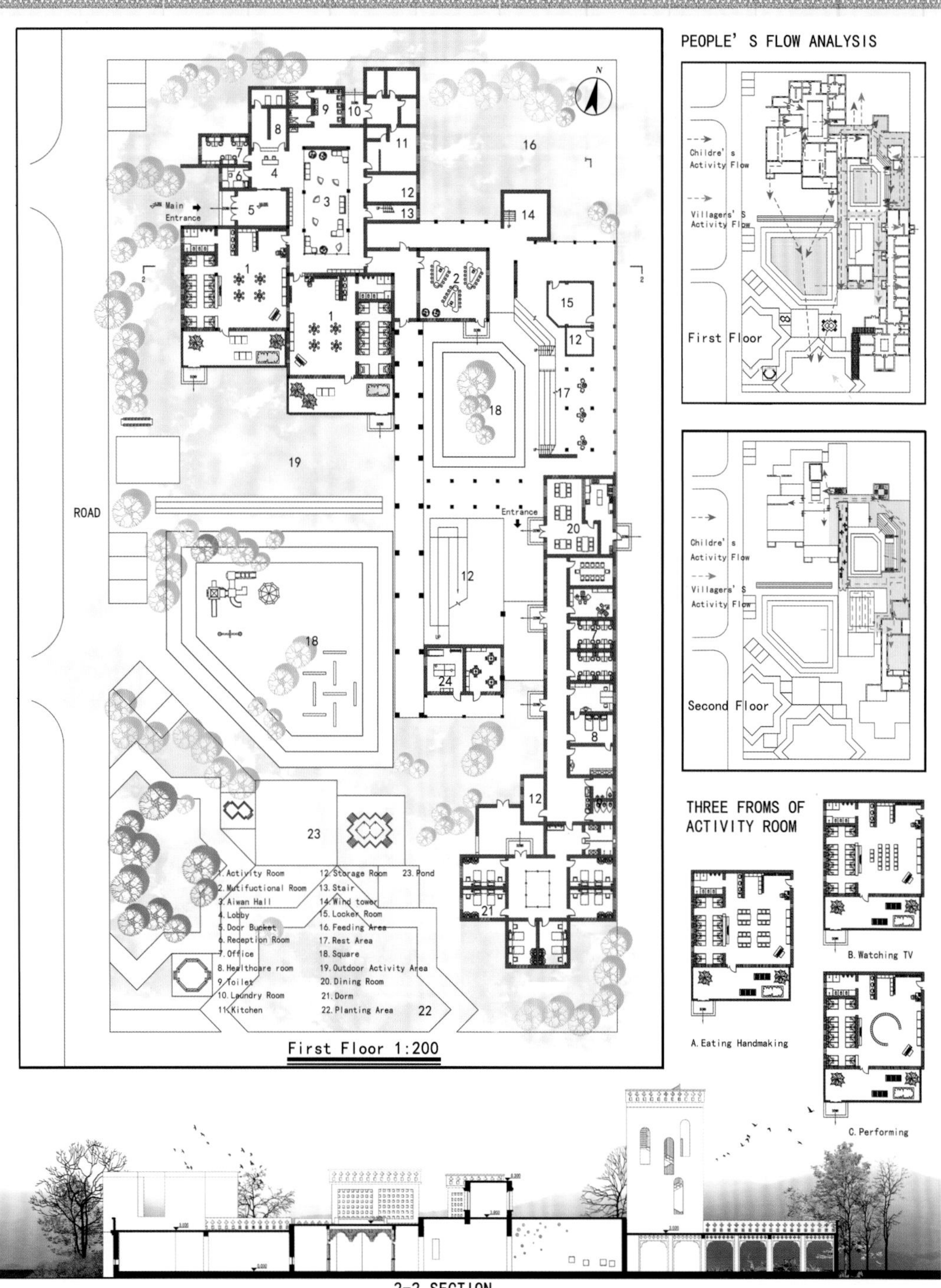

幼儿园设计作品3/5（学生：陈文静、白一伟、董春朝）

COLLECTING SUNSHINE 4

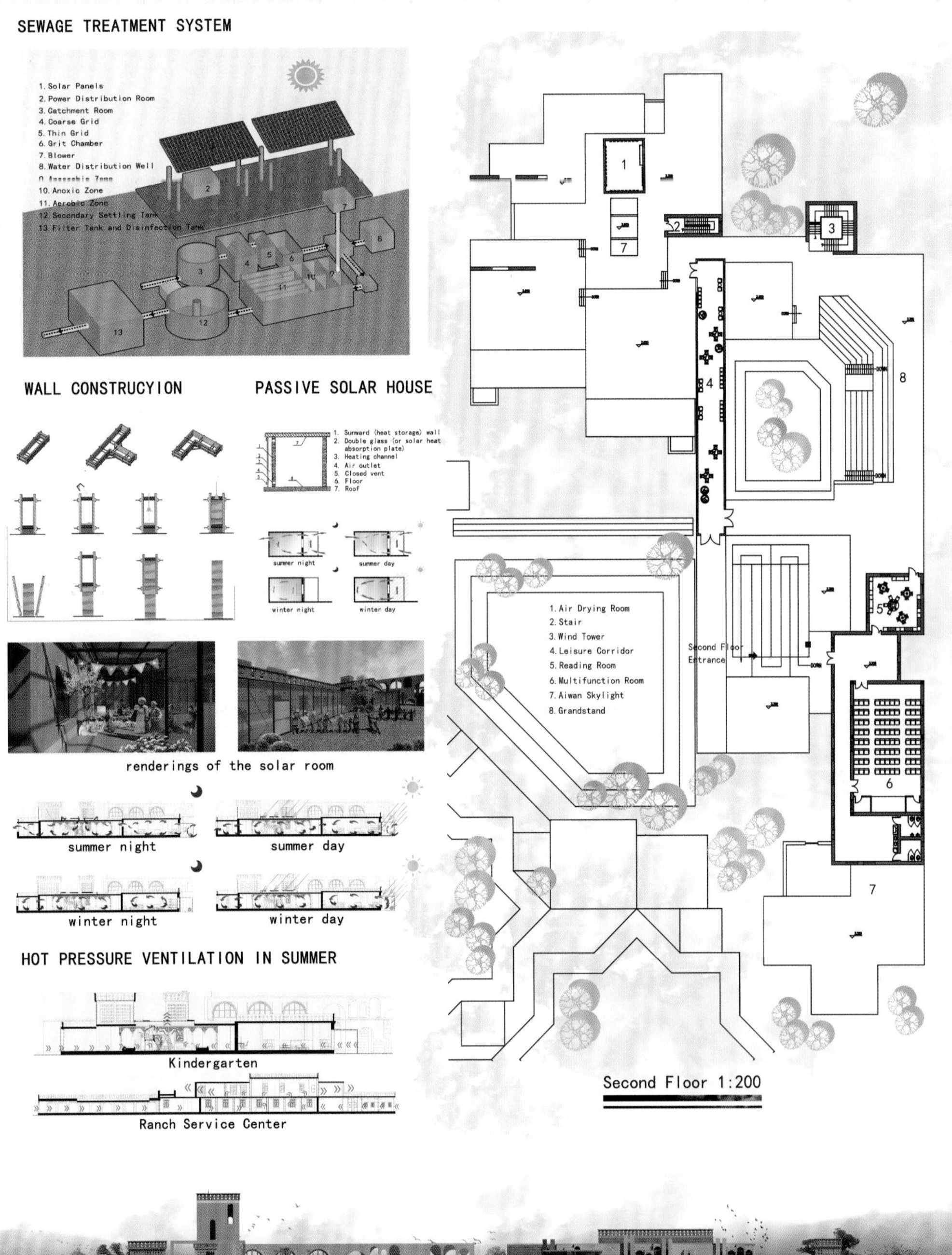

WEST ELEBATION

幼儿园设计作品4/5（学生：陈文静、白一伟、董春朝）

COLLECTING SUNSHINE 5

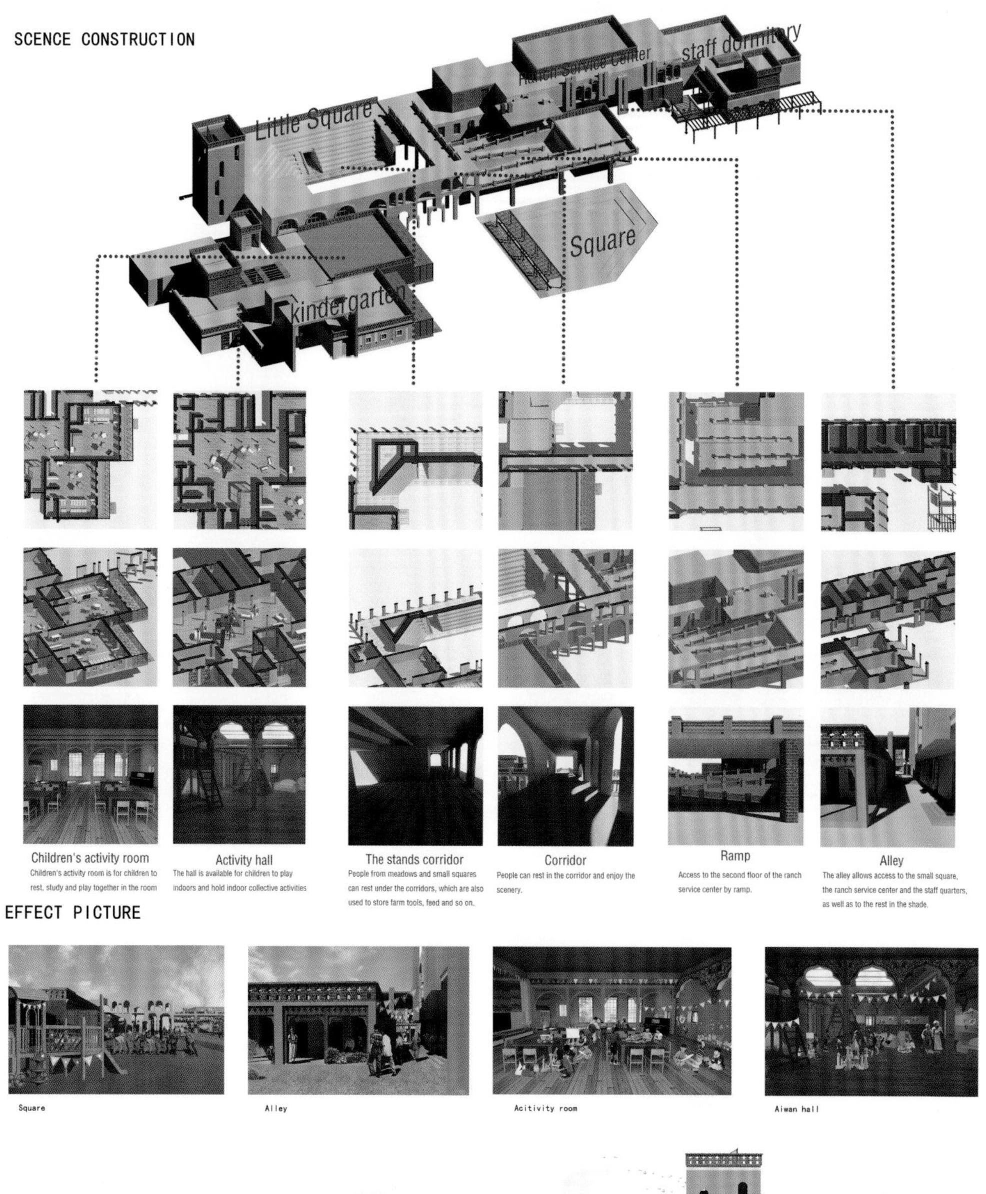

幼儿园设计作品5/5（学生：陈文静、白一伟、董春朝）

开始建筑设计

李　静　刘京华　黄　姗　主编

西北工業大學出版社
西　安

【内容简介】本书是建筑设计课程的基础教材，主要内容包括了解设计、建筑设计前期、场地设计、建筑空间解读与组织、建筑造型设计、建筑设计表达、别墅建筑设计等，由浅入深、层层递进。本书旨在帮助读者建立工程实践意识，初步掌握建筑方案设计的基本方法与表达技巧，培养对建筑作品的鉴赏与评价能力。

本书适合高等学校建筑学专业学生使用，也可供相关专业的学生及设计人员参考。

图书在版编目（CIP）数据

开始建筑设计/李静，刘京华，黄姗主编.—西安：西北工业大学出版社，2022.11

ISBN 978-7-5612-8508-4

Ⅰ.①开… Ⅱ.①李… ②刘… ③黄… Ⅲ.①建筑设计-高等学校-教材 Ⅳ.①TU2

中国版本图书馆CIP数据核字（2022）第207971号

KAISHI JIANZHU SHEJI

开始建筑设计

李静 刘京华 黄姗 主编

责任编辑：李文乾　**策划编辑**：李阿盟

责任校对：李　欣　**装帧设计**：李　飞

出版发行：西北工业大学出版社

通信地址：西安市友谊西路 127 号　邮编：710072

电　　话：(029) 88491757，88493844

网　　址：www.nwpup.com

印 刷 者：西安浩轩印务有限公司

开　　本：889 mm×1 194 mm　1/16

印　　张：19　插页：28

字　　数：393 千字

版　　次：2022 年 11 月第 1 版　2022 年 11 月第 1 次印刷

书　　号：ISBN 978-7-5612-8508-4

定　　价：88.00 元

前 言 PREFACE

建筑设计是普通高校建筑学专业的核心主干课程。建筑设计基础不仅是跨入建筑设计门槛的“第一课”，也是迈开想象与实践步伐的“第一步”，是至关重要的起点。基于此，本书以建筑学专业一年级、二年级课程教学实践为主要内容，从设计概念开始，以完整的设计过程作为主线，详尽阐述了初学建筑设计应该掌握的基本方法。本书内容是笔者多年教学经验的总结，主要包括了解设计、建筑设计前期、场地设计、建筑空间解读与组织、建筑造型设计、建筑设计表达、别墅建筑设计等七章内容，由浅入深、层层递进。本书言简意赅、通俗易懂，并配有大量精美图片，以图文并茂的方式使理论视觉化，让读者更加容易记忆与理解。

本书由李静、刘京华、黄姗担任主编。具体编写分工如下：第1章、第4章和第7章由李静编写，第2章和第6章由黄姗编写，第3章和第5章由刘京华编写。

在编写本书过程中，参考引用了部分国内外的文献资料和研究成果，书中所引用的建筑（设计）图片在此仅为教学研讨使用，版权归作品作者所有。感谢各位作者对建筑设计教育事业做出的贡献。同时，本书还得到了多方帮助与支持，其中包括中南建筑设计院陈欢欢工程师，西北工业大学建筑系张梦婧、王艺洋、张琨、曹瑞、胡宇嘉、马天宇、谢姝懋、王晓超、吴雨薇、苏玉璇、孟凡驰、焦嘉懿、蔡若夫、孙月禾、付雯雯等同学，西安翼森装饰设计公司李辉、张兰、邬小嫡、赵丹、贾晓宇，以及刘延红、谢舒彤、刘彦琳、王超、沈一鹤等。在此，表示衷心的感谢。

由于学识有限，书中难免存在疏漏之处，还望广大读者批评与指正。

编 者

2022年6月

目录 CONTENTS

CHAPTER 1 第1章 了解设计

CHAPTER 2 第2章 建筑设计前期

CHAPTER 3

第 3 章 场地设计

CHAPTER 4

第 4 章 建筑空间解读与组织

CHAPTER 5

第 5 章 建筑造型设计

CHAPTER 6

第 6 章 建筑设计表达

CHAPTER 7

第 7 章 别墅建筑设计

CHAPTER 1

第1章 了解设计

1.1 设计的定义

设计是人类自觉认识世界和改造世界的创造性活动。设计的历史与人类的历史一样久远。它与人类的起源同步，有了人就有了设计。在整个人类社会发展的不同阶段，人们对设计的理解不尽相同。design 源于拉丁文 desigara，其本意是徽章、记号，即一事物区别于其他事物的、使之得以被认知的依据或媒介。现代汉语中的“设计”一词随着design 语义的扩展也在不断地被赋予新的含义。英文 design 为复合词，由词根“sign”和前缀“de”组成。而sign在英语中的含义颇为广泛，一般而言，具有“方案”“标记”“构想”“计划”等语义，强调的是一种已然的状态；前缀“de”则广泛地含有“实施”“做”等多种动态语义，强调“肯定”“否定”“组合”“重复”等动作行为。因此，design 本身含有“通过行为而达到某种状态，形成某种计划”的意义。就符号逻辑而言，它意味着某种思维确定形成的过程。

自觉的“设计”开始于15世纪欧洲文艺复兴运动前后，其含义为“艺术家心中创作的意念”“以线条的手段具体说明那些早先在人的心中有所构思、后经想象使其成型，并可借助熟练的技巧使其现身的事物”。18世纪，design 的词意有所发展，但仍被界定在艺术领域之内。1786年版的《大不列颠百科辞典》把 design 解释为“艺术作品的线条、形状，在比例、动态和审美方面的协调”。在此意义上，design 与构成同义，可以从平面、立体、色彩、结构、轮廓的构成等方面加以思考，当这些因素融为一体时，就产生了预想的更好的效果。19世纪“设计”与“图案”相提并论，带有非常强烈的装饰意味。此时 design 的含义还是被限定在相对狭窄的“艺术作品”的范围之内。后来人类文明进入了工业文明时代，design 的词义从“艺术作品”中走了出来，现代意义上的“设计”概念才逐步形成。1974年，《大不列颠百科全书》（第15版）对 design 的解释更加明确，更具有现代性，指进行某种创造时计划、方案的展开过程，亦即头脑中的构思。design 一般指能用图样、模型表现的实体，但并非最终完成的实体，只指计划和方案。

当代，“设计”这个词在人们的日常生活中出现的频率越来越高，如发型设计、服装设计、包装设计、美术设计、平面设计、封面设计、广告设计、机械设计、室内设计、建筑设计、环境设计等。随着时代和社会的发展，“设计”的应用范围和内涵也在不断变化，但总的趋势是越来越强调该词语的本义，即“为实现某一目的而设想、计划和提出方案”。这里“计划”“方案”所指的极为广泛，可针对一切实体进行创造和一切有目的、有意识的创造行为，既可包括所有人造物品制作前的设想与计划，也可包括文学、艺术等的构想与筹划，还可包括国民经济、工程规划、科学技术等方面的决策和方案等。张道一先生于1993年主编的《设计概论》一书将“设计”一词解释为：

1）设计的基本含义是“为实现某一目的而设想、计划或提出方案”，是思考、创造的动态过程，其结果最终以某种符号（语言、文字、图样及模型等）表达出来。

2）设计是一个多义词，所指极为广泛。使用该词时，一般应有适当的前置词加以限定，以表达一个完整而准确的意思，如建筑设计、产品设计、视觉传达设计、环境设计、服装与服饰设计、包装设计、计算机程序设计等。只有在特定的语言环境中才能省略掉“设计”前面的修饰语。

3）设计具有动词和名词的双重词性。它既可指构想、规划、选择、决策等动态过程，也可指以某种符号体系所公开化、陈述化、物态化的计划结果，从语言表述、文字记述到某种标记、图表、图样、模型，直至图文并茂的综合方案等。

其实，设计是一种针对目标的求解活动，是以创造性的方法解决人类面临的各种问题，或者是从现存事实转向未来可能的构思和想象。例如，就一个有使用价值（或实体）的东西而言，对其认识标准可能会不一样：一种是以科学认识为主，追求理性和定量的、注重功能和实用性的标准；一种是以感性认识为主，追求艺术形式和非定量的、注重个人感受的精神标准。理性代表的是客观现实，感性代表的是人的态度。

设计是从两种不同的认识标准中将科学与艺术有机地结合起来，从而创造出设计的文化与价值。今天，人们无时无刻不置身于人为事物的环境之中。设计已经不仅是科学和技术的结果，也是人们在一定时期内的生存目的、生存环境、生存行为与生存条件的协调关系，即“文化”。设计是美化人类生产、生活方式的一种行为和活动，是一种将计划、规划、设想通过视觉形式传达出来的活动过程，是阶段性、地域性的信息载体。

1.2 设计的意义

现代设计作为人与自然沟通的手段、改善人类生活的方法，已经渗透到社会的各个角落。在如今社会经济高速发展的时代，它与社会的物质文明与精神文明建设密切相关。因此，重视与推进设计产业和设计教育的发展，已成为关系一个国家是否可持续发展的重要因素。许多国家经济发展的实践充分证明：若一个国家对设计给予关注和扶植，设计就会推动国家经济的发展；相反，若一个国家不重视设计产业和设计教育的发展，国家的经济发展就会落后或停滞不前。设计作为经济和意识形态的载体，是一个国家、机构或团体发展自我的强有力的手段。

我国的现代设计起步较晚，现代设计教育至20世纪80年代才开始。尽管经历了四十多年的快速发展，但设计理念、方法与水平跟发达国家相比尚有不小的差距。因此，我们更应该把现代设计提到应有的高度来看待，从而更好地促进社会经济的发展和人们生活质量的提高。我们之所以要树立这种观念和认识，是由设计的意义所决定的。

1.2.1 提高企业产品品质

设计是科学技术商品化的载体。科学技术是一种资源，但是，人类要享受这种巨大的资源，还需要某种载体。这种载体就是设计。新的科学技术、现代化的管理、巨额的资本投入，都需要经过这一媒介才能转化为社会财富。设计不仅是科学技术物化的载体，同时也是科学技术商品化的载体。因为物质形态的科学技术只有在被社会接纳、被社会消费的情况下，才能转化成社会财富。科学技术必须通过设计才能向广大消费者进行自我表达。设计使新技术转变为现实中的产品，从而丰富人们的物质和精神生活。比如设计让航天技术在社会中有了广泛应用：宇航员身上穿的液冷服可服务于高温环境下作业人员，如消防员；站高望远的资源卫星能够及时观测到灾区情况，为防灾抗灾提供重要数据；卫星导航技术更是在旅游、勘探、公安刑侦追踪等方面发挥重要作用。

随着全球经济一体化进程的加快，国际竞争日趋加剧。面对这种国际环境，提高产品的竞争力无疑是重要的。通过降低价格来获得高竞争力的时代一去不复返了，通过设计提高产品品质，从而提高产品的竞争力已成为企业可持续发展的必然趋势。是否重视设计、设计水平的高低，成为衡量国家、民族和企业是否有希望的标准之一。

1.2.2 促进企业发展

众所周知，设计是塑造与提升品牌形象和企业形象的重要手段。设计对于企业的发展而言，不仅是塑造品牌、维护品牌不可或缺的手段和方法，在非品牌企业、非品牌产品的运营过程中，对其经济效益的实现，也起着支配、决定作用。在商品经济社会里，现代设计对商品品牌形象与企业形象的塑造、提升，有着十分重要的作用。视觉传达设计和产品设计是现代设计的两大内容。视觉传达设计主要是通过信息符号（包括标志、广告、包装等）进行综合设计来塑造和提升企业形象与品牌形象，保证企业独具特色的风格和特征。商品是生产商与消费者沟通最直接的媒介，商品包装能反映出生产商的企业精神、经营理念、管理手段、商品品质、企业形象和品牌形象。它不仅传递着商品各方面的信息，也传递着企业各方面的信息和文化。众所周知，可口可乐风靡全球，是碳酸饮料的第一品牌。但是在产品同质化的今天，与可口可乐质量一样好的饮料不计其数，为什么都不能与可口可乐形成分庭抗礼之势呢？可口可乐除了具有独特的口味和性质外，其独特的包装和商标极大地提升了品牌特色和品牌形象，它的包装和商标都是由美国著名设计大师罗维设计的（见图1.1）。其独特的容器形态便于人们抓握，醒目的红色给人以强烈而温馨的感受；产品广告更是把饮用饮料与各种

图1.1 可口可乐的包装与商标设计

激动人心的画面融合在一起，使人的生命、运动和健康与饮用饮料联系起来。当人们识别出设计所传达的视觉符号，并对这一企业和产品的形象产生认同时，就会使这一品牌形象深入人心，产品的市场占有率也会相应提高。

设计除了是决定品牌塑造、品牌维护的根本因素之外，还能有效促进销售。在现代市场经济中，商品通过各种设计手段改变其内外品质，从而增强其销售能力。商品包装设计主要是通过商品内外包装的构成和符号的视觉传达设计来展示其形象、品质和属性。设计师总是把商品包装的色彩、品牌、生产厂家等设计元素与企业的经营理念、企业精神、营销策略和手段等结合起来进行设计，以提高商品的附加值和品牌形象，从而达到更好地促进商品销售、刺激市场的目的。

1.2.3 优化企业管理、树立企业形象

作为管理手段，现代设计最典型的体现就是企业视觉识别系统（visual identity system，VIS），并以此塑造企业文化。视觉识别系统是以企业标志为中心所展开的一系列设计，包括企业产品包装、信息传播、商业活动等使用统一的文字、统一的色彩、统一的理念、统一的服饰、统一的标志、统一的规则、统一的策略和方法，使企业成为一个具有个性和可以认知的整体。

现代企业经营范围和区域不断扩大，甚至跨越了不同的国家和语言区域。那么，企业在管理和交流上便会存在一定的困难，设计正是解决这类问题的最佳手段。许多跨国公司，无不运用这一手段来统一企业形象的各种元素，使企业在不同的国家和语言区域内以同一形象展现出来，以加强企业的管理和交流。比如，跨国公司在各个系列的产品都使用统一形象的基础上，再深入研究不同国家的文化特征，使其产品形象既有明显的视觉识别性，又兼顾不同的文化和审美观念。

1.2.4 创造美好生活、促进社会可持续发展

现代设计大大提高了人们的生活质量。比如瓶装矿泉水和快餐食品包装设计的出现，在提高人们生活节奏的同时，也在很大程度上改变了人们的饮水、饮食方式；又如家用电器提供了比以前更为便利的服务，也更为人性化，使人们的生活更有情趣。琳琅满目的视觉信息大大丰富了人们的精神生活，人们在物质和精神上都能得到比以前更大的满足。现代设计在满足人们日常所需的同时，还给人们提供了更多的选择，人们可以自由地选择自己喜爱的、符合自己个性的物品。但是，有时物质和精神水平

的提高是以大量资源消耗为代价的，甚至还可能给环境带来直接的危害。美国20世纪50年代的“商业性设计”，虽然丰富了人们日常的物质生活，却大大损害了人类的生存环境。认识到设计带来的负面影响后，20世纪90年代设计界提出了绿色设计理念，把产品对环境的影响作为评价产品的一个重要标准。

综上所述，现代设计的意义可以体现在很多方面。不管是生产还是生活，都受到现代设计的深刻影响。现代设计对推动社会政治、经济、文化等方面的发展，都起着非常重要的作用。

1.3 设计的本质

设计的本质是指在对“自然—人—社会系统”进行科学认识的基础上，创造满足人们需求的物品，并通过物品来协调人与自然、人与人、人与社会等多种关系，使之趋于自然、和谐，从而获得价值和文化的认同。因此，设计是人类有目的的审美活动，是一种问题求解活动。设计的本质通过物品的实用性、精神性、欣赏性、文化性和创新性等方面体现出来。

1.3.1 实用性

实用，即客体的某种功效、用途，是物品作为有用之物存在的根本属性，反映了人的需求。设计是先有了具体的实用要求和目的，再产生设计意念并付诸相应的行动。实用性是设计的主要意义，是设计的一种本质特征，任何设计都以实用为出发点和归宿。因为物质需要是人最基本的需求，人们设计并制造物品都是出于生活的实际需要。早在古罗马时期，在建筑家维特鲁威提出的建筑“实用、坚固、美观”三原则中，摆在第一位的便是实用。在其他设计领域，实用性原则也是设计师首先要考虑的。在现代主义时期，对实用性的强调更成为设计的一个最基本和最重要的原则。包豪斯时期的格罗皮乌斯曾说过：“既然设计它，它当然要满足一定的功能要求——它是一只花瓶、一把椅子或一栋房子，首先必须研究它的本质，因为它必须绝对地为它的目的服务。换句话说，要满足它的实际功能，应该是实用的。”在现代设计中，实用性处于首要位置是无可厚非的。但是，如果单纯强调设计的实用性，则必然会导致设计语言贫乏的局面。

1.3.2 精神性

设计的精神性指物品的使用给人所带来精神上的愉悦感、舒适感和美感。我国古代思想家墨子曾说："食必常饱，然后求美；衣必常暖，然后求丽；居必常安，然后求乐。"对物质的实用性需求是人们最基本的需求，在此基础上，人还会有精神方面的高级需要。我们在琳琅满目的商品中，经常会发现能让人眼前为之一亮的"有意思"的商品，如设计别致的家具、餐具、服饰等，往往让人产生一种愉悦感，这种愉悦感使人对商品产生深刻的印象，甚至产生购买它们的行为。

1.3.3 欣赏性

设计的欣赏性，即审美性，是指设计物的内在和外在形式唤起人的审美感受，满足人对美欣赏的需求，是设计物与人之间相互关系的高级精神功能因素。物在与人相互交流的过程中是否能唤起人的美感，是判断其是否具有审美功能的依据。而美感的取得，一方面来源于物品自身的整体形象所显示的功能美和外在形式构成的形式美；另一方面来自人的情感体验。情感体验的超功利性和直觉都使得审美功能以非理性、非逻辑性的复杂状态出现。同时，它又可以通过功能美和形式美的统一来得到。因此，审美功能的建立，必须是在综合了物品的实用功能、综合了人对以往相关物品的使用经验和认识、综合了人的不同内容的精神需求后，而萌发的情感认同和审美感受。这些非理性的情感因素将会是设计定位的重要依据，深入研究它们是设计者对人的本质的关怀。

1.3.4 文化性

文化是人类生活方式的总和，是人类社会所创造的物质财富和精神财富的总和，是人类世界与自然世界相区别的本质因素。设计的历史是科学技术与艺术结合的历史，同样也是一部文化史。设计不仅有文化的参与和制约，同时也体现出文化的时代风貌。任何时代的设计都与当时的文化紧密联系在一起。人类的历史也是设计的历史。人类最早的设计活动是制造工具，生活在北京周口店的山顶洞人利用钻孔、刮削、磨光等技术制造石铲，并在形态中开始注意对称、曲直、比例、尺度等要素。这时的设计便是将实用和美观结合在一起，赋予物品物质和精神的双重功能。这既是人类设计活动的基本特点，也是早期人类社会文化的基本特点。人类通过社会实践活动，创造了文化，也开创了设计。设计和文化都来源于人类的社会实践。

设计文化不能简单地说是物质文化，也不能说是纯粹的精神文化，它是以创造物质文化为表现形式，融合精神文化的内容，构成了自己的文化特征。《荀子》一书记录：孔子看到鲁桓公庙堂中的一个欹器，感慨地说："虚则欹，中则正，满则覆。"孔子以欹器来象征社会，提醒人们要注意社会规范，这和《尚书》中"满招损，谦受益"的意思类似。器物设计对人类生活方式的影响不仅仅体现在物质上，也体现在精神层面。这种器物便是物质文化与精神文化的有机融合体，是设计文化的典型表现。例如，中国古代建筑上的飞檐，原本是为了扩大采光面积和利于排泄雨水，但飞檐同时使得沉重的屋顶显出向上飞起的轻快之感，从而成为中国传统建筑重要的文化符号。至于汉代的漆器、宋代的瓷器、明代的家具等，这些古代中国人民智慧的结晶，既是一部灿烂的文化史，也是一部值得国人骄傲的设计史。

今天我们生活在信息化和工业化高度发达的社会，任何人造物无不带有设计的痕迹，也无不留下文化的烙印。传统文化、民族文化、流行文化时刻伴随着设计物而传播，并被消费者接受和理解。在物质生活和精神生活极为丰富的社会中，设计和文化水乳交融，决定着人们特定的生活方式。设计物往往能折射出消费者的文化品位和社会地位。

1.3.5 创新性

创新是一个民族的灵魂。重视创新是人类文明进步的需要。重复意味着设计生命的终结，而创新就是突破、变革、创造、推陈出新，就是打破旧的思维模式，开创新的思维空间，创造出新成果。设计作为人类的一项活动，创新是它的重要特点，是现代设计应该遵循的一条重要原则。创新是人们从事创造的能力，是人类自身智慧的一种力量和特质，也是当今社会中人们的一种综合素质。设计的创造性体现在设计物的创意、造型和表现等各个方面，并突出地表现在造型上。一个新颖的造型，设计者常常依据两类创新方法：一类是设计者知性的创造力，即利用所学习到的形式美法则，在一定的技术规范和平台上进行造型工作；另一类是设计者思维技巧性的创造力，即在设计过程中运用思维上的创新，激发自己的创造灵感。总之，设计是针对具体的设计课题以及设计过程中出现的问题，进行逆向或打破常规的创作，从而获得具有创新性方案的过程。

1.4 设计的分类

对于设计类型的划分，不同的设计师和理论家曾经根据各自的理解进行过归类。随着现代科技的高速发展和设计领域的不断扩展，过去的划分已经很难适应当今社会纷繁复杂的设计现象和设计活动。近年来，越来越多的设计师和理论家倾向于将设计大致划分为三大类型：为了传达的设计——视觉传达设计、为了居住的设计——环境艺术设计、为了使用的设计——产品设计。这种划分方法的原理，是将构成世界的三大要素——自然、人和社会作为设计类型划分的坐标点，由它们的对应关系，形成相应的三大基本设计类型（见表1.1）。

表1.1　设计分类表

<table>
<tr><th rowspan="2">维度</th><th colspan="3">横向分类</th><th rowspan="2">纵向分类</th></tr>
<tr><th>视觉传达设计</th><th>环境艺术设计</th><th>产品设计</th></tr>
<tr><td>二维平面设计</td><td>·字体设计
·标志设计
·插图设计
·编排设计（书籍装帧、海报、报刊、册页、贺卡、影视平面设计……）</td><td></td><td>·纺织品设计
·壁纸设计</td><td rowspan="3">功能性设计与非功能性设计</td></tr>
<tr><td>三维立体设计</td><td>·包装设计
·展示设计</td><td>·建筑设计
·景观设计
·室内设计
·展示设计</td><td>·手工艺设计
·工业设计（家居、服饰、交通工具、日用品、家用电器、文教用品、机械……）
·公共艺术设计</td></tr>
<tr><td>四维设计</td><td>·舞台设计
·影视设计（影视节目、广告、动漫设计……）</td><td></td><td></td></tr>
</table>

1.4.1 视觉传达设计

（1）视觉传达设计的概念

视觉传达设计是指利用视觉符号来传递各种信息的设计。设计师是信息的发送者，传达对象是信息的接受者。视觉传达设计这一专业术语的流行始于1960年在日本东京举行的世界设计大会，其内容包括报纸杂志、招贴海报及印刷品的设计，还有电影、电视、电子广告牌等传播媒体的设计。简而言之，视觉传达设计就是“给人看的设计，告知的设计”。

（2）涉及领域

视觉传达设计多以印刷品为媒介的平面设计，又称装潢设计。从发展的角度来看，视觉传达设计是科学、严谨的概念，蕴含着未来设计的趋向。就现阶段的设计状况分析，其主要内容依然是平面设计。视觉传达设计、平面设计，两者所包含的设计范畴在现阶段并无大的差异。它们在概念范畴上有区分与统一，并不存在着矛盾与对立。由于这些设计都是通过视觉形象传达给消费者的，因此在当代社会中，视觉传达设计是为现代商业服务的艺术，主要涉及字体与版式设计、插图设计、企业形象设计、广告设计、包装设计、店内外环境设计、影视动画设计等方面。视觉传达设计在传达过程中主要以文字、图形、色彩为基本要素进行艺术创作，在精神文化领域以其独特的艺术魅力影响着人们的感情和观念，在人们的日常生活中起着十分重要的作用。视觉传达设计大体上包含以下几种类型：

图1.2　书籍装帧设计

1）字体设计。文字是约定俗成的符号。文字形态的变化，不影响传达信息的本身，但影响信息传达的效果。因此，有必要运用视觉美学规律，配合文字本身的含义和所要传达的目的，对文字的大小、笔画、结构、排列乃至用色等方面加以研究和设计。字体设计主要有中文字体设计和外文字体设计。字体设计被广泛运用于标志、广告橱窗、包装、书籍装帧等设计中（见图1.2）。

2）标志设计。作为大众传播符号的标志，由于具有超越文字符号的视觉信息传达功能，所以被越来越广泛地应用于社会生活的各个方面，在视觉传达设计中占有极其重要的地位。标志设计必须力求单纯，易于公众识别、理解和记忆，强调信息的集中传达，同时讲究赏心悦目的艺术性（见图1.3）。设计手法通常有具象法、抽象法、文字法和综合法等。

3）插图设计。插图具有比文字和标志更强烈、直观的视觉传达效果。插图设计广泛应用于广告、包装、展示和影视等设计中。插图的设计必须根据所传达的信息、媒介和对象，选择相应的形式与风格。例如，机械精工的商品，宜采用精密描绘、真实感强的插图；而对于儿童商品，则采用轻松活泼、色彩丰富的插图，效果会更好。

图1.3　中国国家铁路集团有限公司标志

4）编排设计。编排设计，即编辑与排版设计，是指将文字、标志和插图等视觉要素进行组合配置的设计。其设计目的是使版面整体的视觉效果美观且易读，从而激起读者观看和阅读的兴趣，并便于阅读理解，最终实现信息传达的最佳效果。编排设计主要包括书籍装帧、报刊、册页等所有印刷品的版面设计。

5）广告设计。广告的历史非常悠久，在原始社会末期，物品和物品交换出现以后，广告也随之出现。最早出现的是口头广告和实物广告，印刷术发明之后，出现了印刷广告。电信传播技术催生出电视与影视广告。广告有五个要素：广告信息的发送者（广告主）、广告信息、广告信息接受者、广告媒体和广告目标。简单来讲，广告设计就是将广告主的广告信息设计成易于消费者感知和理解的视觉符号。

6）包装设计。包装设计是指对放置物品的容器及其包装结构和外观进行的设计，是视觉传达设计的重要组成部分。包装可以分为工业包装和商业包装两大类。包装有保护产品、促进销售、便于使用和提高价值的作用。工业包装设计以保护为重点，商业包装设计以促销为主要目的。包装设计必须以市场调查为基础，从商品的生产者、商品和促销对象三个方面进行定位，选择适当的包装材料，先进行包装结构的设计，然后根据包装结构提供的外观版面，通过文字、标志、图像等视觉要素的编排设计表现出来，做到信息内容充分准确，外观形象抢眼悦目，富有品牌的个性特色。

7）动画及影视设计。动画及影视设计是指对影视图像和声音及其在一定时间纬度里的发展变化进行设计，使之借助影视播放技术，将特定的信息更加生动鲜明、快速准确地传递给信息接受者。影视设计属于多媒体设计，是综合了视觉和听觉符号的四维化信息传递。影视设计包括各类影视节目、动画片、广告片、字幕等的设计。自从引入电脑辅助设计技术和镭射制作技术，影视设计的视听效果更加精彩，信息传递更加高效，影响也更加广泛（见图1.4）。

随着现代通信技术与传播技术的迅速发展，视觉传达设计也正在发生着日新月异的变化。如传播媒体由印刷、影视领域向多媒体领域发展，视觉符号形式由以平面为主扩大到三维和四维形式，传达方式从单向信息传达向交互式信息传达发展。在未来的信息社会，视觉传达设计将有更大的发展空间，从而发挥更大的作用。

图1.4 影视作品《狮子王》

1.4.2 环境艺术设计

（1）环境艺术设计的概念

环境是人类赖以生存的场所，是作为人的情感之依、精神之本而存在的。环境与我们每个人有着必然的生命联系，环保意识更应该是我们自觉树立的。珍惜我们的生存环境，其实就是珍惜我们自己的生存权，如何为人类社会营造一个良好的生存环境，使人们生活的质量不断提高，使人与自然之间的关系更加协调，正是环境艺术设计的目标所在。

广义的环境，是指围绕着生物体周边的一切外在状态。所有生物，包括人类，都无法脱离这个环境。然而，人类是环境的主角，拥有创造和改变环境的能力，能够在自然环境的基础上，创造出符合人类需求的人工环境。因此，协调人—建筑—环境的相互关系，使其和谐统一，形成完整、美好的人类活动空间，是环境艺术设计的中心课题。环境艺术设计包括建筑设计、景观设计、室内设计与展示设计。

（2）涉及领域

1）建筑设计。建筑设计是指对建筑物的结构、空间、造型及功能等方面进行的设计，包括建筑工程设计和建筑艺术设计。建筑的类型丰富多样，建筑设计也门类繁多，主要有民用建筑设计、工业建筑设计、商业建筑设计、园林建筑设计、宗教建筑设计、供电建筑设计、陵墓建筑设计等。不同类型的建筑，功能、造型和物质技术要求各不相同，因此要实施不相同的设计。实用、坚固和美观，是构成建筑的三个基本要素，建筑设计时的主要工作，就是要完美地处理好这三者之间的关系。

2）景观设计。所谓景观，它与规划、园林、生态、地理等多个学科交叉、融合，在不同的学科中具有不同的意义。若是从规划及建筑设计角度出发，我们所接触的景观设计是指在建筑设计或规划设计的过程中，对周围环境要素的整体考虑和设计，使得建筑（群）与自然环境产生呼应关系，让人们使用更方便、更舒适，提高其整体的艺术价值。

景观不仅能美化都市环境，还体现着城市的精神文化面貌，因而具有特殊的意义，例如青岛五四广场的五月风雕塑（见图1.5）。

图1.5　青岛五月风雕塑

3）室内设计。室内是指建筑物的内部，即建筑物的内部空间。室内设计就是对建筑物的内部空间进行设计。17世纪，因室内设计与建筑主体分离，室内装饰风格、样式逐渐发展变化。19世纪以后，室内设计开始强调功能性，追求造型单纯化，并考虑经济、实用、耐久等方面。20世纪初，室内装饰趋向衰落，强调使用功能要以合理形态表现出来。

现代室内设计是根据建筑空间的使用性质和所处环境，运用物质技术手段和艺术处理手法，从内部把握空间，设计其形状和大小。现代室内设计包含以下内容：

a.空间形象设计，主要是对原建筑提供的内部空间进行改造、处理。按照使用者对这个空间形状、大小、形象、性质的要求，进一步调整空间的尺度和比例，解决各部分空间之间的衔接、对比和统一等问题。

b.室内空间围护体装修，主要是按照空间处理的要求对室内的墙壁、地面及顶棚进行处理，包括对分割空间的实体、半实体的处理。总之，室内空间围护体装修就是对建筑构造体的有关部分进行处理。

c.室内陈设艺术设计，主要是设计、选择配套的家具、设施，以及对观赏艺术品、装饰织物、灯饰照明及室内绿化等进行综合艺术处理。

d.室内物理环境设计，主要是结合室内气候、采暖通风、温湿度调节、视听音像效果等物理因素，进行艺术处理。

4）展示设计。展示设计是一个有着丰富内容、涉及领域广泛，并随着时代发展不断充实其内涵的课题。从展示设计的角度而言，设计的目的并不是展示本身，而是通过设计，运用空间规划、平面布置、灯光控制、色彩配置以及各种组织策划，有计划、有目的、符合逻辑地将展示的内容呈现给观众，并力求使观众接受所传达的信息。从这个意义上说，可以称它为商业的一种特殊广告形式（见图1.6）。

图1.6　橱窗展示

在展示设计中“人”与“物”都不是主体，而是与主体相连的两头。这个主体就是信息的传递与有效接收。从展示的作用来说，不论是以商业品牌宣传为目的的展览会、橱窗，还是以文化传播为目的的博物馆，都是为了信息能够进行有效的传递。商业行为是为了品牌认知度的提升和口碑的建立，以及刺激消费，或是为了文化的有效传播。因此，展示设计其实是信息传递（广告宣传、文化传播等）的终端实现形式之一。

1.4.3　产品设计

（1）产品设计的概念

产品设计是一门新兴的边缘学科，在现代社会中起着越来越大的作用，影响着人们生活的方方面面。它属于对现代工业产品、产品结构、产业结构进行规划、设计、创新的专业，其核心是以“人”为中心，强调创造的成果，要能充分适应、满足作为“人”的需求。所以说，“以人为本”是产品设计的核心。

设计符合现代人生理与心理需求的感性产品，使产品在外形、肌理、触觉上给人以美的体验，让产品充满人情味，让人产生爱不释手和使用上的快感，减少产品使用不便、工效低、易致伤或长期使用引起的疾患等一系列问题。因此，人们在设计一款产品时，要赋予产品某种意念与形态，让产品传递出某种个性。这样既能使消费者在使用过程中引起不同的情感，又让产品具有长久的生命力。

（2）涉及领域

1）家居用品设计。家居用品是人类日常生活和工作中必不可少的用品。好的家居产品不仅使人生活和工作便利舒适、效率提高，还能给人以审美的快感与愉悦的精神享受。

2）服饰设计。衣服指穿在身上遮蔽身体和御寒的物品。经过思考、选择、整理，并与人体组合得当的衣服才叫服装。服装设计，是指服装及附属装饰配件的设计。

服装是美化人自身的物品，是人形象的重要组成部分。随着精神文明和物质文明的不断提高，人们追求美的愿望更加强烈，这种愿望首先表现在每个人的自我完善方面。人们需要用不同的款式、色彩、材料、图案来满足自己不断更新的审美追求，需要用服装维护自己的体面和尊严。因此，在当今人类社会中，服装设计在设计行业中已经备受关注。

3）纺织品设计。纺织品泛指一切以纺织、编制、染色、花边、刺绣等手法制作的成品。诸如面料、领带、围巾、手帕、帆布、窗帘、壁挂、地毯和椅垫等物品应该选择何种样式、色彩、质感的材料来制作的设计，均称纺织品设计。

4）交通工具设计。交通工具设计是满足人们衣、食、住、行中"行"的需要的设计，主要包括各类车、船和飞机的设计。人类很早就设计发明了用以交通和运输的车、船，而飞机、高铁等高科技产品则是近代的产物（见图1.7）。

图1.7 "复兴号"高铁

以上对设计类型的划分，并不是最后的标准。在社会经济和技术高速发展的今天，各种设计类型本身和与之相关的各种因素都处于不断发展变化中，许多设计概念的内涵和外延甚至在设计界和理论界，都还没有给予确切的界定。这些问题的出现，对于设计学这门新兴的、正在发展中的综合性学科来说是难以避免的，也是必然要经历的过程。随着设计实践的发展和学科研究的深入，相信这些问题最终会得到进一步的解决，从而达到一个理想的发展状态。

1.5 设计师职业

从最广泛的意义上来说，人类所有生物性和社会性的原创活动都可以称为设计，因而，广义上的第一位设计师，可以远溯到第一位敲砸石块、制作石器的人，即第一个“制造工具的人”。劳动创造了人，创造了设计，也创造了设计师。

1.5.1 设计师的历史演变

从“制造工具的人”到现代意义上的设计师是一个漫长的、渐进的过程。关于何时何地最先出现专业设计师，加之工业革命以前设计与美术、手工艺密不可分的“血缘”关系，我们只能在现有资料基础上勾勒出一条演变线索。

（1）工匠

距今七八千年前的原始社会末期，人类社会出现了第一次社会大分工，手工业从农业中分离出来，出现了专门从事手工艺生产的工匠。他们的辛勤劳动为人类社会提供了丰富实用的劳动工具与生活用具，推动着社会生产力不断地向前发展。

自殷商开始，历代均施行工官制度：在中央政府中设置专门的机构和官吏，由他们管理皇家各项工程的设计和施工。周代设有司空，后世设有将作监、少府或工部。至于主管具体工作的专职官吏，《考工记》中称为匠人，唐朝称大匠，从事设计绘图及施工的称为都料匠。专业工匠一般世袭，被封建统治者编为世袭户籍，子孙不得转业。比如清朝工部“样房”的雷发达，一门七代，长期主持宫廷建筑的设计工作。在历来重“道”轻“器”的中国封建社会，即便是宫廷御用的手工匠人，地位也是比较低下的，虽然在明朝曾出现过少数工匠出身的工部首脑人物，但那毕竟是极少数。民间的工匠是从农民阶层中分化出来的行业群体，许多工匠是流动人口，他们凭借一技之长谋生度日。工匠的技艺遍布各个生产生活领域。从事设计制造民间建筑和生产工具的有木匠、铁匠、泥匠、瓦匠、石匠。在古希腊，还包括画家和雕塑家，他们的地位同样也比较低下，像雕刻家和普通的石匠之间就没有太大的区别，两者都被称为石工。古希腊的手工艺人被权贵阶层，甚至诗人、学者所轻视，亚里士多德称这个行业为“卑陋的行当”。

随着社会发展和手工技术的进步，手工行业内部的分工也越来越细致。建筑业本身具有复杂性、艰巨性，建筑工程需要很多不同专业的工匠和工人协作完成。为了保证建筑工程的质量，事前必须做出系统的规划，起初由众多工匠协商，后来集中在一个或少数几个熟悉各种建造工序和善于整体规划的工匠身上。他们除了制订计划，还要测量、计算应力等，但已不再参与实际施工，而成为专门的建筑设计师。古罗马的维特鲁威就是一位专业建筑设计师。他撰写的《建筑十书》是世界上现存最早的建筑学著作，对后世建筑师影响深远。

（2）美术家兼设计师

文艺复兴时期，工艺和艺术在观念上有了区分，艺术家作为学者和科学家的观念产生了。在瓦萨里的《名人传》中便记载了不少著名的艺术家，如吉贝尔蒂、波提切利、韦罗基奥等都是从工匠作坊中开始他们的艺术生涯的。大约1530年以后，画家、雕刻家和建筑师成为新的主要的设计力量。拉斐尔、米开朗基罗和瓦萨里是其中的佼佼者。他们的影响非常深远，并不只是因为他们自己从事设计，而是因为他们为了满足大客户的需要而培养了专门的设计师，并成立了多个固定的行会组织，从而为设计行业的组织与教育提供了模式。

到了18世纪，建筑师在设计领域比画家和雕塑家更加活跃，不少画家或工匠转行成为建筑师和设计师，其中著名的有意大利的布伦纳和丹麦的阿比尔高等。此时设计师的职业身份并不是唯一的，也不是永久性的。不论谁在设计领域独领风骚，他们的存在无疑都会推动新型设计师职业的发展。1735年，英国的荷加斯在伦敦成立了一所设计学校，该校被视作皇家学院的前身。1753年，法国的巴舍利耶在万塞纳瓷厂为学徒成立了设计学校。这些非官方或半官方的设计学校的出现，让新的设计教育理念得以在缺乏正规设计教育机构的中心地区和那些意识到传统手工艺教育训练不足的工匠之间传播开来，并由此加快了设计师的职业化进程。在此之前，虽然在一些老的工业部门，如制陶、纺织等，已经出现了专业的设计师，但是只有在工业革命之后，随着机器被广泛采用，大多数的生产部门实现了批量化、标准化、工厂化的生产，加之商业竞争日益加剧，生产经营者意识到设计对扩大销售的重要作用，专业设计师才得以在社会生产各部门普及开来。

（3）专业设计师

1851年英国“水晶宫”博览会之后，英国设计师威廉·莫里斯最先倡导了“工艺美术运动”，因此被誉为“现代设计之父”。德国的德意志制造联盟实现了设计与工业的紧密结合，其中贝伦斯作为最早的驻厂工业设计师之一，不但设计作品成就非凡，而且带出了格罗皮乌斯、密斯·凡·德·罗、莫里斯、勒·柯布西耶等现代设计大师。

第二次世界大战之后，在北美和西欧的英国、德国和荷兰等国家，设计师的工作更多地被认为是科学性和研究性工作。德国乌尔姆设计学院以数学、社会学、人机工程学、经济学等课程取代了艺术课程；美国设计师蒂格在为波音707做室内设计时，用与飞机等大的模型进行多次“假想飞行”以测试各种设计效果；英国皇家艺术学院成立了专门的设计研究机构，对设计进行科学性研究；北欧的丹麦、瑞典和芬兰等国以工艺和装饰美术为基础的设计教育，培养出的设计师在20世纪五六十年代获得了巨大的国际声誉。

设计发展到今天，设计师已不再只是消费者趣味与消费潮流的追随者，而是向更积极的消费趣味引导者、潮流开创者的方向转变。设计师的角色，也不再仅仅停留在商品“促销者”的层次，而是向文化型、智慧型、管理型的高层次发展。设计师已成为科技、消费、环境以至整个社会发展的主要推动力量。“未来，设计师可以通过哪些途径在促进销售以外发挥更积极、更有创造性和管理性的社会作用？”这是英国伦敦大学新设立的硕士学位“设计未来”专业正在研究探讨的问题，也是每一位21世纪的设计同仁需要思考的问题。

1.5.2 设计师具备的专业素质

设计师的出现本是社会化大分工的产物。随着社会分工的不断细化，设计师的类型也趋于专业化。但是，无论何种类型的设计师都需要顺利地实现从学徒或学生到设计师的角色转化，而这种转化是设计师从业所必须经历的。

首先，作为一名准设计师，从业前应该具备一些基本的工作能力。每一个设计师在从业前都属于学徒或学生，而从学校习得的知识和技能往往是宽泛而有限的。对于具体的市场而言，这些知识需要重新整合，这些技能需要适应特定的业务需求。这就需要我们在以下方面做出努力：

1）对将要从事的工作充满信心和热情。设计师初入职场可能是辛苦而乏味的，这时保持学习的热情和信心对于设计师顺利转型，实现角色的职业化、商业化是非常重要的。

2）客观地评估自己的设计水平（以有经验的职业设计师的评价为主要标准）。一位榜样和导师所提供的建议，对每个初入职场的人来说都是十分重要的。

3）具备聆听、提问、社交和接受批评的能力。设计是一种团队性工作，也是一种服务性工作，所以沟通与合作的能力同样重要。

4）具备一定的营销技巧，能够客观地评价自己和他人的设计作品。设计师不仅是产品的创造者或改造者，更是自己和产品的推销员。

5）具备一定的写作能力，可以将自己的想法准确地转化为书面语言。

6）具备“读懂”客户需求的能力，为其提供个性化的服务。

7）可以合理地安排工作，具备区分优先次序的能力。

8）了解商业贸易的工作形式和交流形式。

针对以上8个方面努力提升自己的工作能力。但是，通常没有人能在学生阶段完全具备上述能力。这就需要我们在走出校园后通过继续教育的方式进行职业能力的提升。

其次，优秀的设计师既是拥有广博知识的全才，也是擅长某个专业领域的专才。设计是一项创造性工作。设计师所要设计的产品，可能涉及诸多学科的知识，因此，设计师应该具备较强的学习能力，具有广博的知识面。

随着现代设计的不断发展，学科间的界限也日渐模糊，学科间的交叉成为必然，因此设计行业不可能再如中世纪行会一般保守，现代设计师所需的知识也再不能只由某一本或几本工匠手册所涵盖。全才的职业设计师也不可能完全依靠自己来解决所有业务问题，他们需要与不同专业的专家合作，与不同类型的设计师合作，使自己的专长在最大程度上为不同类型的客户服务。

最后，每一个初入职场的年轻设计师都需要一位导师。他可以是一位大学教授，可以是某位艺术家或设计师协会的行家，亦或是一位资深的同行专家。他可以为你提供专业与实践的建议，这些建议可能比通过读书自学或课堂学习得来的知识更为直接而有效。

1.5.3 建筑设计师

现代意义的职业化的建筑师成形于18世纪末至19世纪初的英国。在西方以石材为主的建筑文明和都市文明中，职业建筑师产生之前的建筑，特别是公共建筑和豪华建筑是由业主（如国家、行政长官、富商、僧侣）和艺术家共同完成的，而普通的民居则由工匠直接完成。贵族、富商作为出资人决定了城市建筑的审美意向和设计内涵。在18世纪末至19世纪初的英国，资本主义的发展和城市的扩张带来了建筑投资方向的改变。建筑类型由教堂、府邸转变为展厅、交易所、车站和城市住宅，建筑的视觉艺术性让位于技术性和经济性，建筑师和建筑设计逐渐从雕塑师和形式装饰转化为工程师和技术经济问题。由工匠主导的施工企业型建筑师作为营建的承包商，在以技术主导的契约和执行中占据越来越重要的地位。因此，以职业代理人和专业监理人的身份担任建设工程从设计到施工的全程项目管理者——建筑师，这个职业应运而生。

建筑师是一个自由、体面的个人职业，其组织有非常自律的行业协会和严格的准入制度。在被公认为现代职业建筑师发祥地的英国，皇家建筑师协会（Royal Institute of British Architects，RIBA）的前身英国建筑师协会（Institute of British Architects，IBA）在1834年就把会员建筑师的能力（competence）和诚信（integrity）作为协会的工作重点。作为一种特殊的独立职业，古代只有神职者、医生、律师，近代加入了建筑师、工程师、会计师。这些行业协会的成立一般具备以下条件：技术的社会责任，全职性工作，职业协会及学校等行业自治、教育组织，职业认证和社会认同。正是因为现代职业建筑师的诞生伴随建筑市场利益的再分配，尤其是建筑师与施工者的利益和组织分离，在英、美等国也经历了漫长的过程。1791年英国就成立了“建筑师俱乐部”，1834年成立了英国建筑师协会，但建筑师的参加比例在19世纪末仍不足10%。1851年伦敦水晶宫的建成昭示了建筑非装饰的、工业化时代的新的法则的到来，推动了建筑师的职业化进程。1900年在巴黎成立的国际建筑师会议（International Congress of Architects，ICA）就以推广职业化的注册资格作为目标，1911年的罗马大会上通过了要求各国制定建筑师注册法规的决议。1927年《英国建筑师注册法》（包含建筑师资格认定，考试与注册，建筑教育等内容）获得通过，1938年又被修改。在美国，南北战争后的建筑业迅猛发展。在1884年成立的美国西部建筑师协会和创立于1857年的美国建筑师协会（The American Institute of Architects，AIA）的推动下，1897年伊利诺伊州率先通过了《建筑师注册法》，而全美各州立法的完成却是在1951年。

（1）国际建筑师协会

1948年，国际建筑师协会成立于瑞士洛桑，英文全称International Union of Architects，简称UIA。国际建筑师协会正是顺应社会发展的需求，以组织起来的行业力量促成了建筑设计和城市规划等建筑师职业服务的规范化，获得社会的普遍认可和尊重。

1999年国际建筑师协会北京第21届建筑师大会通过了《关于建筑实践中职业主义的推荐国际标准》（Recommended Guidelines for the UIA Accord On Recommended International Standards of Professionalism in Architectural Practice）。标准里包含了“关于建筑教育评估的政策推荐导则”“关于建筑实践经验、培训和实习的政策推荐导则”“关于注册、执照、证书的政策推荐导则”“关于道德和行为标准的政策推荐导则”“关于继续职业发展的政策推荐导则”“关于在东道主国家建筑实践的政策推荐导则”“关于知识产权和版权的政策推荐导则”等内容。这部完善的行业标准的颁布标志着职业建筑师具有了国际通行的职业准则，是建筑师职业体系建设的一个里程碑。

（2）现代建筑师的职能与资格

1）建筑的生产特征。在现代建筑生产过程中，建设方、设计方、施工方构成了建筑生产体系的基本生产关系。业主与建筑师的代理合同关系、业主与承包商的采购合同和承包合同关系体现了不同的合同关系和风险的分配方式。建筑师作为专业技术人员和业主利益的代理人，在业主要求的环境品质和限定的资源条件下，制定建筑的功能和技术性能指标，并创造性地整合各种技术方案和空间安排。建筑师通过设计图纸与文件，向施工者准确传达并监督协调其实施过程，以达到业主对品质、造价、进度等的要求。

2）建筑师的职能。在建筑生产的全过程中，在一定的时间、造价、现有材料和施工工艺中完成特定的空间环境设计与建造是建筑师的基本功和职业要求，也是建筑师职业的存在意义。在这种情境中，业主多是土地或资本的拥有者，也是专业投资者，一般只专注于投资和收益；对于建筑形式及专业化的设计，则全权交给专业人士——建筑师，一般很少过问。建筑师作为受投资者信赖的专业代理，从自身的专业知识、技术背景出发，参与和遵循业主的目标、策划，同时作为业主与各类专家、技术者的中间专业媒介，检验、调整、监督各技术专家的提案和计划，保证投资目标转化为技术方案的准确性和最优化。

《关于建筑实践中职业主义的推荐国际标准》提出：“建筑师职业的成员应当恪守职业精神、品质和能力的标准，向社会贡献自己的为改善建筑环境以及社会福利与文化所不可缺少的专门和独特的技能。”

3）建筑师应具有的基本知识和技能。一名建筑师应该具有的基本知识和技能，包括以下13项（由欧洲国家在1985年提出并获得UIA的认可）：

- 具有创作满足美学和技术要求的建筑设计技能。

● 有足够关于建筑学历史和理论及相关艺术、技术和人文方面的知识。

● 与建筑设计有关的美术知识。

● 有足够的城市设计与规划的知识和有关规划的技能。

● 理解人与建筑、建筑与环境、建筑空间与人的需求关系。

● 对实现可持续发展环境的手段具有足够的知识。

● 理解建筑师职业和建筑师的社会作用，特别是在编制任务书时能考虑社会因素的作用。

● 理解调查方法和为一项设计项目编制任务书的方法。

● 理解结构设计、构造和与建筑物设计相关的工程问题。

● 对建筑的物理问题和技术以及建筑功能有足够的知识，可以为人们提供舒适的室内环境。

● 在造价因素和建筑规程约束下满足建筑用户的要求。

● 对在将设计构思转换为实际建筑物，将规划纳入总体规划过程中所涉及的专业、组织、法规和程序方面要有足够的知识。

● 有足够的关于项目资金、项目管理及成本控制方面的知识。

从现代职业建筑师的产生历史来看，建筑师从职业确立之始就是以知识和服务为基础的建造项目管理，而非以建筑产品和设计的产品形态为主，是以建造全过程中业主和公众利益的维护、建筑专业品质的达成、建筑市场的公正维护为目的的。建筑专业的实质，是建立在专业教育培训基础上的“职业”，目的是提供客观的意见和服务，从中直接获得报酬。“职业”是对这项需要付出责任的专业最好的表述。

4）建筑师的两种素质和三重法律身份。从现代社会的承认和规范化的行业标准来看，建筑师必须具有两种素质和三重法律身份。

a.两种基本素质：建筑师的能力和诚信。这两种基本素质要求建筑师具备行业专家的专业技能和职业能力，同时具有作为社会公正和公平维护者的诚信和责任感。

b.三重法律身份：①作为独立的合同执行者——建筑师是设计合同的执行人，是与业主／客户进行经济活动的一方主体，因此建筑师也需要追求适当的利润和相应的合同条件；②作为业主的代理——建筑师作为业主利益的代表和受托人对建筑全过程进行监管，对业主汇报所有与业主利益密切相关的重要信息并负责确保专业的品质和业主的利益；③作为准司法性的官员——建筑师必须兼顾公众利益和业主利益，并作为判断业主和承包商在合同执行中是否公平的法官和专业鉴定者。建筑师在建造过程中必须依照合同作出合理的解释和公平公正的决策，并充当业主和承包商的专业中介和纠纷调停员。由于建筑过程和利益相关者的复杂性，建筑师也被豁免对于非专业（超越建筑师能力和知识范围）的判断和认可的责任。

5）建筑师的义务。在建筑市场中，业主与建筑师的行为准则和约束机制确立了业主与建筑师的权利义务关系。

a.建立并维护可信赖的代理关系。建筑师作为业主的职业代理人，是具有专业技能、满足业主需求、得到社会承认（资格准入）的专家。代理关系是受托人根据委托为委托人代为处理业务的形式，是以技术和管理技能实现业主利益的努力过程和相应结果。建筑师还有基于代理责任的守密义务，即不得泄漏因设计、监理而获得的甲方的秘密。同时，未得到业主的认可时，不得让他人阅览、复印、转让设计成果及中间过程记录。

b.明确设计任务和设计时间。在合同条款中除明确要求设计成果和服务的步骤外，还要求建筑师和业主必须在规定的时间内确定设计进程，以确保双方的时间和人力安排。在设计深化的各阶段与设计变更阶段都需提出并协商相应的时间进度，以确保设计按计划进行。同时，设计时间是以建筑师提出的时间为依据进行协调的。设计时间与设计内容、设计质量密切相关，因此业主必须尊重设计者的合理要求。

c.明确著作权。建筑设计文件及建筑物的著作权归建筑师所有，业主只能在特定的单一项目中使用建筑师的设计成果，以保障建筑师的设计权益。建筑设计成果的图纸也作为建筑师的成果只能在业主手中留存一套，施工中所用的建筑设计图纸均需归还建筑设计方；同时因为建筑物属于业主投资的不动产，所以业主获得增改建筑、修缮、宣传等权利。

d.设计赔偿与设计保险。设计者对施工中和使用后的设计缺陷负全部赔偿责任。由于设计费用与实际建筑造价的巨大差异，建筑师参加保险并且有向业主说明的义务。建筑师的设计费用与整个设计风险存在不均衡性，也就是说建筑师在收取总造价6%的建筑设计费用时，却承担总造价100%的技术责任。因此，在日本，业主明确要求设计公司不但要有公共的技术资格，同时必须加入设计保险。在通用的设计合同条款中也明确要求设计方出具该设计合同的保险证明。

1.6 设计批评

1.6.1 设计批评的对象及其主体

设计批评的对象既可以是设计现象，也可以是具体的设计品。设计品是一个很大的范畴。作为批评对象的设计品，即现代设计创作的一切形式，包括产品设计、视觉传达设计和环境设计，具体分为建筑设计、城市规划、工业设计、工艺美术、妇女装饰品、服装、美容、舞台美术、电影、电视、图片、包装、展示陈列、室内装饰、室外装潢等，不一而足，统统可纳入批评对象的范围。

设计批评的主体是指设计的欣赏者和使用者。批评主体的批评活动可以诉诸文字、语言，也可以体现为购买行为。由于设计必须被消费，大量的设计批评者就是设计的消费者。如果你买了一把椅子，那么你就是这把椅子的设计批评者。用符号学术语来说，设计批评者就是设计符号的接受者。如果我们将设计品——建筑设计看作创意的符号复合体，那么它与接收端的观众或消费者就构成了解释关系。简而言之，解释者接收到设计所传递的信息，意味着将自己的符号储备系统与设计符号储备系统进行对位、解码，也就自然地运用判断、释义和评价功能，从而成为设计的批评者。购买行为本身就是一个显性的判断和结论。

设计与艺术不同。它不可能孤芳自赏，也不能留到后世待价而沽，设计必须当时被接受，被消费。这是由设计本身的目的性决定的。设计这一特殊性质，使得设计批评不可能形成权威意见，不会由哪个权威一锤定音，而要消费者自己判断。从深层意义来讲，设计包含着广泛的民主意识。

设计批评的主体除了以消费方式进行批评外，还可以文字、言论发表批评意见。同时，批评者的影响通常会超越个人范畴，其批评意见可能影响到消费者的购买倾向，甚至直接影响设计师。如英国艺术评论家约翰·拉斯金对1851年“水晶宫”博览会的猛烈抨击与他所宣扬的设计美学思想，在很大程度上影响了当时英国公众甚至大洋彼岸的美国公众的趣味，直接引导了莫里斯和他发起的“工艺美术运动”。

设计批评者有着广泛的群体，包括设计理论家、教育家、工程师、报纸杂志的设计评论员和编辑、企业家、政府官员等等。他们以不同的身份、不同的立足点去评价设计，表现出批评的多层次性。设计师介入批评更是设计界一个经常的现象。原因在于，设计不仅是创作活动，同时也是审美活动、经济活动、社会活动。设计特有的时效性意味着设计师介入批评的直接影响。许多声誉卓著的设计师同时也是了不起的设计批评家。他们编辑设计杂志、发表演说、在一所或多所大学任教、著书立说等。如包豪斯学校的创建人格罗皮乌斯除了在建筑和设计上有杰出贡献，还是现代主义运动最有力的代言人之一。

1.6.2 设计批评的标准

（1）参照标准

根据设计的要素和原则，设计批评首先需要一个评价体系。中国当今评价设计主要从设计的科学性、适用性及艺术性方面进行考察，这三方面包括了技术评价、功能评价、材质评价、经济评价、安全性评价、美学评价、创造性评价等多个系统。当然，不同国家和地区沿用的评价标准存在一些差异，并且不同类型的设计各有其偏重。如产品设计强调技术，广告设计强调信息，建筑设计强调空间，包装设计强调保护功能，等等，然而，对于具体的某一设计而言，全面考虑其相应各项评价指标是十分必要的，单是满足一个或几个评价系统并不能保证整个设计的成功。

对同一设计品的评价，由于批评者立足点的差异可能采取不同的尺度，如设计师强调创意，企业强调生产，商家强调市场，政府强调管理。标准分离现象最典型的莫过于设计者与使用者参照标准的反差。举一个引人注目的例子。

1954年，日裔美国建筑师山崎实接受美国圣路易市的委托，设计了一批低收入人群的住宅，即著名的普鲁依特艾戈住房工程。山崎实为了表达对于现代主义精神的坚定立场，采用了典型的现代主义手法来设计这批9层高的建筑。这批住房在完成时备受好评，美国建筑学会的建筑专家给它评了一个设计奖，认为这项工程为未来低成本的住房建设提供了一个范本。与之相反的是，那些住在房子里的人们却感觉它是一个彻底失败的设计。这个高层住房设计被证明不适合那些住户的生活方式：高楼层的父母无法照看在户外活动的孩子；因公共洗手间设置不足，大厅和电梯成了实际上的厕所；住房与人不相称的空间尺度，破坏了居民传统的社会关系，整个居住区内不文明现象与犯罪活动泛滥。在居民的强烈请求下，政府终于在1972年拆毁了这个建筑群。

普鲁依特艾戈住房只是美国在20世纪60年代建造的众多不成功的高层建筑街区的一个缩影。其失败集中表现了设计者与使用者的批评标准是不一致的。制作和策划的分离，以及后来设计和使用的分离，造成了对设计进行评价的两种分离的标准——设计者和使用者各自不同的标准。

（2）标准的历时性

设计批评的标准随时间的推移、社会的发展而不断变化，它是一个历史的概念。时间、地域和文化的差异，意味着人们对设计要素的不同理解。设计的发展经历了人类科学技术、意识形态、政治结构等多方面的重大变化。设计批评在每一个时期对于设计诸要素都表现出不同的倾向。例如，第一次世界大战之后，现代主义信条逐渐打破了民族的界限，出现以包豪斯为代表，打破艺术、设计、工艺及建筑之间的各种界限，而风靡一时的“国际式风格”。对于设计批评而言，建筑功能、技术、反历史主义、社会道德、真理、广泛性、进步、意识以及宗教的形式表达等概念，成了批评家最常用的语汇。然而由于国际式风格冷漠、缺乏个性和人情味的设计，人们开始感到越来越厌倦。直至1972年普鲁依特艾戈住宅的拆毁，后现代主义者宣称现代主义的结束。后现代主义设计继之而起，设计批评的标准同时发生了重大变化。现代主义的“生产”理想转向了“生活”理想；过去，宣扬设计的广泛性，通过设计的理念引导消费者，而今转为尊重消费者，尊重个性，使设计满足消费者情感上的需求。

第2章 建筑设计前期

2.1 建筑与建筑设计

“建筑”一词，既表示建筑工程的建造活动，又表示这种活动的成果——建筑物。建筑是建筑物与构筑物的统称，建筑物是供人们在其中生产、生活或从事活动的房屋或场所，如住宅、医院、学校、体育馆和影剧院等。构筑物则是指人们不能直接在其内生产、生活的建筑，如水塔、烟囱、桥梁和堤坝等。无论是建筑物还是构筑物，都是为了满足一定功能，运用一定材料和技术手段，依据科学规律和美学原则而建造的相对稳定的空间。

2.1.1 正确认识建筑

（1）建筑体现地域性

在远古时代，人类依附于自然采集的集体生活，无固定的住所。为了避风雨、御寒暑、防兽害，栖身于洞穴和山林。之后，人类在与自然作斗争的过程中，逐渐形成了劳动的分工，狩猎、农业、手工业相继分离，生产和生活相对稳定，因此，出现了固定的居民点。与此同时，人们根据自己长期的生活经验，开始利用简单的工具和土石草木等天然材料营造地面建筑，作为生产和生活的活动场所。这就形成了原始建筑和人类最早的建筑活动（见图2.1）。

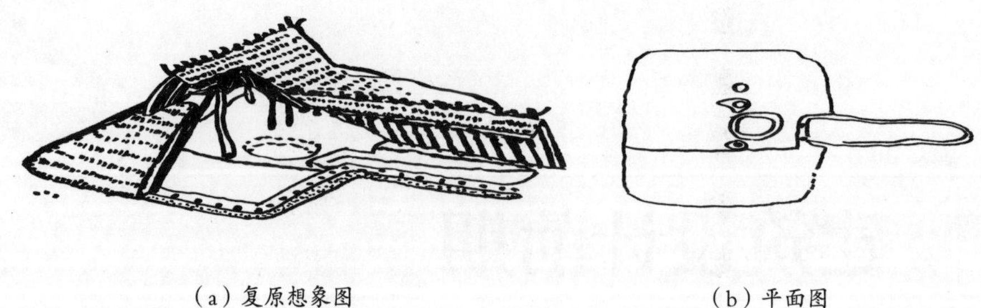

（a）复原想象图　　　　（b）平面图

图2.1　西安半坡村原始社会村落遗址

随着社会的发展、生产技术的进步，新的生产和生活领域不断开拓，人类的生活内容日益丰富，除了日常的生产和生活外，人类还从事政治经济、商品贸易、文化娱乐、宗教宣传等社会公共活动，而这些活动都要求有相应的建筑作为活动场所。因此，各类建筑如厂房、商店、银行、办公楼、学校、车站、码头等相继出现。建筑的发展，不仅满足了当时人们生产和生活的需要，而且强有力地推动了社会的进步。在科技高度发达的今天，建筑不仅使人们的生活环境日益改善，而且为社会的政治、经济、文化的发展提供了物质基础。因此，建筑在社会发展中起着越来越重要的作用。

可以看出，建筑的产生和发展是为了适应社会的需要，建筑的目的是为人们提供一个良好的生产和生活场所。那么，建筑是以什么方式来实现其目的的呢？

人们进行任何一种活动，都需要有一定的空间。马克思曾经说过："空间是一切生产和一切人类活动所需的要素。"没有空间，人类的活动就无法进行，或者说只能在不完善的境况下进行。譬如，没有住宅，人们就不能休养生息；没有教室，就无法有效地进行教学活动；没有厂房，就难以完成高水平的工业生产……因此，建筑要实现自己的目的，其先决条件是必须具有"空间"。

当然，这里所说的"空间"，有别于一般的自然空间。首先，在空间形态上，必须满足人们进行各类活动时对空间环境提出的不同使用要求和审美要求；其次，在空间围隔技术上，必须达到坚固、实用、安全、舒适的要求。这种按照人们的需要，经过精心组织的人为空间，通常称为"建筑空间"。

人类营造建筑，其主要任务是获取具有使用价值和审美价值的建筑空间，而建筑实体——各种建筑构件，如墙壁、屋顶、楼板、门窗等，只是构成空间的手段。我国古代思想家老子曾经说过："埏埴以为器，当其无，有器之用。凿户牖以为室，当其无，有室之用。故有之以为利，无之以为用。"意为强调空间的使用意义。

由于人类生产生活的内容和规模不断更新和扩大，其活动范围不再局限于建筑内部，而是延伸到建筑的外部。建筑之间的庭院、广场、街道、公园、绿地等，都是人们不可缺少的活动空间，这些空间也必须按照人的使用要求和审美要求加以组织。从这层意义来说，“建筑”应该有更为广泛的含义，它既包括单体建筑，又包括群体建筑，既包括建筑内部空间，也包括外部空间，如庭院、广场、街道等，这些都应该属于“建筑”的范畴。

（2）建筑体现社会性

建筑既表示建造房屋和从事土木工程的活动，又表示这种活动的成果——建筑物。建筑也是某个时期、某种风格建筑物及其所体现的技术和艺术的总称，如隋唐五代建筑、明清建筑、现代建筑等（见图2.2）。

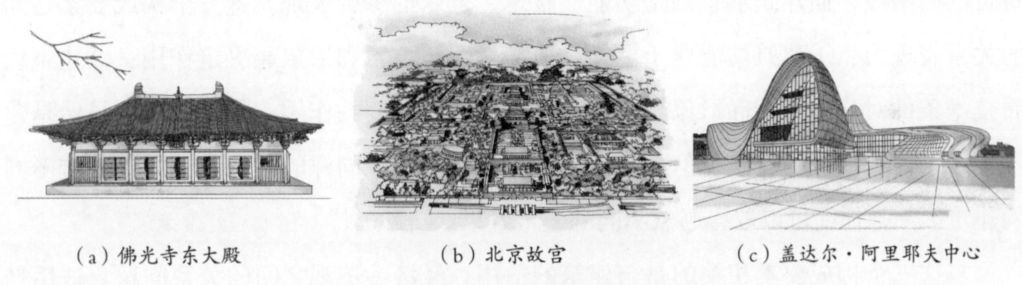

（a）佛光寺东大殿　（b）北京故宫　（c）盖达尔·阿里耶夫中心

图2.2　隋唐五代建筑、明清建筑、现代建筑

从建筑发展的历史来看，由于时代、地域、民族的不同，建筑的形式和风格总是异彩纷呈。然而，从构成建筑的基本内容来看，不论是简陋的原始建筑，还是现代化的摩天大楼，都离不开建筑功能、建筑的物质技术条件、建筑形象这三个基本要素。

1）建筑功能。建筑功能就是人们对建筑提出的具体使用要求。一幢建筑是否适用，是指它能否满足一定的建筑功能要求。对于各种不同类型的建筑，建筑功能既有个性又有共性。建筑功能的个性，表现为建筑的不同性格特征；而建筑功能的共性，是各类建筑需要共同满足的基本功能要求（如人体生理条件、人体活动尺度等对建筑的要求）。

对于建筑功能，需要有发展的观念。随着社会经济的发展，人们必然会对建筑提出新的功能要求，建筑功能趋于多元化、复杂化，从而促进新的建筑类型的产生。因此，可以说建筑功能也是推动建筑发展的一个主导因素。

2）建筑的物质技术条件。建筑的物质技术条件包括材料、结构、设备和施工技术等内容。它是构成建筑空间、保证空间环境质量、实现建筑功能要求的基本手段。

随着科学技术的发展，各种新材料、新设备、新结构和新工艺相继出现，为新的建筑功能实现和新的建筑空间形式创造提供了技术上的可能。近代大跨度建筑和超高层建筑的发展就是建筑的物质技术条件推动建筑发展的有力例证。

3）建筑形象。建筑形象是根据建筑功能的要求，通过体量组合和物质技术条件运用而形成的建筑内外观感。空间组合、立面构图、细部装饰、材料色彩和质感的运用等，都是建筑形象的构成要素。在建筑设计中创造具有一定艺术效果的建筑形象，不仅在视觉上给人以美的享受，而且在精神上具有强烈的感染力，并使人产生愉悦的心情。因此，建筑形象既反映了建筑的内容，又满足了人们的生活和时代对建筑提出的要求。

在建筑构成要素中，建筑功能是建筑的主要目的，建筑的物质技术条件是实现建筑目的的手段，而建筑形象则是功能、技术、艺术的综合表现。这三个构成要素之间的关系表现为：①建筑功能居于主导地位，对建筑技术和形象起决定作用；②建筑物质技术条件对建筑功能和形象具有一定的促进作用和制约作用；③建筑形象虽然是建筑技术条件和功能的反映，但也具有一定的灵活性，在同样的条件下，通过创造不同的建筑形象，往往可以取得迥然不同的艺术效果。

与这三个构成要素相关的是与建筑的适用、经济、美观之间的关系问题。适用是首位的，既不能片面地强调建筑的经济而忽视适用，也不能过于强调建筑的适用而不考虑经济上的投入；所谓经济不仅是指建筑造价，还要考虑建筑使用时经常性的维护费用和一定时期内的综合经济效益；美观也是衡量建筑质量的标准之一，不仅表现在单体建筑中，还应该体现在整体环境的审美效果之中。正确处理这三者之间的关系，就要在建筑设计中做到以下两点：一是反对盲目追求高标准；二是反对片面降低质量、建筑形象千篇一律、缺乏创新的不良倾向。

（3）建筑体现技术、艺术综合性

从建筑的形成和发展过程，可以看出建筑有如下特点：

1）建筑受自然条件的制约。建筑是人类与自然斗争的产物。它的形成和发展无不受到自然条件的制约，对建筑布局、形式、结构、材料等方面都产生重大影响。在技术尚不发达的时代，人们就懂得利用当地条件，因地制宜地创造出合理的建筑形式，如寒冷地区的建筑厚重封闭；炎热地区的建筑轻巧通透；在温暖多雨地区，常将建筑底层架空（干阑式建筑）；在黄土高原多筑生土窑洞；山区建筑则采用块石结构；等等。这些建筑能适应当地人们的需要，其建筑风貌呈现出强烈的地方特色（见图2.3）。

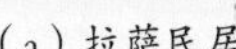
（a）拉萨民居

（b）陕北黄土窑洞

（c）西双版纳竹楼

图2.3　我国各地的建筑地方特色

在科技发达的近代，虽然人们可以采用机械设备和人工材料来克服自然条件对建筑的种种限制，但是协调人、建筑、自然之间的关系，尽量利用自然条件的有利方面，避开不利方面，仍然是建筑创作的重要原则。

2）建筑的发展离不开社会。建筑，作为一项物质产品，和社会有着密切的关系。这主要体现在两个方面：

a. 建筑的目的是为人类提供良好的生活空间环境。建筑的服务对象是社会中的人，也就是说，建筑要满足人们提出的物质和精神双重功能要求。因此，人们的经济基础、思想意识、文化传统、风俗习惯、审美观念等无不影响着建筑。

b. 人类进行建筑活动的基础是物质技术条件。各个时代的建筑形式、建筑风格之所以大相径庭，是所处时代的科学技术水平、经济水平、物质条件等社会因素不尽相同的结果。

因此，建筑的发展离不开社会，可以说，建筑是社会物质文明和精神文明的集中体现。

3）建筑是技术与艺术的综合。建筑是一项特殊的物质产品，它不但体量庞大、耗资巨大，而且一经建成，就立地生根，成为人们劳动、生活的经常活动场所。人们对于自己生活的环境总是希望能得到美的享受和艺术的感染力。因此，建筑的审美价值就成为其本质属性之一。

若要建筑具有一定的审美价值，建筑创作就须遵循美学法则，进行一定的艺术加工。但建筑又不同于其他艺术，建筑艺术不能脱离空间的实用性，也不能超越技术上的可行性和经济上的合理性，建筑艺术性总是寓于建筑技术性之中。建筑所具有的这种双重属性——技术与艺术的综合，是建筑区别于其他工程技术的一个重要特征。

2.1.2 建筑设计

（1）建筑设计在基本建设中的作用

一项建筑工程，从拟订计划到建成使用，通常需要经历计划审批、基地选定、征用土地、勘测设计、施工安装、竣工验收、交付使用等步骤。这就是一般的“基本建设程序”。

由于建筑涉及功能、技术和艺术，同时又具有工程复杂、工种多、材料和劳力消耗量大、工期长等特点，在建设过程中需要多方面协调配合。因此，建筑物在建造之前，要按照建设任务的要求，对施工过程中和建成后的使用过程中可能发生的矛盾和问题，事先做好通盘的考虑，拟定出切实可行的实施方案，并用图纸和文件将它表达出来，作为施工的依据，这是一项十分重要的工作。这一工作过程通常称为“建筑工程设计”。

一项经过周密考虑的设计，不仅为施工过程中备料和工种配合提供依据，而且可使工程在建成之后显示出良好的经济效益、环境效益和社会效益。因此，可以说“设计是工程的灵魂”。

（2）建筑工程设计的内容与专业分工

在科技日益发达的今天，建筑所包含的内容日益复杂，与建筑相关的学科也越来越多。一项建筑工程的设计工作常常涉及建筑、结构、给水、排水、暖气通风、电气、煤气、消防、自动控制等学科。因此，一项建筑工程设计需要多工种分工协作才能完成。目前，我国的建筑工程设计通常由建筑设计、结构设计、设备设计三个专业工种组成。

（3）建筑设计的任务

建筑设计作为整个建筑工程设计的组成之一，它的任务如下：

1）合理安排建筑内部各种使用功能和使用空间。

2）协调建筑与周围环境、各种外部条件的关系。

3）解决建筑内外空间的造型问题。

4）采取合理的技术措施，选择适用的建筑材料。

5）综合协调与各种设备相关的技术问题。

建筑设计要全面考虑环境、功能、技术、艺术方面的问题，可以说是建筑工程的战略决策，是其他工种设计的基础。要做好建筑设计，除了遵循建筑工程本身的规律外，还必须认真贯彻执行国家的方针、政策。只有这样，才能使所设计的建筑物达到适用、经济、坚固、美观的最终目的。

2.2 建筑创意

2.2.1 建筑创意的意义与特征

（1）建筑创意的意义

在建筑创作中，设计思维是贯穿于建筑师创作全过程的一种大脑活动，看不见、摸不着，但却是形成设计思考点，连成设计思索线，进而形成完整设计方案的核心和关键。整个建筑创作过程的设计思维，也可以说是设计中的思考或思考着的设计（design thinking）——建筑创意。

建筑创意的核心是设计思维反复深化与表达的过程。设计思维的思考点（创意点）、思索线（设计思路）是建筑创意的关键，也是影响整个建筑创作成功与否的重要因素。

建筑创意的表现形式体现为一个思维过程，具有过程性和表达性的双重特征。建筑创作中每一次进展的表达，都可以看作是设计思维的外化，是建筑创意的结果。

建筑创意的最终目标是综合各种因素（功能、技术、审美、地域、人文、生态等），通过反复的思考，形成表达完美的设计方案，最终体现建筑的价值。

因此，建筑创意是一个复杂的，综合各种因素且不断思考的，理性思维与感性思维、逻辑思维与形象思维循环往复的过程。它将建筑方案不断修改深化，最终找到解决问题的最恰当方法，将方案推向完美（见图2.4）。

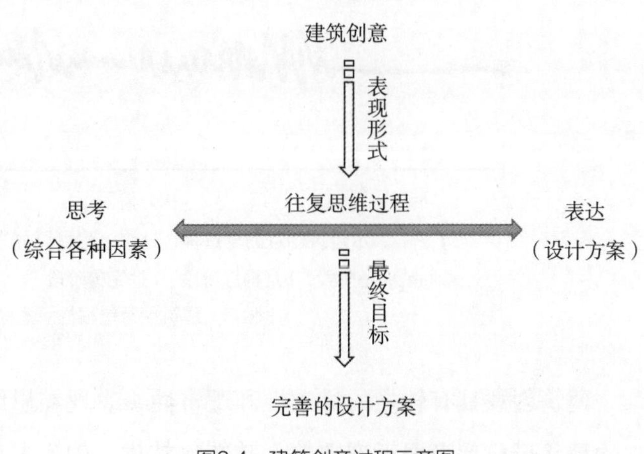

图2.4　建筑创意过程示意图

（2）建筑创意的过程性特征

整个建筑项目全过程分为规划立项、建筑设计、建筑施工、使用运营等四个阶段（见图2.5）。

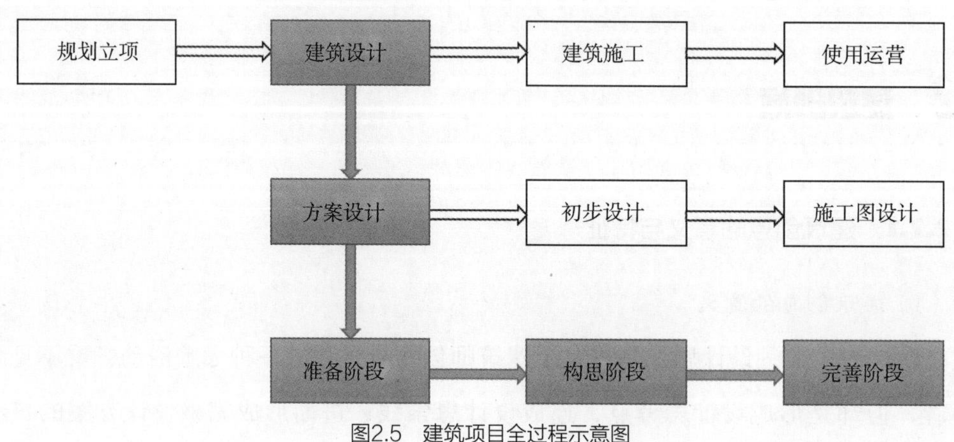

图2.5　建筑项目全过程示意图

从图2.5可知，建筑创作不同于其他的艺术创作，具有非常强的程序性。一方面，建筑创作在整体上类似于一般的技术劳作，有一定的时间要求，并且在创作的每个阶段都有明确的任务和所要达到的目标；另一方面，在一定的条件下，建筑创作客观存在一个最优决策，单靠"灵感"和"随心所欲"的手段是达不到的，需要对方案进行逻辑分析和优化处理，使其"渐入佳境"。而优化处理需要解决孰先孰后的问题，即需要制定出一系列的过程和步骤。在总的时间进程上要合理安排思维进度，而在解决每个问题时，也要有相应的策略，遵循一定的思维活动规律，这些均体现建筑创意的过程性（见图2.6）。

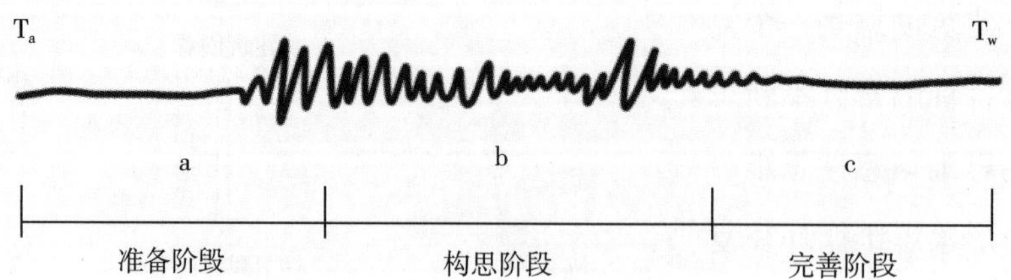

T_a—T_w表示建筑创意的全过程，这个过程可以分为相对独立的三个阶段，即a是准备阶毁，b是构思阶段，c是完善阶段。

图2.6　建筑创意过程性示意图

建筑创意具有较强的科学性和逻辑性，表现在思维上，则具有较强的程序性。创作构思从形成到发展再到完善，逐渐物态化，创作者最终完成整个创作。从某种意义上说，建筑创意就是一个方案构思从无到有，并逐渐完善的过程。

（3）建筑创意的表达性

在整个建筑创意过程中，创意思维与创意表达是互为依存的。建筑创作的一个特点就是必须将创作思维用一定的方式表达出来。思维表达与建筑创作的关系，犹如硬币的两个面，不可分割。建筑创作思维必须通过某种途径表达出来，没有表达的思维，建筑创作就不能称为创作，犹如文学、音乐、美术、舞蹈、戏剧以及电影，其构思的完成需要与某种表达方式紧紧地联系起来。

事实上，一个阶段的思维必须借助一定的表达方式帮助记忆，借助一定的表达方式进行分析，从而有步骤地进入下一个阶段。表达与创意思维都是由不清晰到逐渐清晰的非线性过程，尽管其中有着相当程度的不确定性、模糊性和重复性，但总的趋势一定呈现出从模糊到清晰的渐变特征。另外，表达在促进思维进一步深化的同时，用以与别人进行交流，为方案的确定和最终的实施提供参照。可以说，建筑创作的过程是一个不断进行创意思考，不断将思维表达出来的过程。目前在建筑教育中，引入了“平面构成”“立体构成”之类的课程，注重了这种创意过程与思维表达的一致性特征，这对了解并掌握两者之间的逻辑关系、培养综合设计思维大有裨益。

2.2.2 建筑创意前期思维的建立

（1）建筑项目调研阶段

由于要对承接的项目有一个总体上的认识，所以在整个建筑创作前期的准备阶段主要是采集各种相关资料和信息。这些信息通过视觉刺激，如同数码技术一样，存储在自己的记忆里，以便帮助人们建立前期思维的内容。这一阶段即是通常所谓的“调研”。

大多设计任务都涉及众多复杂的背景资料。在建筑创意准备阶段，各种思维均集中在如何从这些信息中提取核心部分。这将成为寻找矛盾焦点、确立创意切入点的关键，并由此转入概念分析，进而形成设计方案雏形（见图2.7）。

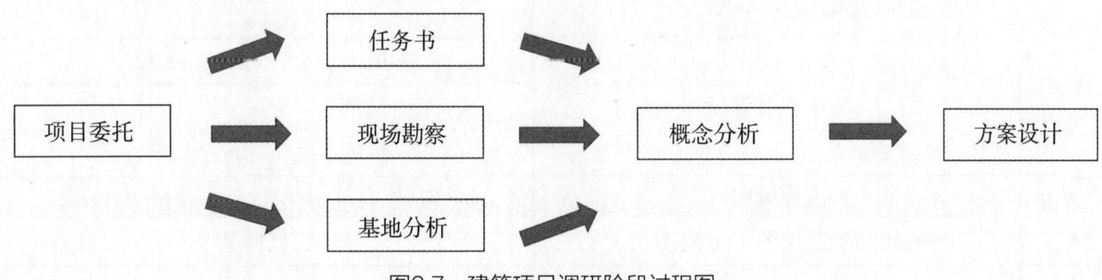

图2.7　建筑项目调研阶段过程图

（2）初步分析表达阶段

思维的表达，有一个显著的特点，就是它的记录性。准备阶段思维表达的方式受到资料要求的限制，因此表达方式主要有以下几种。

1）文字图表。前期收集的各种资料和信息主要集中在对建筑创作有重要影响的部分，包括该项目的相关信息、市场调研资料、网上调研资料以及有关法规、条例或是关于项目的其他内容。特别是实例调研的选择，应本着性质相同、内容相近、规模相当、方便实施并体现多样性的原则，调研的内容包括一般技术性了解（对设计构思、总体布局、平面组织和空间造型的基本了解）和使用管理情况调查（对管理、使用两方面的直接调查）两部分。最终的调研成果应以图文形式详尽而准确地表达出来，形成一份永久的、涵盖项目全过程的参考资料（见表2.1和表2.2）。

表2.1　宗地自然条件表一

填表人：　　　　　　　　　　　　　　　　　　　　　　　　填写日期：　　年　月　日

土地名称/项目名称			
图纸、图片名称		内容要求	完成情况
宗地位置	宗地城市位置图	表达宗地在城市范围内的位置，可在城市地图基础上制作	□已制作
	宗地区域位置图	表达宗地在城区范围内的位置，可在城市地图基础上制作	□已制作
宗地现状	宗地红线图	宗地面积、角点定位、红线尺寸、标高	□已收集
	宗地现状照片	标明拍摄点与目标点位置	□已制作
	宗地地形图	宗地为复杂地形时，表达现状地形、标高（等高线)、现状地貌	□已收集
	宗地绿化植被与水面分布图	植被与水面的定位	□已制作

表2.2　宗地自然条件表二

填表人：　　　　　　　　　　　　　　　　　　　　　　　　填写日期：　　年　月　日

土地名称/项目名称		
城市气温	常年绝对温度	最高　　　℃
		最低　　　℃
		平均　　　℃
城市风象	主导风向	
	风向频率玫瑰图（另附图）	□已收集
空气质量	宗地空气质量状况	□空气质量良好 □空气质量较差，需进行检测

续表

水文	宗地内有无地表水	□池塘　　□水渠
	宗地周边有无地表水	□江 □河 □湖 □海 □水渠
	周边地表水常年水位（黄海高程）	M
	周边地表水最高控制水位（黄海高程）	M
	地下水位标高（黄海高程）M	
	宗地内水质状况	□水质良好　□水质较差，需进行检测
噪音	宗地噪音状况	□周边无噪音源 □周边有噪音源，需进行检测
宗地有无特殊地下物	冲沟、暗河、古墓、化石、地下军用设施、管线地下油罐房、其他大型地下建筑物	□有　　□无
		□有　　□无
		□有　　□无
		□有　　□无
		□有　　□无
		□有　　□无
		□有　　□无

2）图示。图示记录是一种最常用的表达方式，包括对各种现状资料，如地形图、周围环境状况、交通情况、市政管网布局等所做的图示性处理；周围环境景观、邻近建筑或同类已建成建筑的速写、图片等；统计使用者的活动记录、调查记录等。某些情况下还要引入人体工程学，进行如空间、尺度分析与细部设计等。如图2.8所示，建筑师正试图捕捉对基地的整体认识，这种分析和试探性工作也成为构思前期的铺垫。

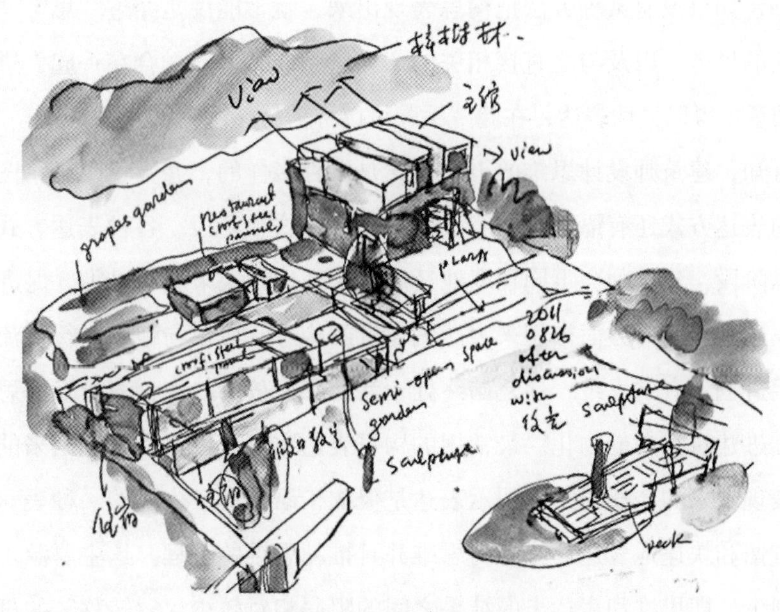

图2.8　建筑师的基地速写

以记录建筑或环境为主的速写，是以所做项目的总体认识为主，体现出极强的观察力和高度的概括力，善于把握众多条件中的关键部分，提取有影响力的因素或摄取基地隐含的规律。这个过程往往很模糊，不够清晰，但却有引喻或象征的倾向。

在准备阶段后期，建筑师的工作更多地闪现出创造性的火花，这是构思阶段开始的表现，建筑师的记录性绘画或“速写”是促进思维的一种常用且行之有效的表达方式。它可以使建筑师的手、眼、脑有机地融为一体，从而更好地促进思维。

对基地现状、周围建筑物或同类建筑进行的大量记录性图示（绘画、速写），可以加深我们对所建项目的感知，使我们更深入地分析和评价所记录的内容，形成对项目的总体认识，为后来构想方案的推进提供灵感的来源。

无论运用何种表达方式，都是以对各种资料信息的记录和初步分析为其关键特征的。各种表达方式使得设计思维逐渐开始、延展，趋向雏形。

2.2.3 建筑创意的推进

建筑创意的方案构思是整个设计过程的主要阶段，是创意思维的往复表达和不断推进的过程。

（1）创意思维与表达的并行互动关系

在方案构思阶段，建筑创意的思维与表达呈现并行互动的状态。方案的构思在反复推敲中不断完善和发展，思维与表达也呈现出反复和尝试性特征。试想，即使有了“构思”，如果没有某种方法把构思表现出来，就不能说是经过“思考”了。要把“经过大脑的思考”以及与之直接相关的“经过手的思考”融合在一起，进行仔细推敲，建筑创意才得以显性表达，在此“手”可以称为另一个大脑。

前述可知，建筑师设计思维的表达方式是多种多样的，并不仅限于草图的表达，比较常用的表达方式还有语言、文字、模型等。在这个阶段，各种表达方式都会被采用。在构思阶段，建筑师会不同程度地运用这些表达方式来展示思维、促进思维。

各种表达方式，一方面被用来表达创作者的构思，以便与他人进行交流；另一方面也用来促进创作者的思维，使之始终处于活跃和开放的状态，充分发挥思维的创造性，不断推进建筑意向的物化。最常用的构思表达方法是用语言表现出来的“概念”和用印象表现出来的“草图”。图示表达是仅次于语言文字表达的一种表达方式，它能直接、方便和快速地表达创作者的思维并且推动思维的进程。这主要源于图示表达所受的限制少，即思维和表达出的结果之间的阻碍相对较少、“转移”的过程简单，使得表达结果和思维状态能够在最大限度上得以吻合。因此这种表达方式能够更直接地反映出创作者的思维状态，更有利于捕捉灵感，推进思维。

创意思维与表达是一个并行互动的非线性过程，是思维与表达循环往复、方案构思逐渐完善的过程。有时阅读中遇到了有感悟的建筑物的图片，或在旅行途中碰到了独特的建筑，我们可以通过眼睛观察记忆，也可以通过速写记录下来，在进行项目设计构思时，就可能有所帮助。

创意思维与表达是一个跨越时间、空间的动态过程，应成为建筑师的终身习惯。这将使其受益无穷。

（2）创意如何推进方案

从创意思维与表达并行互动的关系可以看出，方案构思是有助于形象思维的力量，侧重于将设计从立意观念层次的理性思维转译为抽象语言，将准备阶段分析研究的成果落实为具体的建筑形式。

创意思维与表达，不仅仅是思维过程阶段性结果的单纯体现，它还可以有效地促进创作思维的进程，促使创作者的思维向更广泛、更深入、更完善的境地发展。建筑师往往会有这种体会，即构思经常是在草图的绘制中不断发展的。草图可以不断推进思维，即头脑中的想法会用各种图示自然地流露出来，有时线条又指引着我们。

1）设计立意为先导。设计立意是方案构思的先导因素，任何方案的构思都始于设计立意。设计立意既是设计的基调，又是设计的主题和核心。设计立意分为基本立意和高级立意。前者以满足最基本的建筑功能、环境条件为目的；后者则在此基础上通过对设计项目深层意义的理解与把握，谋求把创意推向一个更高的境界。

例如位于美国宾夕法尼亚州的流水别墅（见图2.9），其设计立意追求的不是一般意义上的视觉美感或居住舒适，而是要让建筑融入自然、回归自然，谋求与大自然进行全方位对话。这是对别墅设计最高境界的追求。因此，它的具体构思从位置选择、布局经营、空间处理到造型设计，所有建筑创意的思维与表达无不是围绕着这一立意展开推进的，最终形成了建筑创意的旷世佳作。

2）创意与表达的推进。建筑创意中的设计表达是以形象思维为其突出特征的，依赖的是丰富多样的想象力与创造力，因此在设计立意指导下的表达方式不是单一的、固定不变的，而是开放的、多样的和发散的，是不拘一格的，而方案的表达也常常是多样的，甚至是出乎意料的。不同的构思方案、不同的表达形式，在方案草图绘制过程中，反复推敲、比较，不断优化选择，最终使得方案不断向前推进。一个优秀建筑形象给人们带来的感染力乃至震撼力无不始于此。

图2.9　流水别墅

3）设计立意的切入点。设计立意的切入点是多种多样的。创意表达可以从功能入手、从环境入手，也可以从结构和经济技术入手，由点及面逐步推进，形成一个方案的雏形。

a.从环境特点入手进行方案构思。富有个性特点的环境因素，如地形地貌、景观朝向以及道路交通等，均可成为方案构思的启发点和切入点。

在华盛顿美术馆东馆的方案构思中，地段形状起到了举足轻重的作用。该用地呈梯形，位于城市中心广场东西轴北侧，其西面正对新古典式的国家美术馆老馆（该建筑的东西向对称轴贯穿新馆用地）。在此，严谨对称的大环境与非规则的地段形状构成了尖锐的矛盾冲突。设计者紧紧把握住地段形状这一突出的特色，选择了两个三角形拼合的布局形式，方案由立意推进到建筑的形态表达层面，使新建筑与周边环境形成一种真正对话（见图2.10）。

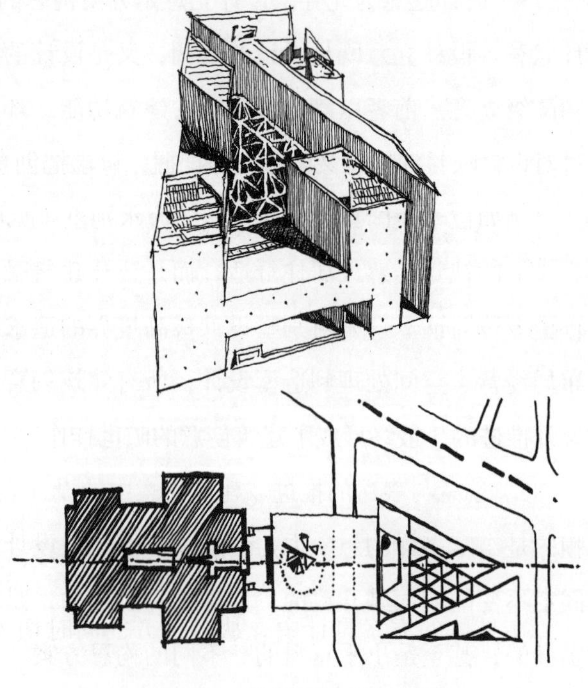

图2.10　华盛顿国家美术馆东馆

b.从具体功能特点入手进行方案构思。更圆满、更合理、更富有新意地满足功能需求一直是建筑师梦寐以求的，在具体设计实践中，它往往是进行方案构思的主要突破口之一。

由密斯设计的巴塞罗那国际博览会德国馆（见图2.11）之所以成为近现代建筑史上的一个杰作，功能上的突破与创新是主要原因之一。空间序列是展示性建筑的主要组织形式，即把各个展示空间按照一定的顺序依次排列起来，以确保观众流畅、连续地进行参观、浏览。德国馆的设计基于能让人们进行自由选择这一立意，在平面表达中采用了自由墙体和流线，创造出具有自由序列特点的“流动空间”，形成耳目一新的方案。

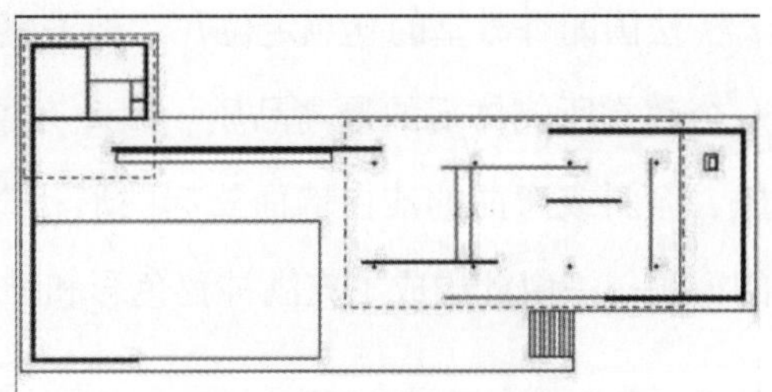

图2.11　巴塞罗那国际博览会德国馆平面图

同样是展示建筑，出自赖特之手的纽约古根海姆博物馆却有着完全不同的构思重点（见图2.12）。由于用地紧张，该建筑只能建为多层，参观路线势必会因分层而被打断。对此，设计者创造性地设计了一个螺旋形环绕圆形中庭缓慢上升的连续空间，形成了别具一格的建筑造型，也保证了观赏的连续与流畅。

图2.12　纽约古根海姆博物馆

c.除了从环境、功能进行构思外，具体的任务需求特点、结构形式、经济因素乃至地方特色、建筑主题均可以成为设计构思的切入点与突破口。另外需要特别强调的是，在具体的方案设计中，从多个方面同时切入进行构思，依托形象构思与表达手段，寻求方案突破（例如同时考虑功能、环境、经济、结构等多个方面），或者是在不同的设计构思阶段选择不同的侧重点（例如在总体布局勾勒时从环境入手，在平面设计表达时从功能入手等）都是最常用、最普遍的构思手段。这样既能保证构思的深入和独到，又可推动构思远离片面和极端。

法国朗香教堂的立意定位在“神圣感”与“神秘感”的创造上（见图2.13），这是一个教堂所能体现的最高品质。因此有了朗香教堂随意的平面、沉重而翻卷的深色屋檐、倾斜或弯曲的洁白墙面耸起的形状奇特的采光，以及大小不一、形状各异的深邃的窗洞……由此构成了充满神秘色彩和神圣光环的独特创作。

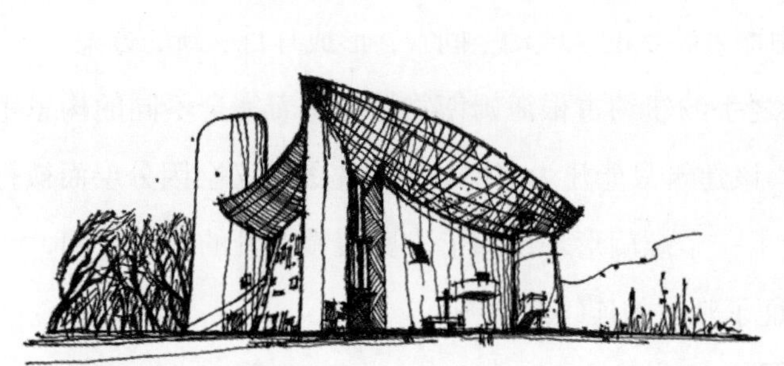
（a）透视图

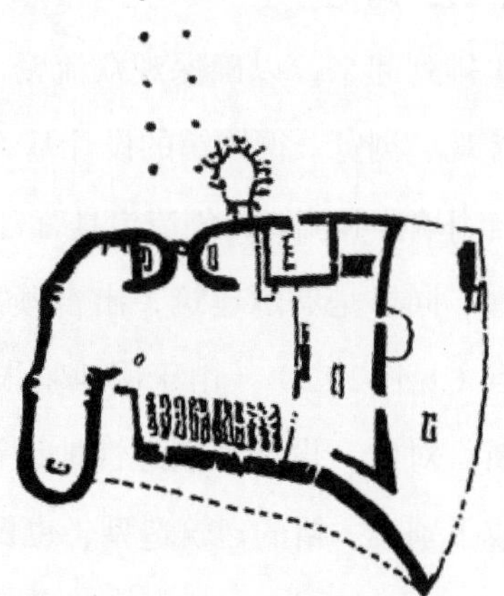
（b）平面图

图2.13　朗香教堂

在卢浮宫扩建工程中（见图2.14），原有建筑特有的历史文化地位与价值，决定了最为正确且可行的设计立意应该是无条件地保持历史建筑原有形象的完整性与独立性，竭力避免新建的扩建部分喧宾夺主。所有的创意与表达应无条件地服从这一立意。

图2.14　卢浮宫扩建工程

2.2.4 建筑创意方案的确立与完善

无论对于设计者还是建设者，方案创意只是一个过程，其最终目的是取得一个尽善尽美的实施方案。

影响建筑设计的客观因素众多，任何因素细微的变化都会导致不同的方案。因此多方案构思是建筑创意的本质反映，也是建筑设计的目的所要求的。在有限的时间、经济以及技术条件下，我们不具备穷尽所有方案的可能，设计者所能够获得的只能是"相对意义"上的"最佳"方案。

（1）多方案构思的原则

为了实现方案的优化选择，多方案构思应满足如下原则：

第一，提出方案的数量尽可能多，差别尽可能大。选择方案的数量大小以及差异程度是决定方案优化水平的基本尺度：我们应学会从多角度、多方位来审视题目，把握环境，通过有意识、有目的地变换侧重点来实现方案在整体布局、形式组织以及造型设计上的多样性和丰富性。

第二，任何方案的提出都必须是在满足功能与环境要求基础之上的。为此，我们在方案的尝试过程中就应随时进行必要的筛选，及时否定那些不现实、不可取的构思，避免精力的无谓浪费。

（2）多方案的比较与确立

完成多方案后，将展开对方案的分析比较，从而确立理想的发展方案。方案分析比较的重点应集中在三个方面。

第一，比较设计要求的满足程度。是否满足基本的设计要求（包括功能、环境、结构等诸因素）是鉴别一个方案是否合格的基本标准。一个方案无论构思如何独到，能满足基本的设计要求，才是一个好设计的前提。

第二，比较个性特色是否突出。一个好的建筑（创意）应该是优美动人的，极具个性也是好方案的必备条件。

第三，比较修改调整的可能性。任何方案或多或少都会有些缺点和不足，经过多次修改，方案更具特色，更趋完美（见图2.15）。

成都适青化居住综合体建筑设计——多方案比较

设计选址于基地西侧的地块，用地性质为居住用地，拟在此开发适合青年人居住、生活、娱乐的综合体社区。

方案一

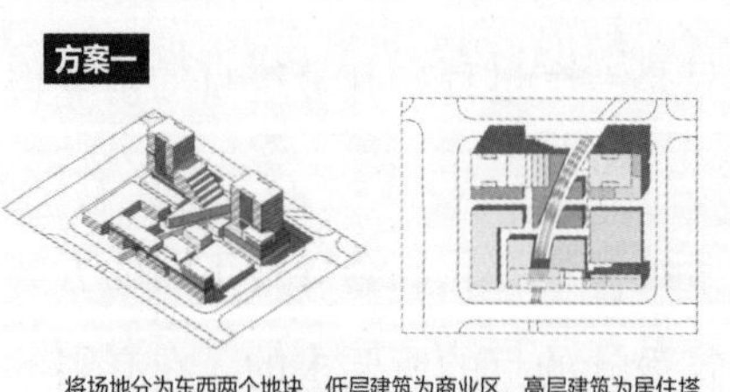

将场地分为东西两个地块，低层建筑为商业区，高层建筑为居住塔楼。商业建筑的体块咬合错落，但整体的建筑体块形式不统一，内部交通流线组织不够清晰。

方案二

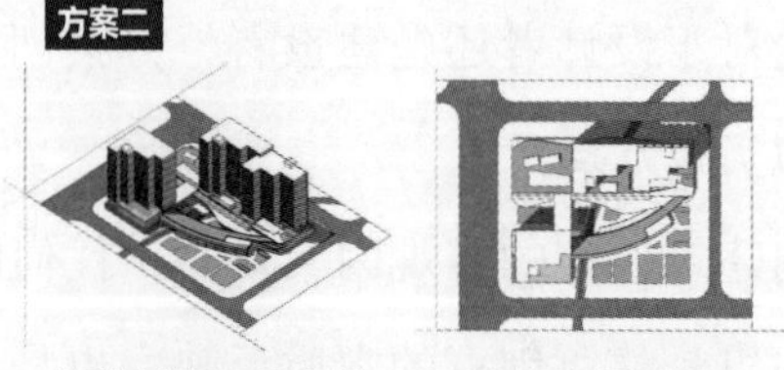

将居住建筑按照日照方向分为了三个“倒L形”居住塔楼，底层是四层的大面积商业和屋顶花园。该方案参考了某商住综合体的设计，但弧线的建筑形式与基地内路网和周边环境不协调，场地东南角的绿地面积过大。

方案三

将居住建筑分布在平面的四个角，分为“L形”，根据平面的中轴道路，将底层商铺分为四个体块，增强了整体的空间围合感，对于空间和路网的大致划分合理，但大体块的高层建筑是的空间产生压抑感，可在该方案上进行深化。

方案四

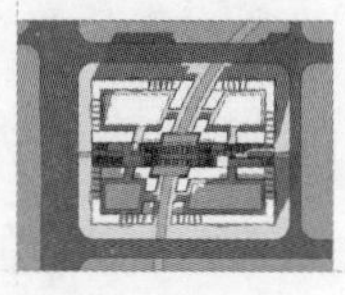

首先，将四个居住建筑体量的削减，通过层层的退台设计打造出无中心的空间效果，能够体现出建筑与城市天际线的呼应关系。其次，底层商铺沿街道做外摆商铺处理，内部路径体验更为丰富。最后，居住建筑与商业建筑围合的场地可作为宅间绿地，满足青年人在此休息、运动的需求。

图2.15　多方案的比较

（3）方案构思的调整与深入

所确立的发展方案虽然是通过比较选择出的最佳方案，但此时的设计还处在大想法、粗线条的层次上（包括建筑与环境的呼应关系、建筑的基本形体关系、大体风格等问题），某些方面还存在着这样或那样的问题。为了达到方案设计的最终要求，取得最佳创意结果，还需要一个调整和深入的过程。

1）方案的调整。方案调整阶段的主要任务是解决多方案分析、比较过程所发现的矛盾与问题，并弥补设计缺陷。

发展方案无论是在满足设计要求还是在具备个性特色上已有相当的基础，对它的调整应控制在适度的范围内，进行局部的修改与补充，力求不影响或改变原有方案的整体布局和基本构思，同时进一步提升方案已有的优势水平。

2）方案的深入。到此，方案的设计深度仅限于确立一个合理的总体布局、交通流线组织、功能空间组织以及与室内外协调统一的体量关系、虚实关系和大体风格。要达到方案设计的最终要求，还需要一个从粗略到细致刻画、从模糊到明确落实、从概念到具体量化的进一步深入的过程。

深化过程主要通过放大图纸比例，由面及点、从大到小、分层次、分步骤进行。

首先，明确并量化其相关体系、构件的位置、形状、大小及其相互关系，包括结构形式、建筑轴线尺寸、建筑内外高度、墙及柱尺寸、屋顶结构及构造形式、门窗位置及大小、室内外高差、家具的布置与尺寸、台阶踏步、道路宽度以及室外平台大小等具体内容，并将细部设计反映到平面图、立面图、剖面图中来。该阶段的工作还应包括统计并核对方案设计的技术经济指标，如建筑面积、容积率、绿化率等，如果发现指标不符合规定要求，须对方案进行相应调整。

其次，应分别对平面图、立面图、剖面图及总平面图进行更为深入细致的推敲与刻画。具体内容应包括总图设计中的室外铺地、绿化组织、室外小品与陈设，平面设计中的家具造型、室内陈设与室内铺地，立面设计中的墙面、门窗的划分形式、材料质感及色彩光影等（见图2.16）。

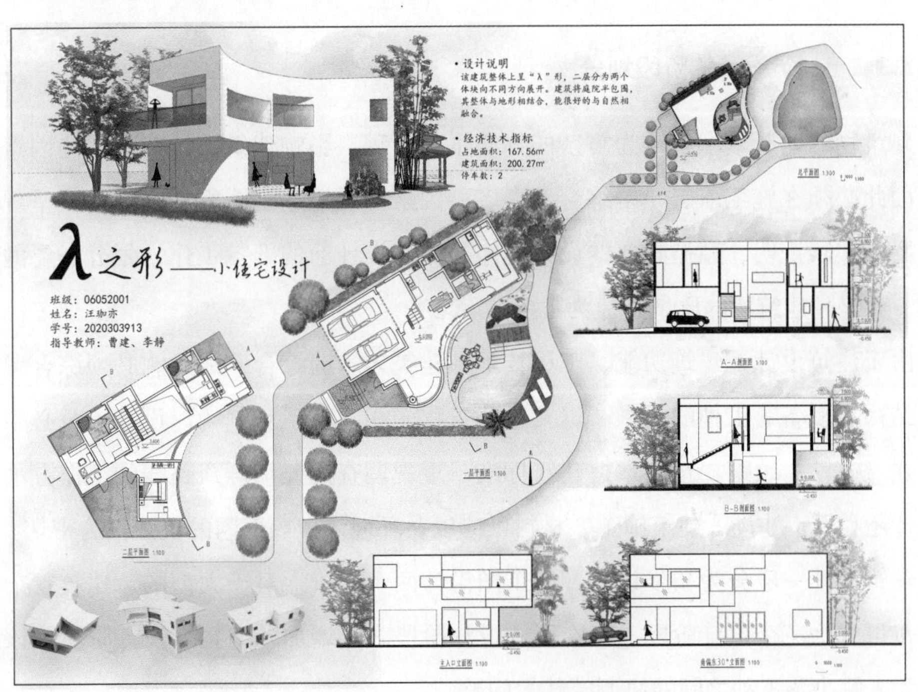

图2.16　方案设计中的平面、立面、剖面及总平面图

在方案的深入过程中，以下几点不可忽视：

第一，各部分的设计尤其是立面设计，应遵循一般形式美的原则，注意尺度、比例、均衡、韵律、协调、虚实、光影、质感以及色彩等规律的把握与运用，以确保取得一个理想的建筑形象。

第二，方案的深入过程必然伴随着一系列新的调整。除了各个部分自身需要适应调整外，各部分之间必然也会产生相互作用、相互影响，如平面的深入可能会影响到立面与剖面的设计，同样立面、剖面的深入也会涉及平面的调整，对此应有充分的认识，并应适时做出相应的综合协调。

第三，方案的深入过程不可能是一次性完成的，需经历深入—调整—再深入—再调整这样多次循环过程。除了要求设计师具备较深的专业知识、较强的设计能力、正确的设计方法以及极大的专业兴趣外，细心、耐心和恒心是其必不可少的素质品德。只有设计师具备这些素质，才能使一个高水平的方案设计得以最终完成。

2.3 建筑设计的内容

2.3.1 建筑设计的阶段划分

建筑物的建造是一个较为复杂的物质生产过程，影响建筑设计和建造的因素有很多，因此必须在施工前有一个综合考虑多种因素以设计施工图纸和文件方式呈现的设计方案。实践证明，遵循必要的设计程序，做好设计前的准备工作，划分必要的设计阶段，对提高建筑物的质量是极为重要的。

由于建筑设计是建筑功能、工程技术和建筑艺术的综合，因此它必须综合考虑建筑、结构、设备等工种的要求，以及这些工程的相互联系和制约。设计人员必须贯彻执行建筑方针、政策，正确掌握建筑标准，重视调查研究和群众路线的工作方法。建筑设计还和城市建设、建筑施工、材料供应以及环境保护等部门的关系极为密切。

建筑设计一般分为初步设计和施工图设计两个阶段，对于大型的、比较复杂的工程，也可分为三个设计阶段，即在两个设计阶段之间增加一个技术设计阶段，该阶段用来深入解决各工种之间的协调等技术问题。

2.3.2 建筑设计的过程及成果

建筑设计过程也是学习和贯彻国家方针政策，不断进行调查研究，合理解决建筑物的功能、技术、经济和美观问题的过程。

设计过程和各个设计阶段的具体工作及各阶段的工作成果如下。

（1）设计前的准备工作

1）熟悉设计任务书。要求着手设计前，首先需要熟悉设计任务书，以明确建设项目的设计要求。设计任务书的内容如下：

● 建设项目总的要求和建造目的的说明。

● 建筑物的具体使用要求、建筑面积以及各类用途房间之间的面积分配。

● 建设项目的总投资和单方造价，并说明土建费用、房屋设备费用以及道路等室外设施费用情况。

● 建设基地范围、大小，周围原有建筑、道路、地段环境的描述，并附有地形测量图。

● 供电、供水和采暖、空调等设备方面的要求，并附有水源、电源接用许可文件。

● 设计期限和项目的建设进程要求。

设计人员应对照有关定额指标，校核任务书中单方造价、房间使用面积等内容。在设计过程中必须严格掌握建筑标准、用地范围、面积指标等有关限额。如果需要对任务书的内容做出补充或修改，须征得建设单位的同意；涉及用地、造价、使用面积的，还须经城建部门或主管部门批准。

2）收集必要的设计原始数据。通常建设单位提出的设计任务，主要是从使用要求、建设规模、造价和建设进度方面考虑的。建筑的设计和建造还需要收集下列有关原始数据和设计资料：

● 气象资料：所在地区的温度、湿度、日照、雨雪、风向和风速，以及冻土深度等。

● 基地地形及地质水文资料：基地地形标高、土壤种类及承载力、地下水位以及地震烈度等。

● 水电等设备管线资料：基地地下水的给水、排水、电缆等管线布置以及基地上的架空线等供电线路情况。

● 与设计项目有关的定额指标：如住宅的每户面积或每人面积定额，学校教室的面积定额以及建筑用地、用材等指标。

3）设计前的调查研究。设计前调查研究的主要内容如下：

● 建筑物的使用要求：深入访问使用单位中有实践经验的人员，认真调查同类已建房屋的实际使用情况，通过分析和总结，对建筑物的使用要求做到心中有数。

● 建筑材料供应和结构施工等技术条件：了解所在地区建筑材料供应的品种、规格、价格等情况，预制混凝土制品以及门窗的种类和规格，新型建筑材料的性能、价格以及采用的可能性。结合房屋使用要求和建筑空间组合的特点，了解并分析不同结构方案的选型、当地施工技术、起重和运输等设备条件。

● 基地踏勘：根据城建部门所划定的基地图纸进行现场踏勘，深入了解基地和周围环境的现状及历史沿革，核对已有资料与基地现状是否符合，如有出入给予补充或修正。根据基地的地形、方位、面积和形状等条件以及基地周围原有建筑、道路、绿化等因素，考虑拟建建筑物的位置和总平面布局的可能性。

● 当地传统建筑经验和生活习惯：传统建筑中有许多结合当地地理、气候条件的设计布局和创作经验，根据拟建建筑物的具体情况，可以取其精华，以资借鉴。

4）学习有关方针政策以及同类型建筑设计的已有成果。在设计准备过程以及各个阶段中，设计人员都需要认真学习并贯彻有关建设方针、政策，同时也需要学习并分析国内外有关设计项目的图纸、文字资料等，以获取设计经验。

（2）初步设计阶段

初步设计是建筑设计的第一阶段。它的主要任务是提出设计方案，即在已定的基地范围内，按照设计任务书所拟的使用要求，综合考虑技术经济条件和建筑艺术方面的因素，提出设计方案。

初步设计的内容包括确定建筑物的组合方式，选定所用建筑材料和结构方案，确定建筑物在基地的位置，说明设计意图，分析设计方案在技术、经济上的合理性并提出概算书。初步设计的图纸和设计文件如下：

1）建筑总平面图：其内容包括建筑物在基地上的位置、标高、道路、绿化以及基地上设施的布置和说明等，比例尺一般采用1：500、1：1 000、1：2 000。

2）各层平面图及主要剖面图、立面图：这些图纸应标出建筑的主要尺寸，房间的面积、高度以及门窗位置，部分室内家具和设备的布置等，比例尺一般采用1：200～1：500。

3）说明书：应对设计方案的主要意图、主要结构及构造特点，以及主要技术经济指标等进行说明。

4）建筑概算书。

5）根据设计任务的需要，可辅以建筑透视图或建筑模型。

建筑初步设计有时需要提供几个方案，送甲方及有关部门审议、比较后确定设计方案。这一方案批准下达后，便是下一阶段设计的依据文件。

（3）技术设计阶段

技术设计是三阶段建筑设计的中间阶段。它的主要任务是在初步设计的基础上，进一步确定房屋建筑设计各工种之间的技术协调原则。

（4）施工图设计阶段

施工图设计是建筑设计的最后阶段。它的主要任务是按照实际施工要求，在初步设计或技术设计的基础上，综合建筑、结构、设备各工种，相互交底核实，深入了解材料供应、施工技术、设备等条件，把满足工程施工的各项具体要求反映在图纸中，做到整套图纸齐全统一，明确无误。

施工图设计的内容包括：确定全部工程尺寸和用料，绘制建筑、结构、设备等全部施工图纸，编制工程说明书、结构计算书和预算书。

施工图设计的图纸及设计文件如下：

1）建筑总平面图：比例尺一般采用1：500，建筑基地范围较大时也可采用1：1 000；当采用1：2 000时，应详细标明基地上建筑物、道路、设施等所在位置的尺寸、标高，并附说明（见图2.17）。

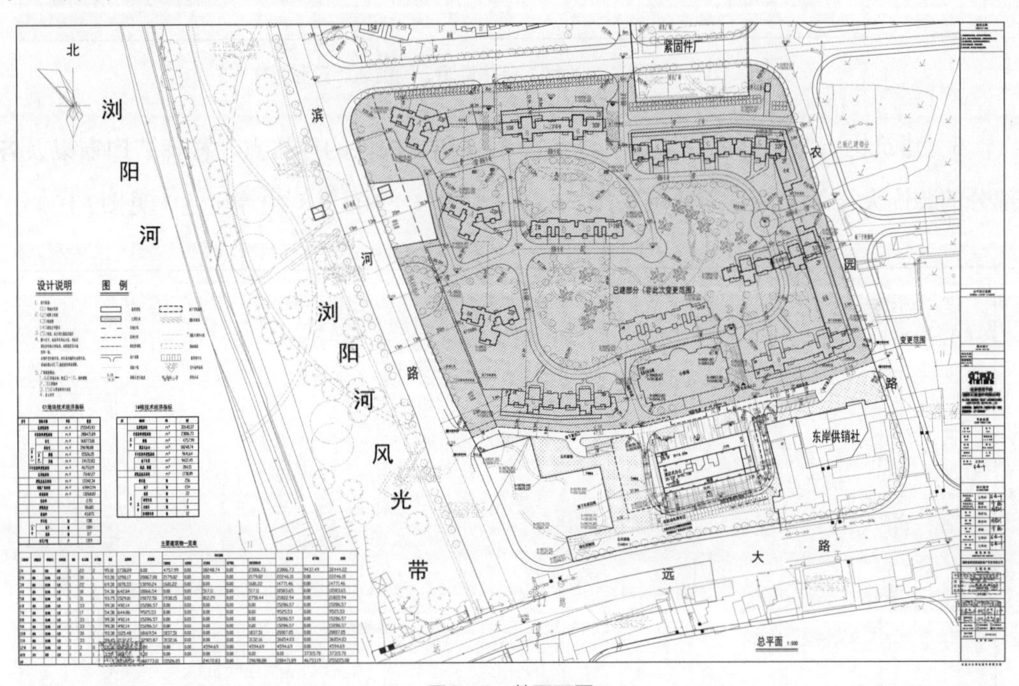

图2.17　总平面图

2）建筑各层平面图、各个立面图及必要的剖面图：比例尺一般采用1：100、1：200（见图2.18）。

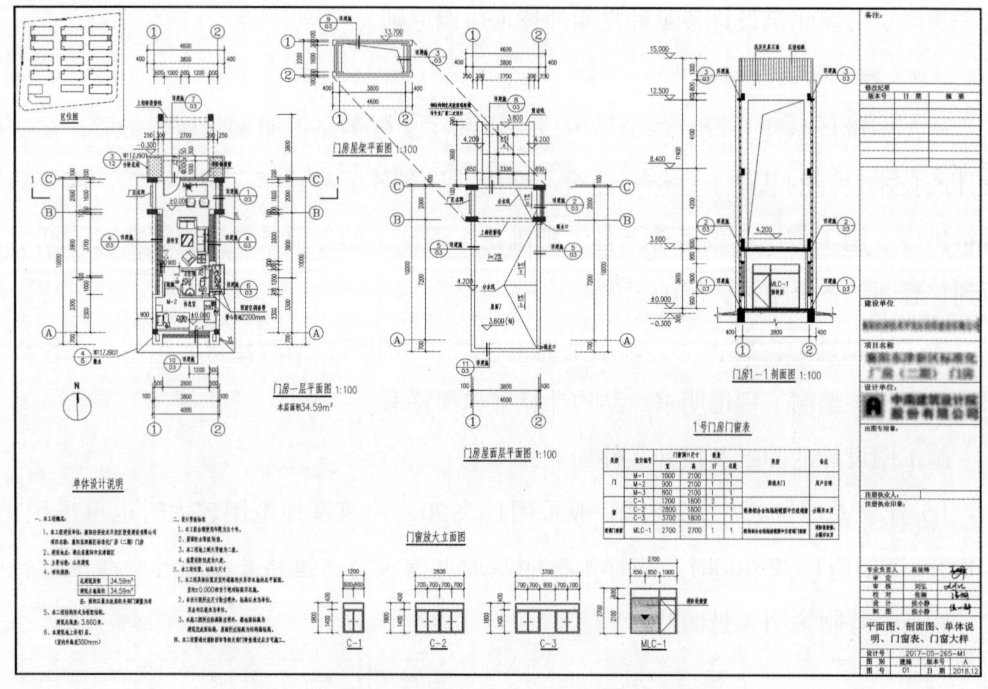

图2.18 平面图、剖面图、单体说明、门窗表、门窗大样

3）建筑构造节点详图：主要为檐口、墙身和各构件的连接点，楼梯、门窗以及各部分的装饰大样等，根据需要可采用1：1、1：5、1：10、1：20等比例（见图2.19）。

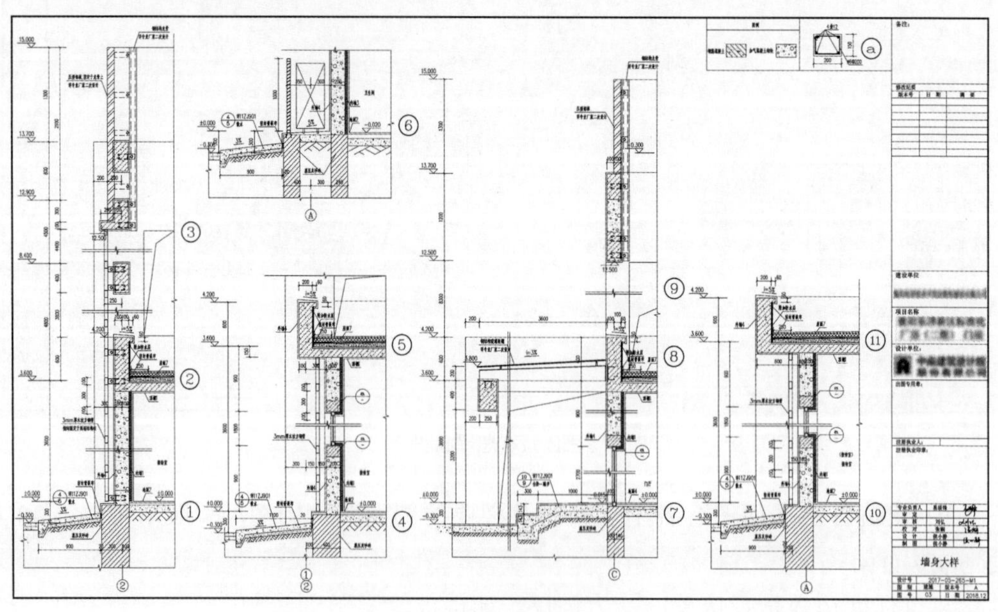

图2.19 建筑构造墙体大样

4）各工种相应配套的施工图：如建筑基础平面图和基础详图、楼板及屋面平面图

和详图，结构施工图，给排水、电器照明以及暖气或空气调节等设备施工图。

5）建筑、结构及设备等的说明书。

6）结构及设备的计算书。

7）工程预算书。

2.4 建筑设计的一般要求和依据

2.4.1 建筑标准化

建筑标准化是建筑工业化的组成部分之一，是装配式建筑的前提。建筑标准化一般包括以下两项内容：一是建筑设计方面的有关条例，如建筑法规、建筑设计规范、建筑标准、定额与技术经济指标等；二是建筑标准设计，包括构配件的标准设计、房屋的标准设计和工业化建筑体系设计等（见图2.20）。本节重点介绍建筑标准设计方面的知识。

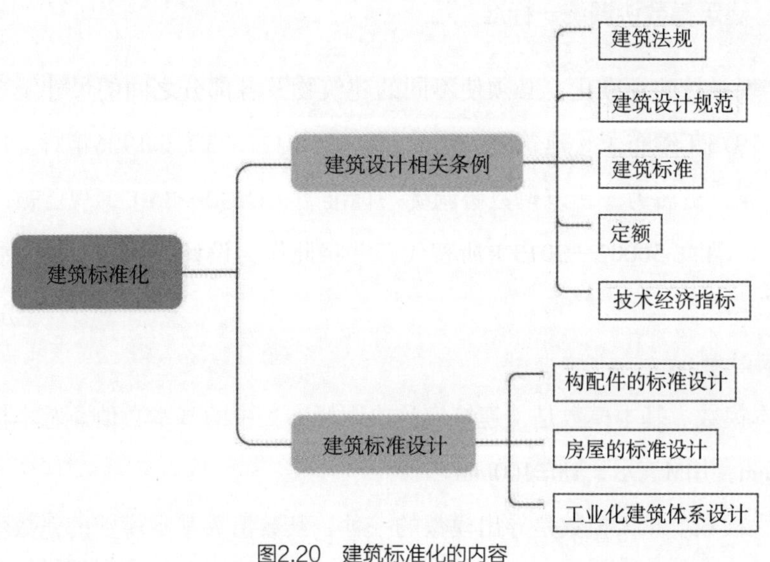

图2.20 建筑标准化的内容

（1）建筑标准构件与标准配件

建筑标准构件是指房屋的受力构件，如楼板、梁、楼梯等；标准配件是房屋的非受力构件，如门窗等。建筑标准构件与标准配件一般由国家或地方设计部门进行编制，供设计人员选用，同时也为加工生产单位提供依据。标准构件一般用“G”来表示，标准配件一般用“J”来表示。

（2）建筑标准设计

建筑标准设计包括整个房屋的设计和标准单元的设计两个部分。标准设计一般由地方设计院进行编制，供建筑单位选择使用。整个房屋的标准设计一般只进行地上部分，地下部分的基础与地下室由设计单位根据当地的地质勘探资料另行出图。标准单元设计一般指平面图的一个组成部分，应用时一般进行拼接，形成一个完整的建筑组合体。标准设计在大量建造的房屋中应用比较普遍，如住宅等。

（3）工业化建筑体系

为了适应建筑工业化的要求，除考虑将房屋的构配件及水电设备等进行定型外，还应对构件的生产、运输、施工现场吊装以及组织管理等一系列问题进行通盘设计，作出统一规划，这就是工业化建筑体系。工业化建筑体系又分为以下两种做法：

1）通用建筑体系。通用建筑体系以构配件定型为主，各体系之间的构件可以互换，灵活性比较突出。

2）专用建筑体系。专用建筑体系以房屋定型为主，构配件不能进行互换。

2.4.2 建筑模数协调统一标准

为了实现设计的标准化，必须使不同的建筑物及各部分之间的尺寸统一协调。为此，我国在1973年颁布了《建筑统一模数制》（GBJ2—73）；1986年对上述规范进行了修订、补充，更名为《建筑模数协调统一标准》（GBJ2—86），现已被《建筑模数协调标准》（GB/T 50002—2013）所替代，并将此作为设计、施工、构件制作、科研的尺寸依据。

（1）模数制

1）基本模数。基本模数是《建筑模数协调标准》中的基本数值。基本模数的数值规定为100mm，用M表示，1M=100mm。

2）扩大模数。扩大模数是导出模数的一种，其数值为基本模数的整数倍数。为了减少类型、统一规格，扩大模数按3M（300mm）、6M（600mm）、12M（1 200mm）、15M（1 500mm）、30M（3 000mm）、60M（6 000mm）进行扩大，共6种。

3）分模数。分模数是导出模数的另一种，其数值为基本模数的分数值。为了满足细小尺寸的需要，分模数按1/2M（50mm）、1/5M（20mm）和1/10M（10mm）取用（见图2.21）。

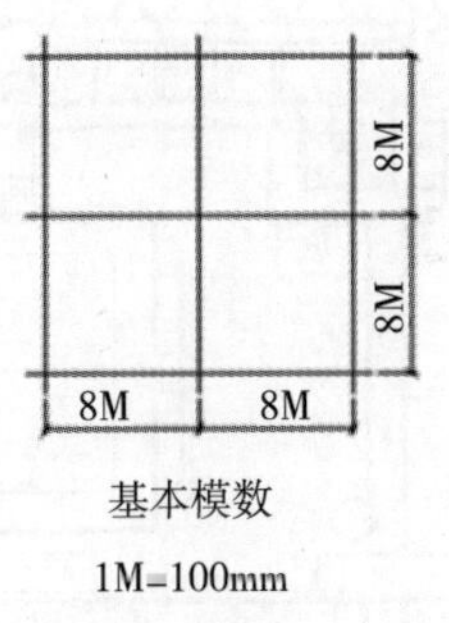

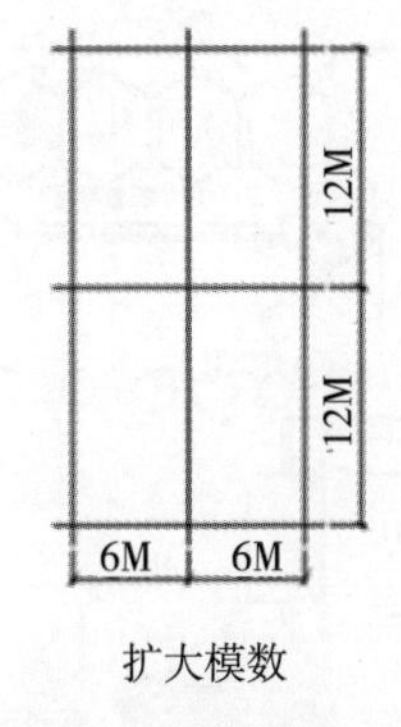

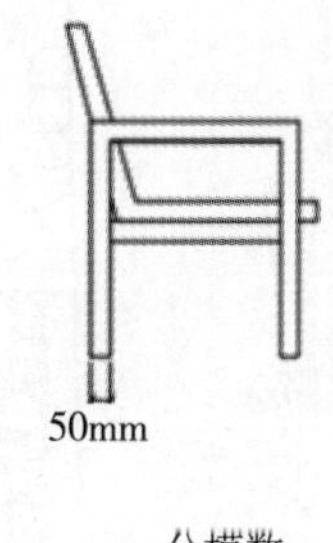

图2.21 模数制的概念

（2）三种尺寸

为了保证建筑设计、构件生产、建筑制品等有关尺寸的统一与协调，必须明确标志尺寸、构造尺寸和实际尺寸的定义及其相互间的关系。

1）标志尺寸。标志尺寸用以标注建筑物定位轴线之间的距离（如跨度、柱距、进深、开间、层高等），以及建筑制品、构配件、有关设备界限之间的尺寸。标志尺寸应符合模数数列的规定。

2）构造尺寸。构造尺寸是建筑制品、构配件等生产的设计尺寸。该尺寸与标志尺寸有一定的差额。相邻两个构配件的尺寸差额之和就是缝隙。构造尺寸加上缝隙尺寸等于标志尺寸。缝隙尺寸也应符合模数数列的规定。

3）实际尺寸。实际尺寸是建筑制品、构配件等生产的实有尺寸，这一尺寸因生产误差造成与设计的构造尺寸间有差值。不同尺度和精度要求的制品与构配件均各有其允许的差值。

2.4.3 建筑设计的原则

（1）满足建筑功能要求

满足建筑物的功能要求，为人们的生产和生活创造良好的环境，是建筑设计的首要任务。例如设计学校，首先要考虑满足教学活动的需要，教室设置应分班合理，采光通风良好，同时还要合理安排备课、办公、贮藏和厕所等行政管理和辅助用房，并配置良好的体育场和室外活动场地等（见图 2.22）。

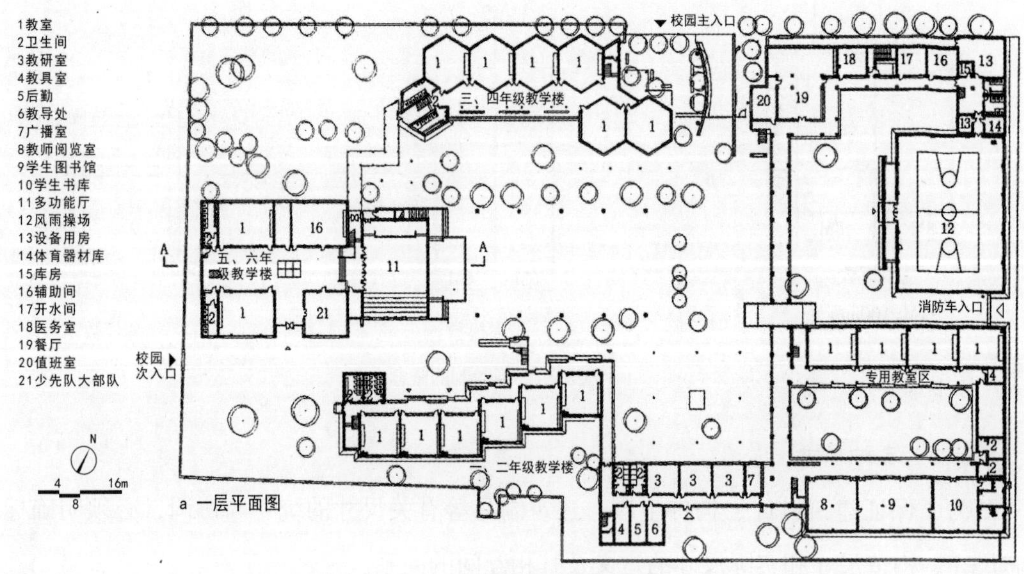

图2.22　某学校的平面功能布局

（2）采用合理的技术措施

根据建筑空间组合的特点，选择合理的结构、施工方案，正确选用建筑材料，使房屋坚固耐久、建造方便。例如近年来，我国设计建造的一些覆盖面积较大的体育馆，由于屋顶采用钢网架空间结构和整体提升的施工方法，既节省了建筑物的用钢量，也缩短了施工周期。

（3）具有良好的经济效益

建造房屋是一个复杂的物质生产过程，需要耗用大量人力、物力和资金。在房屋的设计和建造中，要因地制宜、就地取材，尽量做到节省劳动力、节约建筑材料和资金。设计和建筑房屋要有周密的计划和核算，重视经济领域的客观规律，讲究经济效益。房屋设计的使用要求和技术措施要和相应的造价、建筑标准统一起来。

（4）考虑建筑物美观要求

建筑物是社会的物质和文化财富。在满足使用要求的同时，还需要考虑人们对建筑物在美观方面的要求，考虑建筑物所赋予人们精神上的感受。建筑设计要努力创造具有我国时代精神的建筑空间与建筑形象。历史上创造的具有时代印记和特色的各种建筑形象，往往是一个国家、一个民族文化传统宝库中的重要组成部分（见图2.23）。

图2.23　重庆国泰大剧院

（5）符合总体规划要求

单体建筑是总体规划中的组成部分。因此，在进行单体建筑设计时应符合总体规划提出的要求。同时，还要充分考虑建筑与周围环境的关系，例如原有建筑的状况、道路的走向、基地的面积，以及绿化和拟建建筑物的关系等，从而形成协调的室内外空间和良好的环境。

2.4.4　建筑设计的依据

建筑设计是房屋建造过程中的一个重要环节，其工作是将有关设计任务的文字资料转化为图纸。在这个过程中，还必须贯彻国家的相关建筑方针、政策，并使建筑与当地的自然条件相适应。因此，建筑设计是一个渐次进行的科学决策过程，必须在一定的基础上有依据地进行。

建筑设计所涉及的主要依据如下：

（1）资料性依据

建筑设计的资料性依据主要包括三个方面，即人体工程学、各种设计的规范和建筑模数制的有关规定。

（2）条件性依据

建筑设计的条件性依据，可分为气候与地质两个方面。

1）温度、湿度、日照、雨雪、风向、风速等气候条件。气候条件对建筑物的设计有较大影响。例如：湿热地区，房屋设计要很好地考虑隔热、通风和遮阳等问题；干冷地区，通常希望把房屋的体型尽可能设计得紧凑一些，以减少外围护面的散热，从而利于室内采暖、保温（见图2.24）。

（a）

（b）

图2.24　我国黄土高原地区窑洞（左）和北欧地区草皮屋（右）

日照和主导风向通常是确定房屋朝向和间距的主要因素。风速是高层建筑、电视塔等设计中考虑结构布置和建筑体型的重要因素。雨雪量的多少对选用的屋顶形式和构造也有一定影响。在设计前，需要收集当地上述有关的气象资料，以此作为设计的依据。

2）地形、地质条件和地震烈度。基地地形的平缓或起伏、基地的地质构成、土壤特性和地耐力的大小对建筑物的平面组合、结构布置和建筑体型都有明显的影响。坡度较陡的地形，常使房屋结合地形错层建造；复杂的地质条件，要求房屋的构成和基础的设置采取与之相适应的结构。客家人选择山水环抱、地势平坦、宽广的缓坡地建造土楼，牢固的地基和厚重的外墙亦有防水抗震的作用（见图2.25）。山西佛宫寺释迦塔为木质结构，木塔基土主要由黏土和砂类组成，工程地质条件好，其承载力远大于木塔传递的荷载，所以木塔遭受过多次强震侵袭仍屹立不倒（见图2.26）。

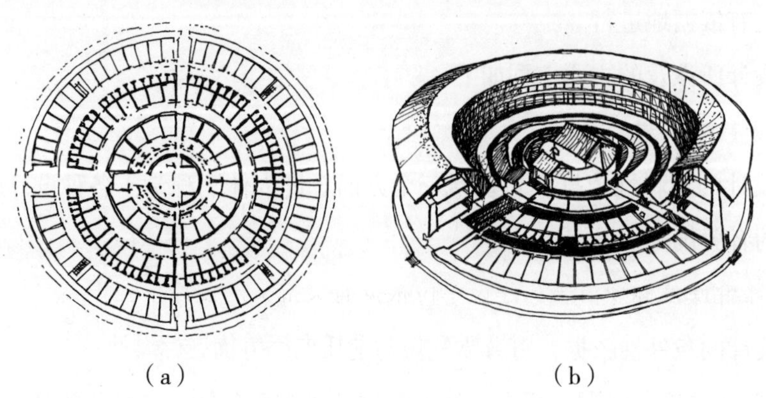

（a）　　　　（b）

图2.25　福建土楼

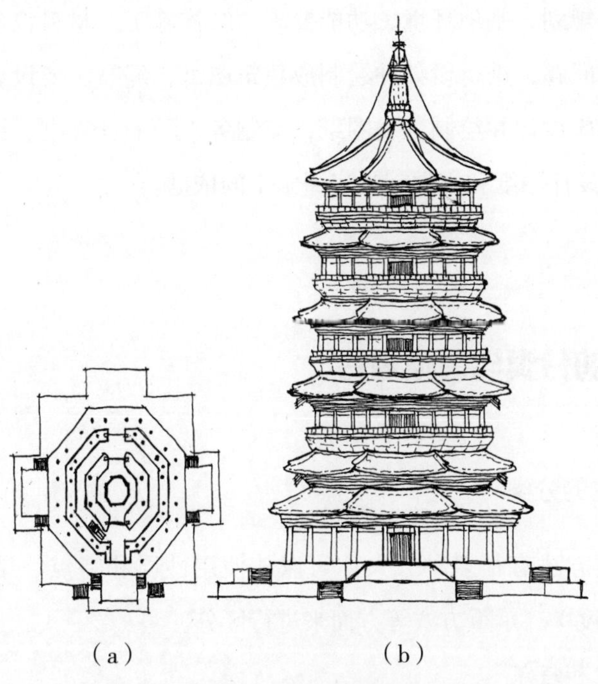

图2.26　山西佛宫寺释迦塔

地震烈度表示地面及房屋建筑遭受地震破坏的程度。在烈度6度以下地区，地震对建筑物的损坏影响较小。在烈度9度以上的地区，由于地震过于强烈，从经济因素及耗用材料考虑，除特殊情况外，一般应尽可能避免在这些地区建设。房屋抗震设防的重点是指地震烈度6、7、8、9度的地区。

（3）文件性依据

建筑设计的依据文件如下：

1）主管部门有关建设任务使用要求、建筑面积、单方造价和总投资的批文以及国家相关部委或各省、市、地区规定的有关设计定额和指标。

2）工程设计任务书：由建设单位根据使用要求，提出各种房间的用途、面积以及其他的一些要求，工程设计的具体内容、面积建筑标准等都需要与主管部门的批文相符合。

3）城建部门同意设计的批文：内容包括用地范围（常用红线划定）以及有关规划、环境等城镇建设对拟建房屋的要求。

4）委托设计工程项目表：建设单位根据有关批文向设计单位正式办理委托设计的手续。规模较大的工程还常采用投标方式，委托中标单位进行设计。

设计人员根据上述有关文件，通过调查研究，收集必要的原始数据和勘测设计资料，综合考虑总体规划、基地环境、功能要求、结构施工、材料设备、建筑经济以及建筑艺术等方面的问题，进行设计并绘制成建筑图纸，编写主要设计意图说明书。对于其他工种，也相应设计并绘制各类图纸，编制各工种的计算书、说明书以及概算和预算书。上述整套设计图纸和文件就是房屋施工的依据。

2.5 建筑物的分类与等级划分

2.5.1 建筑物的分类

建筑物的分类方法有很多种，大体可以从使用性质和特点、结构类型、施工方法、建筑层数（高度）、承重方式等方面来进行区分。

（1）使用性质和特点

建筑物按使用性质可分为三大类：

1）民用建筑。它包括居住建筑（住宅、宿舍等）和公共建筑（办公楼、影剧院、医院、体育馆、商场等）两大部分。

2）工业建筑。它包括生产车间、仓库和各种动力用房及厂前区等。

3）农业建筑。它包括饲养、种植等生产用房和机械、种子等储存用房。

民用建筑物除按使用性质不同进行分类以外，还可以按使用特点进行分类。

1）大量性建筑。大量性建筑主要是指量大面广、与人们生活密切相关的建筑。其中包括一般的居住建筑和公共建筑，如居民住宅、托儿所、幼儿园及中小学教学楼等。其特点是与人们日常生活有直接关系，而且建筑量大、类型多，一般均采用标准设计。

2）大型性建筑。这类建筑多建造于大中城市，规模宏大，是比较重要的公共建筑，如大型车站、机场候机楼、会堂、纪念馆、大型写字楼等。这类建筑使用要求比较复杂，建筑艺术要求也较高。

（2）结构类型

结构类型指的是房屋承重构件的结构类型。它多依据选材不同而有所不同，可分为如下几种类型：

1）砖木结构。这类房屋的主要承重构件用砖、木做成。其中竖向承重构件的墙体、柱子采用砖砌，水平承重构件的楼板、屋架采用木材。这类房屋的层数较低，一般均在3层及以下。

2）砌体结构。这类房屋的竖向承重构件采用各种类型的砌体材料制作（如黏土实心砖、黏土多孔砖、混凝土空心小砌块等）的墙体和柱子，水平承重构件采用钢筋混凝土楼板、屋顶板，其中少量的屋顶采用木屋架。这类房屋的建造层数也随材料的不同而改变。其中，黏土实心砖墙体在8度抗震设防地区的允许建造层数为6层，允许建造高度为18m；钢筋混凝土空心小砌块墙体在8度抗震设防地区的允许建造层数为6层，允许建造高度也为18m。

3）钢筋混凝土结构。这种结构一般采用钢筋混凝土柱、梁、板制作的骨架或钢筋混凝土制作的板墙作为承重构件，而墙体等围护构件，一般采用轻质材料制成。这类房屋可以建多层（6层及以下）、高层（10层及以上）住宅，或高度在24m以上的其他建筑。

4）钢结构。主要承重构件均用钢材制成，在高层民用建筑和跨度大的工业建筑中采用较多。

此外还可分为木结构建筑、生土建筑、塑料建筑、充气塑料建筑等。

（3）施工方法

施工方法通常可分为4种形式：

1）装配式。房屋的主要承重构件，如墙体、楼板、楼梯、屋顶（板）均在加工厂制成预制构件，在施工现场只进行吊装、焊接，处理节点。这类房屋以大板、砌块、框架、盒子结构为代表。

2）现浇（现砌）式。这类房屋的主要承重构件均在施工现场用手工或机械浇筑和砌筑而成，以滑升模板为代表。

3）部分现浇、部分装配式。这类房屋的施工特点是内墙采用现场浇筑，而外墙及楼板、楼梯均采用预制构件。它是一种混合施工的方法，以现浇大模板为代表。

4）部分现砌、部分装配式。这类房屋的施工特点是墙体采用现场砌筑，而楼板、楼梯、屋顶（板）均采用预制构件。这是一种既有现砌又有预制的施工方法，以砌体结构为代表。

（4）建筑层数

建筑层数是房屋的实际层数，但层高在2.2m及以下的设备层、结构转换层和超高层建筑的安全避难层不计入建筑层数内。

建筑高度是室外地坪至房屋檐口部分的垂直距离。住宅建筑按层数可作如下分类：1～3层的住宅为低层，4～6层的住宅为多层，7～9层的住宅为中高层，10层及10层以上的住宅为高层。

公共建筑及综合性建筑总高度超过24m者为高层（不包括总高度超过24m的单层主体建筑）。当建筑总高度超过100m时，不论其是住宅还是公共建筑均为超高层建筑。

（5）承重方式

结构的承重方式通常可分为4种形式：

1）墙承重式。用墙体支承楼板及屋顶板传来的荷载，如砌体结构。

2）骨架承重式。用柱、梁、板组成的骨架承重，墙体只起围护和分隔作用，如框架结构。

3）内骨架承重式。内部采用柱、梁、板承重，外部采用砖墙承重，称为框混结构。这种做法大多是为了在底层获取较大空间，如底层带商店的住宅。

4）空间结构。采用空间网架、悬索、各种类型的壳体承受荷载，称为空间结构，如体育馆、展览馆等的屋顶。

2.5.2 建筑物的等级划分

（1）建筑物的工程等级

建筑物的工程等级以其复杂程度为依据，共分六级，详见表2.3。

表2.3 建筑物的工程等级

工程等级	工程主要特征	工程范围举例
特级	①列为国家重点项目或以国际性活动为主的特高级公共建筑； ②有全国性历史意义或技术要求特别复杂的中小型公共建筑； ③30层以上的建筑； ④高大空间，有声、光等特殊要求的建筑	国家宾馆、国家大会堂、国际会议中心、国际体育中心、国际贸易中心、国际大型航空港、国际综合俱乐部、重要历史纪念建筑、国家级图书馆、博物馆、美术馆、剧院、音乐厅、三级以上人防等
一级	①高级大型公共建筑； ②有地区性历史意义或技术要求复杂的中小型公共建筑； ③16层以上29层以下或超过50m高的公共建筑	高级宾馆、旅游宾馆、高级招待所、别墅、省级展览馆、博物馆、图书馆、科学试验研究楼（包括高等院校）、疗养院、医疗技术楼、大型门诊楼、大中型体育馆、室内游泳馆、室内滑冰馆、大城市火车站、航运站候机楼、摄影棚、邮电通信楼、综合商业大楼、高级餐厅、四级人防、五级平战结合人防等

续表

工程等级	工程主要特征	工程范围举例
二级	①中高级、大中型、大型公共建筑； ②技术要求较高的中小型公共建筑； ③16层以上29层以下的住宅	大专院校的教学楼、档案馆、礼堂、电影院、部省级机关办公楼、300床位以下（不含300床位）的医院、疗养院、图书馆、文化馆、少年宫、俱乐部、排演厅、报告厅、风雨操场、大中城市的汽车客运站、中等城市的火车站、邮电局、多层综合商场、风味餐厅、高级小住宅等
三级	①中级、中型公共建筑； ②7层以上（含7层）15层以下有电梯的住宅或框架结构的建筑	重点中学、中等专业学校、教学楼、实验楼、电教楼、社会旅馆、饭馆、招待所、浴室、邮电所、门诊所、百货楼、托儿所、幼儿园、综合服务楼、1层或2层商场、多层食堂、小型车站等
四级	①一般中小型公共建筑； ②7层以下无电梯的住宅、宿舍及砖混建筑	一般办公楼、中小学教学楼、单层食堂、单层汽车库、消防车库、消防站、蔬菜门市部、粮站、杂货店、阅览室、理发店、水冲式公共厕所等
五级	1层或2层单功能、一般小跨度结构的建筑	1层或2层单功能、一般小跨度结构的建筑

（2）民用建筑的等级划分

建筑物的等级是依据耐久等级（使用年限）和耐火等级（耐火极限）进行划分的。

1）耐久等级。最新标准《民用建筑设计统一标准》（GB50352—2019）对建筑物的设计使用年限及等级划分做出了如下规定，详见表2.4。

表2.4　建筑物的设计使用年限

类别	设计使用年限/年	建筑物的性质
四	100	纪念性建筑和特别重要的建筑，如纪念馆、博物馆等
三	50	普通建筑和构筑物，如行政办公楼、医院、大型工厂厂房等
二	25	易于替换结构构件的建筑，如文教、卫生、居住、托幼、库房等
一	5	临时性建筑

2）耐火等级。耐火等级取决于房屋主要构件的耐火极限和燃烧性能，单位是小时（h）。耐火极限是指建筑构件从受到火的作用起到失去支持能力或发生穿透性裂缝或背火一面温度升高到220℃时延续的时间。按照材料的炭烧性能，材料可分为燃烧材料（如木材等）、难燃烧材料（如木丝板等）和非燃烧材料（如砖、石等）。用上述材料制作的构件分别叫燃烧体、难燃烧体和非燃烧体。

普通民用建筑的耐火等级分为四级，其划分方法见表2.5。

表2.5　普通民用建筑构件的燃烧性能和耐火极限

构件名称		耐火等级			
		一级	二级	三级	四级
		燃烧性能和耐火极限/h			
墙	防火墙	不 3.00	不 3.00	不 3.00	不 3.00
	承重墙	不 3.00	不 2.50	不 2.00	难 0.50
	楼梯间、电梯井墙、单元分户墙	不 2.00	不 2.00	不 1.50	难 0.50
	疏散走道的侧墙	不 1.00	不 1.00	不 0.50	难 0.25
	非承重墙	不 1.00	不 1.00	不 0.50	燃
	房间隔墙	不 0.75	不 0.50	难 0.50	难 0.25
柱	柱	不 3.00	不 2.50	不 2.00	难 0.50
	梁	不 2.00	不 1.50	不 1.00	难 0.50
	楼板	不 1.50	不 1.00	不 0.50	燃
	屋顶承重构件	不 1.50	不 1.00	不 0.50	燃
	疏散楼梯	不 1.50	不 1.00	不 0.50	燃
	吊顶（包括吊顶格栅）	不 0.25	不 0.25	不 0.15	燃

注：“不”指非燃烧材料，“难”指难燃烧材料，“燃”指燃烧材料。

一个建筑的耐火等级属于几级，取决于该建筑物的层数、长度和面积。《建筑设计防火规范》（GB50016—2014）对此做了详细的规定，见表2.6。

表2.6　民用建筑的耐火等级、层数、长度和面积

耐火等级	最多允许层数	防火分区间		备注
		最大允许长度/m	每层最大允许建筑面积/m²	
一、二级	①9层和9层以下的住宅（包括底层带商店的住宅）；②建筑高度小于或等于24m的其他民用建筑和高度超过24m的单层公共建筑	150	2 500	①体育馆、剧院等长度和面积可以放宽；②托儿所、幼儿园的儿童用房不应设在4层及4层以上
三级	5	100	1 200	①托儿所、幼儿园的儿童用房不应设在3层及3层以上；②电影院、剧院、礼堂、食堂不应超过3层；③医院、疗养院不应超过3层
四级	2	60	600	学校、食堂、菜市场、托儿所、幼儿园、医院等不应超过1层

注：①防火分区间应采用防火墙作分割，如有困难时，可采用防火卷帘和水幕分割。

②建筑内设有自动灭火设备时，每层最大允许建筑面积可按本表增加一倍。

③地下室或半地下室建筑耐火等级为一级，允许层数为1层，最大允许面积为500m²，设备用房的防火面积不大于1 000m²。

高层民用建筑的耐火等级分为二级，其划分方法见表2.7。

表2.7　高层民用建筑构件的燃烧性能和耐火极限

<table>
<tr><th colspan="2" rowspan="2">构件名称</th><th colspan="2">耐火极限/h</th></tr>
<tr><th>一级</th><th>二级</th></tr>
<tr><td rowspan="4">墙</td><td>防火墙</td><td>不 3.00</td><td>不 3.00</td></tr>
<tr><td>承重墙、楼梯间、电梯井和住宅单元之间的墙</td><td>不 2.00</td><td>不 2.00</td></tr>
<tr><td>非承重外墙、疏散走道两侧的隔墙</td><td>不 1.00</td><td>不 1.00</td></tr>
<tr><td>房间隔墙</td><td>不 0.75</td><td>不 0.50</td></tr>
<tr><td colspan="2">柱</td><td>不 3.00</td><td>不 2.50</td></tr>
<tr><td colspan="2">梁</td><td>不 2.00</td><td>不 1.50</td></tr>
<tr><td colspan="2">楼板、疏散楼梯、屋顶承重构件</td><td>不 1.50</td><td>不 1.00</td></tr>
<tr><td colspan="2">吊顶</td><td>不 0.25</td><td>难 0.25</td></tr>
</table>

注：“不”指非燃烧材料，“难”指难燃烧材料。

CHAPTER 3

第3章 场地设计

3.1 场地设计的概念和内容

3.1.1 场地设计的概念

建筑方案设计应该从哪里开始呢？所设计的建筑不会悬浮于半空，一定是存在于任务书给定的场地条件中，任何建筑设计都会受到场地的约束和限制。建筑方案设计既不是由布置平面功能开始，也不是从建筑造型设计开始，而应从整体出发，以场地设计作为建筑方案设计的起点。

建筑与环境的矛盾是建筑方案设计起步阶段的主要矛盾，而场地条件又是矛盾的主要方面，它具有不可改变性。设计对象必须很好地适应场地条件，只有这一步走对了，才能保证建筑方案设计进程不会出现方向性的偏差。设计者必须把握好建筑方案设计的第一步。如果忽视场地设计，而从其后的环节入手，最后很容易出现失之毫厘、谬以千里，甚至前功尽弃的情况。场地设计的过程非常理性，像解决数学题，考虑诸多限制条件后的解题答案基本唯一。开始建筑方案设计的过程不应是天马行空、不着边际，而是一个有理有据、因果关系非常明确的理性分析过程。

那么，什么是场地设计呢？场地，从广义上讲是指基地中所包含的全部内容，包括由建筑物、交通系统、室外活动设施、绿化景观设施以及工程系统等所组成的整体，从狭义上讲是指在用地范围内建筑之外的“室外场地”。场地设计是在分析基地现状条件和满足相关法规规范的基础上组织场地中各构成要素之间关系的设计活动。

通过场地设计，场地中的各要素形成一个有机整体，项目的总体建设与开发达到经济合理、技术先进、功能优化的目的，基地的利用达到最佳状态，项目获得最佳效益。

3.1.2 场地设计的内容

场地设计是整个建筑设计中除建筑单体设计外的所有设计活动。场地设计从工作内容上可以看作是包括用地选择、项目内容的详细配置、建筑物、交通、绿化、工程设施等总体布局以及交通、绿化、工程设施的详细设计。场地设计具体包括如下内容：

（1）场地设计条件分析

在踏勘现场的基础上，从全局出发，分析场地的自然条件、建设条件和城市规划的要求等，明确影响场地设计的关键因素及问题，为后续工作打好基础。

（2）场地总体布局

结合场地的现状条件，分析研究建设项目的各种使用功能要求，明确功能分区，合理确定场地内建筑、构筑物及其他工程设施间的空间关系，进行平面布置，绘制空间形态透视图。

（3）场地交通组织

合理组织场地内的各种交通流线，避免不同性质的人流、车流之间的交叉干扰；根据初步确定的建筑物布置，进行道路、停车场、广场、出入口等交通设施的具体布置，调整总平面图中的建筑布局。

（4）场地竖向设计

结合地形，提出场地竖向设计方案，有效组织地面排水，核定土石方工程量，确定场地各部分设计标高和建筑物室内地坪设计标高，合理进行场地竖向设计。

（5）场地管线综合布置

协调各专业室外管线的敷设，合理进行场地的管线综合布置，并具体确定各种管线在地上和地下的走向、水平（竖向）敷设顺序、管线间距、支架高度或埋设深度等，避免其相互干扰或影响。

（6）场地绿化与环境景观设计

根据场地使用者的室外活动需求，综合布置各种活动空间、环境设施、景观小品及绿化植物等，有效控制噪声等环境污染，创造优美宜人的室外环境。

（7）技术经济分析

核算场地设计方案的各项技术经济指标，核定场地的室外工程量及其造价，进行必要的技术经济分析与论证。

3.2 场地设计的原则和步骤

3.2.1 场地设计的原则

场地设计是一门综合性较强的学科，与建筑、城市规划、园林景观等学科关系密切，与设计对象的性质、规模、使用功能、场地自然条件、地理特征及城市规划要求等因素紧密相关。宏观上，场地设计包括决定场地宏观形态形成的用地划分、交通流向组织、空间环境布局、建（构）筑物、园林小品、绿化植物及其配套设施等内容的统筹规划；微观上，场地设计包括决定场地微观效果的广场道路、场地竖向、管道与管线设施、景园设施等内容的细部设计。

场地设计应遵循与周边环境协调、生态与可持续发展、空间布局合理以及技术经济合理等原则。

（1）与周边环境协调

场地设计与周边环境协调是指场地周围的地理特征、气候环境、交通状况、建筑分布、人群特性、经济、文化教育、医疗卫生及露天空间特征等互相适应的关系。要解决好人流、车流、物流、主要出入口、道路走向、停车场、建筑物的体型、层数、朝向、空间组合、竖向设计、管线布置、建筑间距、用地和环境控制指标等问题。场地设计应满足城市规划要求，并与周围环境协调统一，以确保其设计内容符合使用者的心理需求和行为规律。例如，各主要出入口要方便行人、满足交通功能要求；道路布置要合乎自然，符合使用者的行为规律；停车场要注重安全、环保、卫生；建筑物设计要有良好的采光、通风；功能空间要连贯、情景交融；用地指标要符合城市设计标准等。

（2）生态与可持续发展

场地设计应具有生态与可持续发展的理念，注重节地、节能、节水等措施的运用。场地总体布局应保护生态环境、保持自然植被、自然水系等景观资源。场地内建筑物应根据其不同功能争取最好的朝向和自然通风，以降低建筑的能耗，节约资源。

场地总体布局应考虑区域或城市近远期发展的需求及项目发展余地，制定灵活且具有弹性的发展框架，并应考虑技术与经济的可行性。生态性具体表现为领域性与环境认同，设计时应该强调并利用城市所在区域的环境特性，保持和维护特定区域环境及生态的独特性，因势利导地创造绿色、生态的城市人居环境景观。为了使场地内景观设计达到改善周围及内部空间的微观气候的目的，实现人与外部环境的平衡与协调，场地设计应基于合理的土地使用方式，力求对所处地区的生态系统产生较少的破坏和影响。场地处理要因地制宜，遵循生态规律，尽量寻求约束人类活动对自然环境冲击的方法，并结合当地有特色的动植物种群，创造一个人与自然和谐相处的生态系统，以提高该区域的生态价值。因此，在场地处理中应考虑当地的土壤、植物、文化、气候、地形等条件。对于交通流线方向、管线布置、竖向设计，力求充分结合场地地形、地质、水文等条件，尽量布置紧凑、占地面积小、减少对原有生态植被的影响。尤其是场地设计中的绿化布置，一定要与构筑物、道路、管线的布置综合考虑、统筹安排，充分发挥绿化在改善城市小气候、净化空气、降尘、减噪、美化环境方面的积极作用。

（3）空间布局合理

空间布局合理就是对场地内的山石、水体、植物、广场、道路、园林建筑、雕塑小品等元素进行统筹规划，使功能分区及用地布局合理。各功能区对内、对外的行为可以合理展开，各功能区之间既保持便捷的联系，又具有相对的独立性，做到动静分开、虚实结合、疏密对比等；同时合理布置各种动线（交通流线、人流、物流、能流）及出入口，减少相互交叉与干扰；明确景观的主从关系，完善空间布置，并根据用地特点及工艺要求合理安排场地内各种绿化及环境设施等。只有合理布置，综合利用环境条件，才能使各元素成为有机整体。

（4）技术经济合理

技术经济合理体现在场地内部各活动空间的布局既要满足生产、生活的功能要求，又要满足交通运输、卫生和安全等技术和规定的要求。设计时必须要结合当地自然条件和建设条件，因地制宜，从实际出发，深入进行调查研究和技术经济论证，在满足功能的前提下，努力降低造价，缩短施工周期。做到功能分区合理，景观设置紧凑，交通流线清晰、短捷、通畅，避免各部分的相互干扰，同时还要注意各活动空间有较好的采光、通风、防火、抗震、减噪功能，减少工程投资和经营成本，力求实现技术经济合理。

3.2.2 场地设计的步骤

场地设计包含的内容较多，存在的问题也多种多样，常常呈现千头万绪的状态。在设计中，很难做到将所有的问题一并考虑、一齐解决，如果不分主次，缺乏条理，轻视甚至遗忘有些问题，容易造成顾此失彼的混乱局面。大量精力消耗在无意义的反复过程中，致使设计难以顺利推进，问题也不能彻底解决，造成设计结果存在缺陷。因此，场地设计应该遵循一定的步骤，有层次、有条理、有计划地按照先整体后局部、先主要后次要的原则逐步展开。这样一来，设计可以进行得更深入、全面，最终的设计成果也能够比较完善。

为了保证设计质量，场地设计工作应该遵循必要的工作程序，主要包括前期准备、初步设计和施工图设计，以及回访总结三个基本工作阶段，其中初步设计和施工图设计是最主要的阶段。

（1）前期准备

在前期准备阶段，需要明确任务、制定设计目标、拟定设计工作计划、参阅相关理论资料、开展设计调研。这一阶段是场地设计的起始阶段，决定了整个设计的理念、方向和目标，成功与否关系到整个设计的成败。

（2）初步设计和施工图设计

在初步设计阶段，已经完成了一系列前期准备工作，在全面分析调研资料和设计依据的基础上，按照预定工作计划，设计人员着手进行场地布局方案的构思与研讨，并编制总平面方案。该阶段主要包括以下工作内容：场地功能分区、建筑（构筑物）实体布局、竖向规划、道路交通组织、绿化景观布置。工作重点是抓住基本和关键问题，控制大的关系，把握设计的基本思路和方向，确立基本框架。这一阶段的设计具有一定的宏观性，承担的是宏观控制上的任务。

在施工图设计阶段，结合工程实际和工程准备工作进展情况，完成指导具体施工工作的全套图纸。该阶段一般包括以下工作内容：建筑（构筑物）定位、道路停车场设计、竖向设计、绿化布置、各种室外管线设计等，主要是落实场地中各项内容的具体设计要求，使它们得以成立，完成各自在场地中担负的任务。相对于初步设计阶段，这一阶段的内容从功能的组织到形式细节的推敲都是具体和复杂的，甚至是琐碎的，是对前一阶段工作的发展、完善和丰富。设计构思必须落到实处，工作重点是要细致深入分析和解决各方面的问题。

（3）回访总结

在设计工作结束后，立即进行技术总结，形成设计总结、技术要点等文件，并与有关设计文件一并归档。设计人员还应进行回访调研，发现场地设计中未考虑到的因素，及时采取必要的改进措施，总结经验教训。

场地设计的不同阶段担负着不同任务，各有侧重，因而明确划分阶段非常有必要。这将使每一阶段的任务明确化，使设计更具条理性、系统性和有序性，便于掌握和控制。值得注意的是，场地设计的几个阶段不是截然割裂的，它们之间不可分离，每个阶段都统一于设计的整个过程之中。

3.3 场地设计的相关领域

场地设计所包含的内容十分丰富，在设计中所要解决的问题多种多样，它所关联的领域十分广泛。场地设计需要解决建筑、交通系统、绿化系统等布局与组织问题，需要解决建筑物总体布局问题，需要解决场地中道路、广场、停车场等交通设施和植物、水体、景观、小品设施以及各种管线设施，场地竖向和详细设计问题，所以场地设计直接涉及城市建筑、园林，市政，交通、环境、生态各方面的问题。由于场地设计的根本出发点是为人的活动提供场所，所以社会文化背景、地域风俗、传统习惯、人的行为心理等方面的问题也和场地设计存在潜在关系。由于涉及城市问题，所以场地设计与城市规划和城市设计两个领域有着密切联系；由于场地设计是整个建筑设计中除建筑物单体的详细设计以外的所有设计活动，包含建筑物总体布局安排，所以在许多技术环节上场地设计和建筑设计密不可分；又由于共同涉及环境问题，所以场地设计和园林景观设计有着直接联系。上述这些领域与场地设计有着或多或少的共性，它们所包含的内容与场地设计或是相互衔接或是相互交叉，都属于场地设计的相关领域。

3.3.1 场地设计与城市规划

城市建设的一般流程是先进行城市规划，后进行建筑设计。建筑设计是在城市规划基础上进行的，应满足城市规划各方面的要求，场地设计的布局阶段是建筑设计的第一步。这个阶段的一个主要任务是解决城市规划与建筑设计之间的衔接问题，因此城市规划尤其是控制性详细规划是场地设计的前提条件。城市规划是对城市建设发展的总体控制，建筑设计是具体的落实和实施，场地设计的布局阶段是建筑设计中落实和实现规划要求最直接的步骤。从这个意义上说，场地设计是城市规划的一种延伸。

城市规划是根据城市一定时期的经济和社会发展规划，结合当地具体条件，确定城市性质、规模和发展方向，合理利用城市土地，协调城市空间和功能布局，进行各项用地建设的综合部署与全面安排。场地设计应落实城市规划的指导思想和建设计划。

控制性详细规划明确规定了场地设计和建设的具体要求，以总体规划和分区规划为依据，详细规定建设用地和各项指标，以及其他规划管理要求，或者直接对建设做出指导性的具体安排和规划设计。

场地设计应严格执行城市规划法中规定的建设用地与建设工程的规划管理审批程序，即“两证一书制度”。

“两证”是指建设用地规划许可证和建设工程规划许可证。

核发建设用地规划许可证的程序如下：

1）建设单位提出建设用地申请后，城市规划行政主管部门审查建设项目相关文件，包括选址意见书等，依据申请条件要求，决定是否受理申请。

2）城市行政主管部门根据建设项目的具体情况，向有关部门和单位（如环保局、消防局、文物部门等）征询相关意见后初步划定建设用地的位置和界限。

3）城市规划行政主管部门向建设单位提供规划设计条件，为场地设计提供依据，并保证场地设计成果与周围环境条件，公共市政设施及公共服务设施协调配套，并使规划意图在场地设计中得以贯彻实施。

4）审查场地布局主要审查场地的总平面布局方案，保证场地的用地性质、规模、布局方式和交通组织符合规划要求，使场地内建筑和工程设施的布置经济合理，并符合节约用地原则及有关规划设计条件的要求。

5）经审查批准后，城市规划行政主管部门正式确立建设用地的位置、面积和界限，核发建设用地规划许可证，并以此作为建设单位申请办理有关土地使用手续的依据。

核发建设工程规划许可证的程序如下：

1）城市规划行政主管部门审查建设单位提出的建设申请和建设用地规划许可证、土地许可证等相关建设工程文件，依据申请条件决定是否受理申请。

2）为使规划管理更加合理，城市规划行政主管部门根据建设工程具体情况，向有关部门和单位征询意见。

3）城市规划行政主管部门根据建设工程所在地段详细规划的成果，提出规划设计要求，核发规划设计要点通知书，以此作为建设单位委托设计单位进行建筑及场地初步设计的依据。

4）建设单位提供文件、图纸等初步设计成果，城市规划行政主管部门审查设计方案的场地布局、交通组织、与周围环境关系、单体建筑的体量、层次、造型、色彩、风格等，提出规划修改意见，核发设计方案审定书，建设单位据此委托设计单位进行有关施工图的设计。

5）建设单位将场地设计、单体建筑设计施工图纸和文件提交给城市规划行政主管部门进行审查，审查批准后，城市规划行政主管部门发给建设工程规划许可证。建设单位在取得建设工程许可证之后，方可申请办理有关开工手续。

“一书”指选址意见书。核发选址意见书的程序如下：

1）建设单位向项目所在地的城市规划行政主管部门提交相关材料手续，提出建设项目选址的申请。

2）城市规划行政主管部门与计划部门、建设单位等有关部门一同进行建设项目的选址工作。

3）行政主管部门经过调查研究分析和多方案的比较论证，根据城市规划的要求，对建设项目进行审查。

4）通过最后审查后，城市规划行政主管部门核发选址意见书。

任何一块场地都是城市环境的一部分。场地问题的解决不仅与基地内部相关，而且与周边城市环境密切相关。场地设计和城市设计的任务有许多相同之处，两者都要解决与环境形态相关的一些问题，都重视环境的整体性和人在环境中的视觉感受和行为心理体验，但是二者又有明显区别。在着眼点上，城市设计更注重城市问题，尤其是城市公共空间的问题，而场地设计的着眼点是场地的内部问题。从这一角度来看，城市设计也是场地设计上一层次的问题，在场地设计中必须满足城市设计对场地提出的要求，比如对场地的基本布局、形态、建筑物的布局形态、建筑物之外的场地空间形态的要求。城市设计的核心问题是对城市环境特别是形体环境的设计。进行城市设计的基本目的是提高城市的形体环境质量，所以城市设计重视三维的形体效果，更重视人对形体环境的视觉感受和心理体验；而场地设计的核心问题则是对场地构成要素关系的组织和对基地的处理和利用，其基本目的是促使场地各要素能形成有机整体，提高基地利用的合理性和有效性。场地设计对要素关系的组织，最终要落实到要素与基地之间的关系上，因而在平面上的组织安排是主要的，对基地的处理和利用也更注重客观性与科学性。虽然场地设计也需要考虑到形体环境的效果问题，但这不是核心问题。因此无论是在核心问题、基本目的，还是在解决问题的侧重点上，场地设计和城市设计都有着明确区分。

3.3.2 场地设计与建筑设计

建筑学范围内的场地设计是建筑设计的基础，是民用建筑设计工作中的重要组成部分，属于全局性和统领性的工作，具有高度的综合性。它是建筑设计中的一个重要环节，即使是单体建筑物的设计，也要研究总平面的设计问题。总平面图包含巨大的项目建设信息，是向政府部门进行报建审批（包括规划方案批复、建设工程规划许可证、施工图外审等）的重要设计文件，同时也是施工及编制竣工图的重要依据。

建筑方案设计既不是从排平面功能开始，也不是从搞形式造型着手。从系统论的观点来看，方案设计应从整体出发，即以场地设计为起点。我们要设计的建筑物一定是在给定的场地条件中的，它不可能不受场地约束。因此，做好场地设计是做好方案设计的第一步。在完成方案设计之后，还要将生成的方案放在场地条件中，以此协调与环境的关系。

建筑设计是从整体到局部逐步深入的过程。建筑设计的初始阶段是一个解读设计任务，收集分析设计资料，整理设计依据，寻求设计灵感的重要阶段。这一阶段所形成的指导性设计思路和创造性设计构思将影响整个建筑设计过程和最终设计成果，这一阶段工作的重要性不言而喻。

建筑设计不能脱离宏观环境。建筑设计的宏观环境主要是指建筑与城市、单体建筑与建筑群体、建筑与周边环境的关系，具体而言是指基地特征、城市历史文脉、建筑物理要求以及建筑材料等。这些都是建筑设计伊始应予以重点考虑的因素。对于建筑师而言，进行建筑设计首先就需要从建筑设计宏观环境的分析入手，以获得建筑设计的逻辑依据与灵感，并在此基础之上进行场地的总体布局与建筑物的设计。

首先，场地设计是建筑设计的主要环节。场地设计作为建筑设计工作的重要组成部分，必须和建设项目的性质、规模相适应，服从建筑设计的总体安排，并满足建筑的功能、技术、安全、经济、美观等各方面要求，才能创作出完整合理的实施方案。

其次，场地设计是贯穿建筑设计全过程的。与建筑设计相似，场地设计也可以分为初步设计和施工图设计两个阶段，从而配合建筑设计完成相应阶段的设计任务。初步设计阶段主要进行设计方案和重大工程措施的综合技术经济分析，论证技术上的适用性、可靠性和经济上的合理性，明确土地使用计划，确定主要工程方案，提供工程设计概算，以此作为审批项目建设、设计编制施工图，以及进行相关施工准备的依据。初步设计阶段着重于场地条件及有关要求的分析、场地总平面布局、竖向布置、场地景观设计等。场地的施工图设计则是根据已批准的初步设计，编制具体的实施方案，据以编制工程预算、订购材料和设备、进行施工安装和工程验收等。施工图阶段的主要工作包括：场地内各项工程设施的定位、场地竖向设计、管线综合、绿化布置以及有关室外工程的设计详图。上述两个阶段都包含着一个从场地布局到单体建筑设计，再配以各种环境设施和室外工程的设计过程。在很多环节上，场地设计和建筑设计工作密不可分。思考环境设计中场地设计时，需结合单体建筑考虑，结合其体量组合的方式、功能分区的要求、环境氛围等诸多问题，使二者在同步思考中互相协调关系，以期产生最佳方案。从设计操作看，在研究环境设计的问题时，也要不断思考单体建筑的种种条件；反之，在研究单体设计时，则需要及时联系到前一阶段环境设计提出的若干限定条件。比如，场地主入口大体限定了单体建筑的主入口位置，相应也确定了门厅的布局，进而影响到方案建构的框架。又比如场地设计中的日照间距规定了建筑物的高度限制，容积率规定了建筑物的体量控制，建筑密度规定了建筑物的占地面积等。在思维过程中，倘若忽视这些环境条件的要求，单体建筑设计必定是一个有缺陷的设计，为了弥补这种缺陷，必须从头反思设计过程，并对已做过的设计工作进行更为困难的调整。正如做一件新衣服容易，而改一件旧衣服则需要大费周章，这无疑会延长设计周期，降低设计效率。因此，设计方法强调场地设计要与建筑设计同步。这是有效提高设计能力的途径之一。

场地是一切建筑活动的起点和终点，要认识到“建筑是在从场地到场所的转化过程中产生的”，这一点对学习建筑设计非常重要。有必要建立整体思维观念，养成从全局思考设计过程的习惯，理解建筑与场地、建筑与环境的关系，培养场地调查分析能力、场地空间思维能力及应用技术规范完成设计要求的能力。

最后，场地设计可以合理制约单体建筑设计。场地设计是对场地内的建筑群、道路、绿化等因素进行全面合理的布置，并且综合利用环境条件，使之成为有机整体。建筑群中的单体建筑在功能布局、平面形式、层数和建筑造型等方面都要受到场地设计的制约。在场地设计过程中，要先对场地条件及建设项目进行全面分析，充分结合场地条件，扬长避短。在此基础上进行合理的功能分区和用地布局，使各功能区之间既保持便捷的联系，又相对独立；做到动静分区、洁污分区、内外分区；合理布置各种交通流线和出入口，减少相互之间的交叉与干扰；同时明确建筑群的主从关系，完善空间布置，根据用地特点及功能要求合理安排场地内各种绿化和环境设施。因此，场地设计的结果会在很大程度上制约单体建筑设计。单体建筑的位置、朝向、室内外交通联系、建筑出入口布置、建筑造型的设计处理等，都应贯彻场地设计的意图。由于单体建筑设计还受到建筑物的使用功能、材料与工程技术、用地条件及周围环境等因素的制约，场地设计在一定程度上也受到单体建筑的平面形式、建筑层数、形态尺度等因素的影响，单体建筑设计若能妥善处理好这些关系就会使设计更加经济合理。场地设计和建筑设计是相互影响、相互依存的。场地设计是对场地总体的布置和安排，属于全局性工作，而建筑群中的单体建筑设计，应按照局部服从整体的原则，贯彻场地设计的意图，否则将破坏建筑群体、场地环境与设施的统一性和完整性。

3.3.3 场地设计与景观设计

场地设计包括大量有关场地环境的内容，比如植物配置、水景组织，尤其是园林景观小品的详细设计等，因此场地设计必然与景观设计存在联系。景观设计内容涵盖宽泛，既可指城市环境，又可以指场地内的建筑外环境。如果是前者，那么它与场地设计是交叉关系；如果指后者，那么它属于场地设计的一部分。一般来说，景观设计偏重环境视觉效果设计，其工作对象更多地集中在环境设施和小品上。场地设计的内容要广泛得多，需要解决的问题涉及各个方面，除布局阶段和景观设计有明显区别外，在详细设计阶段也包括场地工程设计等工程性、技术性较强的内容，这些和景观设计明显不同。

3.4 场地设计的条件

3.4.1 自然条件

场地的自然条件是指场地的自然地理特征，包括地形条件，气候条件，工程地质、水文及水文地质条件，它们在不同程度上对场地设计和建设产生影响。

（1）地形条件

地形是地物形状和地貌的总称，按其形态可分为山地、高原、平原、丘陵和盆地五种类型。在局部地区可以细分为山坡、山谷、高地、冲沟、河谷、滩涂等（见图3.1）。场地设计中的地形地貌情况可以用地形图表达，建筑场地设计通常采用1∶500、1∶1 000、1∶2 000等比例尺。

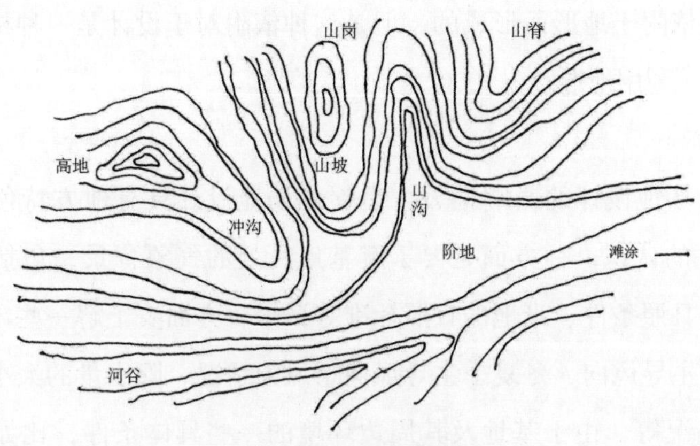

图3.1　地形类型

地形对场地设计制约作用的强弱与其自身特点有关。一般来说，地形变化较小、地势平坦时，对场地设计的影响较弱，此时设计的自由度较大，从平面布局到各项元素的具体处理方式都会有较大的选择余地。随着地形变化幅度增加，影响力会逐渐增强。当坡度较大、地势变化复杂时，地形对场地设计的制约就十分明显。此时场地分区、建筑物定位、场地内交通组织方式、道路选线、广场及停车场等室外构筑设施的定位及形式选择、工程管线的走向、场地内各处标高的确定、地面排水组织形式等，都会与地形的具体情况有直接关系。例如，理查德·迈耶设计的康奈尔大学本科生宿舍，该项目基地位于山地地形之中，共有五栋建筑物，曲折绵延的线形与山地的自然形态呼应（见图3.2）。由于有多栋建筑物，所以设计者采取了灵活的方式，通过平行于等高线和垂直于等高线的不同形式，将五栋建筑首尾相连、结成一体，在中间围合成大片的用地，形成布局的核心。

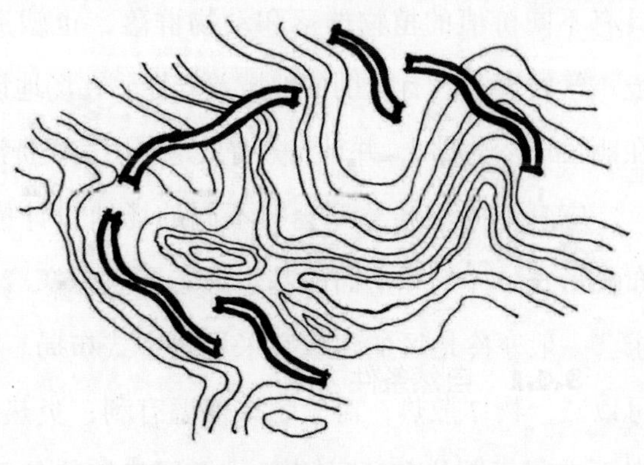

图3.2　康奈尔大学本科生宿舍总平面

这样，虽然建筑物的形态多变，但整体结构仍十分清晰。场地内道路布置也采用或平行或垂直于等高线的两种形式，主要道路采用平行于等高线的蜿蜒自由曲线，以适应地形和建筑形态，一些次要道路为了方便与场地联系，采用垂直于等高线的形式，取得较好效果。地形条件对设计的制约有双重意义，当地形条件一般时，设计的自由度固然较大，但地形为设计提供的有特色的条件也是比较有限的；当地形条件比较特殊时，设计自由度虽然小，但地形却常常为设计提供一些特殊的可以借用的有利条件。场地形态虽然是依附于地形而形成的，但是这种依附对于设计是一种机会。场地设计应善于适应地形、利用地形。

（2）气候条件

气候条件对场地设计的影响很大，是促成场地设计具有地方特色的重要因素之一。对气候条件的认识，一方面是要了解基地所处的气象背景，包括寒冷或炎热程度、干湿状况、日照条件、当地的日照标准等，另一方面要了解一些比较具体的气象资料，包括常年主导风向、冬夏季主导风向、风力情况、降水量的大小和季节分布、冬夏季的雪雨情况等。由于基地及其周边环境的一些具体条件，比如地形、植被状况、周围建筑物等影响，基地内的具体气候条件会在整个大气候条件基础上有所变化，形成特定的微气候。在研究用地时，既要留心区域范围的大气候，又要注意待选用地范围的微气候。一般来说，大气候包括温度、湿度、太阳辐射、风向风速、气压和降水量等因素。这些气候因素与人体健康的关系极为密切，气候的变化会直接影响到人们的感觉、心理和生理活动。场地的微气候带来温度、湿度、风速、日照的变化，会使建筑环境的能量需求有较大的差异。营造适合的室外微气候会使夏季产生凉爽的风、冬季具有充足的日照。这不仅可以使场地内的植物获得良好的生长条件，更为人们的生活带来了舒适性，同时也可以节约能源。另外，气候还造就了不同地区的具有不同价值的植物群落和动物群落，也塑造了具有不同地方特性的人及其建筑环境。气候资源具有鲜明的地域差异性。在场地设计中，建筑师必须充分认识建设项目所在地区的气候条件，并且充分有效地利用气候资源。

应对不同气候类型会有不同的场地设计模式，由此产生建筑物或集中或分散的布局形式。体形和平面的基本形态要考虑寒冷或炎热地区的采暖保温或通风散热的要求。一般寒冷地区的建筑宜采用集中式布局。这样的布局比较整合，体形系数最小，可以减少物体散热，对于冬季保温有利；炎热地区的建筑宜采用分散式布局，平面形态更有利于散热和通风组织。根据建筑物的平面形态，场地的整体形态也会有所不同。采取集中式布局的时候，建筑在场地中呈现出独立的形式，相应地场地中的其他内容也会比较集中；而分散式布局常把基地划分成几个区域，建筑物呈现出互相穿插的形态。

场地设计应结合地区日照条件，选择合理的建筑朝向在进行场地设计时非常重要。当场地内有多栋建筑物时，布局则应首先考虑日照要求。根据当地的日照标准，研究日照和建筑的关系，根据阳光直射原理和日照标准，合理确定日照间距。研究建筑的日照是为了充分利用阳光以满足室内光环境和卫生要求，同时防止室内过热。在城市规划中根据各地区的气候条件和居住日照标准、卫生要求确定向阳房间在规定日获得的日照量，是编制居住区规划时确定房屋间距的主要依据。幼儿园、疗养院、医院的病房和住宅中，充足的直射阳光还有杀菌和促进人体健康等作用，在冬季又可提高室内气温。通常人们要求建筑冬暖夏凉，在我国的地理版图中，南北向是最受人们欢迎的建筑朝向。建筑主体朝向采取南北向，有利于冬季获得更多日照，也可以防止夏季的西晒。一些日照强烈的城市，建筑朝向应避免日晒问题；受地段条件限制建筑必须东西向布置时，建筑门窗部位应考虑适当遮阳。

至于风向问题，主要考虑夏季如何组织自然通风和冬季如何防止冷风的不利影响。建筑主体朝向面向夏季的主导风向，有利于更好组织夏季通风；避开冬季主导风向，可以防止冬季冷风的侵袭。进行建筑布局时，还可以参考风玫瑰图。风玫瑰图也叫风向频率玫瑰图，是根据某一地区多年平均统计的各个方风向频率的百分数值，并按一定比例绘制的。一般多用八个或十六个罗盘方位表示，风玫瑰图表示风的吹向（即风的来向），是指从外面吹向地区中心的方向。风玫瑰上同心圆间距代表百分数，不同方向按照风出现的频率，截取相应长度，将相邻方向上的截点用直线连接，形成闭合折线图形。折线上的点离圆心的远近，表示从此点向圆心方向刮风的频率大小。实线表示常年风，虚线表示夏季风。我国各城市区域均可以查到风玫瑰图，它可以为建筑设计提供必要的气象依据（见图3.3）。

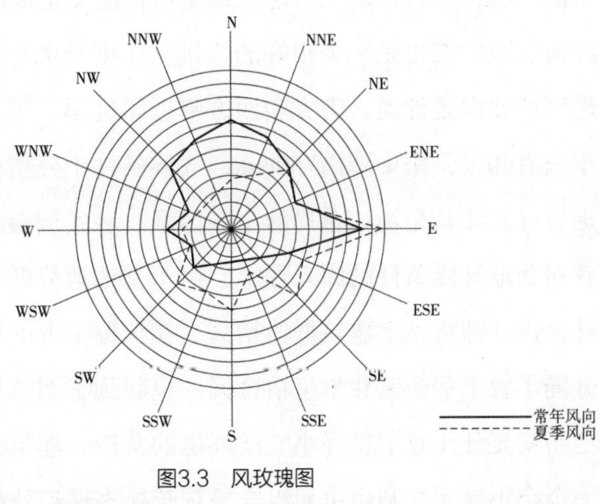

图3.3　风玫瑰图

图3.4　特吉巴欧文化中心

在场地选择和场地设计时，建筑师必须考虑气候条件。例如，伦佐·皮亚诺设计的特吉巴欧文化中心，为了应对岛屿炎热的气候特点，十个圆形棚屋一字排开，将棚屋设计成开放形外壳，引导海风进入室内，并以机械控制天窗百叶的开合，改善室内风环境；为了抵御海风的压力，木肋间的水平构件和倾斜屋顶有助于减弱高处风力对建筑的影响。皮亚诺从对自然环境的思考出发，在功能、形式、技术、材料各方面解决建筑和自然共生的问题，并且体现了当地卡纳克斯村落文化传统（见图3.4）。路易·康设计的印度经济管理学院也是一个很好的实例。印度经济管理学院位于印度的阿赫姆得巴德。该地区西北部是沙漠，南方和西方临近印度洋，东北部是大山，夏季温度高达45℃，雨季只有40天，集中降雨750mm，气候条件十分糟糕。这种严酷的气候条件成为制约场地设计，尤其是场地布局的主导因素。该实例最终的场地布局形式，正是源自于设计者对当地气候条件的深入理解。由于基地地势低平、气候炎热，为了加强通风效果设计，设计师将整个建筑群体抬高，在挖掘土方的地方形成一个大的人工湖。湖面不仅分隔了教工宿舍区和学生宿舍区，也起到了调节场地微气候的作用。学生宿舍区的场地布局充分注意了良好小气候环境的营造，建筑没有采取大块集中布局，而是分散成一个个小单元，利用单元组合呈现疏松多通道效果，从而形成一个巨大的散热装置。建筑间的间隙又形成了一条条南北方向的风道，使湖面的凉风能够充分渗透到场地的各个角度，实现了较好的通风效果（见图3.5）。

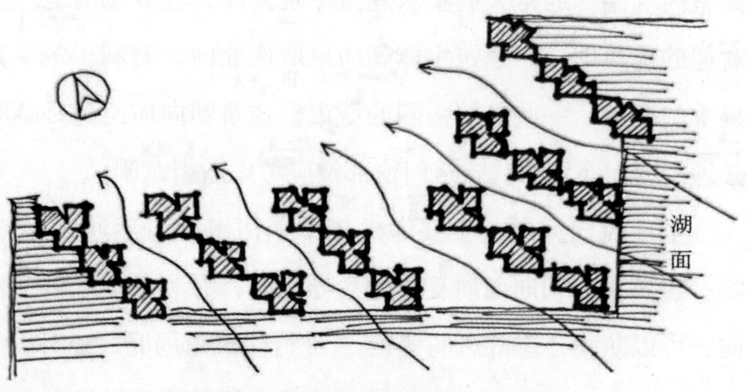

图3.5　印度经济管理学院场地通风组织

（3）工程地质、水文和水文地质条件

基地的地质、水文条件关系场地中建筑位置的选择，也关系到地下工程设施、工程管线的布置方式以及地面排水的组织方式。场地设计需要掌握的基地地质情况包括地面以下一定深度的土壤特性、土壤和岩石的种类及组合方式、土层冻结深度、基地所处地区的地震情况以及地下、地上一些不良地质现象等。基地的水文情况包括溪、河、湖、海等各种地表水体情况和地下水位情况。工程地质勘察报告是工程地质、水文和水文地质的依据。

3.4.2 公共限制条件

场地设计受各方面因素的制约，从城市规划到相关法律规范、场地现状、使用功能要求。实际设计中要从各种制约因素入手，综合解决各种矛盾，反复推敲、反复调整、反复比较才能完成这一阶段的工作目标，为下一阶段的工作打下坚实的基础。场地设计应满足城市规划、相关规范以及设计任务书等限制条件的要求。

城市规划对场地设计的控制体现在对用地性质和布局结构的控制上，具体体现于控制性详细规划之中，以规划条件书等形式制约设计。规划条件书包括用地性质、用地范围、建筑密度、容积率、绿地率、停车库、建筑高度、日照系数、建筑物后退红线以及场地交通出入口等内容，影响和决定着场地布局形态。相关规范要求是一些具体功能和技术上的制约，如《民用建筑设计统一标准》《建筑设计防火规范》《城市居住区规范设计规范》等，对场地内建筑物布局的相邻关系、建筑物突出与红线关系、道路设置、对外出入口、绿化、管线、竖向设计、建筑防火间距，通风采光、消防等内容均有严格的限制要求。实际上这些也是进行场地设计最基本的原则和要求。设计任务书是场地设计的直接依据之一，也是场地设计和建筑设计的工作目标。场地设计的成果实现了场地内各种使用功能需求，并进一步影响着建筑物内部的使用功能。

根据以上要求，公共限制条件可以概括为用地范围限制、场地开发强度限制和建筑间距限制。

（1）用地范围限制

根据我国建设用地使用制度，土地使用者和建设开发商可以通过行政划拨、土地出让或转让方式，在缴纳相关税费并按照相应程序办理手续后，申领土地使用证，取得国有土地一定期限内使用权，但是获得使用权并不意味有权将全部土地用于开发建设，用地范围还要受到若干因素限制，包括以下几项：

1）用地红线，也称征地红线，即按照城市总体规划和节约用地的原则，城市规划管理部门核定或审批后，划定的供土地使用者征用的土地边界线。用地红线是场地的最外围边界，限定了土地使用权的空间界限，以及由此连带产生的相关经济责任，是场地空间限定基础。当用地红线内有公共设施（例如城市道路）用地时，必须首先保证公共设施的使用，所以用地红线并不是场地可建设范围的最终界线。

2）道路红线，即城市道路（含居住区级道路）用地的规划控制边界线，一般由城市规划行政主管部门在用地条件图中标明。道路红线总是成对出现的，两条红线之间的用地为城市道路用地，包括机动车道、非机动车道、绿化隔离带。场地的建设使用范围应以道路红线为界限，扣除城市道路用地部分。

3）建筑红线，也称建筑控制线，即建筑物基底位置（如外墙、台阶等）的边界控制线，是基地中允许建造建筑物的基线。事实上，一般建筑红线都会从道路红线后退一定距离，用来布置台阶、建筑基础、道路、广场和绿化，以及地下管线和临时性构筑物等（见图3.6）。

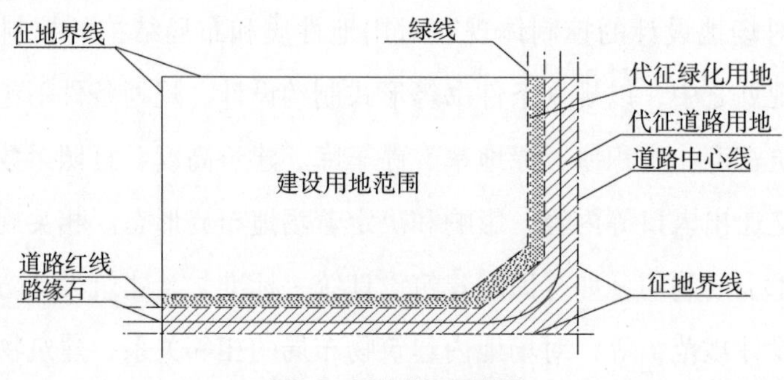

图3.6　用地范围示意图

当用地红线和道路红线重合时，按照当地规划要求建筑控制线后退道路红线若干距离；当用地红线没有和道路红线重合时，按照当地规划要求建筑控制线后退用地红线若干距离；特殊情况下，根据当地规划要求建筑控制线与道路红线重合，或者建筑控制线与用地红线重合。建筑后退道路红线距离的大小视建筑物的高度、规模、与周围环境的关系及道路性质而定。一般而言，用地红线范围面积比建筑控制线范围面积大，用地红线范围面积除了包括建筑控制线范围外，有时还包括建筑物的室外停车场、绿化及相邻建筑物的空间距离。

沿规划实施后的城市道路布置基地时，一般道路一侧的用地红线和道路红线重合。而该规划道路还未实施时，用地红线有可能包含道路红线。如果基地与城市道路有一定的距离，在用地红线和道路红线之间有通路相连。建筑物后退道路红线，更为将来道路红线拓宽留有充分余地。总体规划每隔一定时期要进行修整，或者重新修编，同样，道路网及道路红线也可能修改或拓宽。如果沿街建筑压着道路红线建设，不但在景观上容易单调呆板，而且给将来道路红线拓宽带来困难。

道路红线与建筑红线之间的地带称为后退红线地带。后退红线地带可以看作是道路人行道的延伸，从人流集散考虑，应保证行人安全、方便。因此，后退红线地带应与人行道是一个整体，要求在同一个平面上；后退道路红线地带及人行道均不宜设台阶，不宜设坡度过大的横向坡，坡度≤2%为宜；后退道路红线地带的排水方向应与人行道相同，流水至路缘石；后退红线地带内的铺地、绿化、小品一般与人行道一同设计考虑，还可以考虑布置停车场、临时建筑等。

（2）场地开发强度限制

在场地设计中，可以通过控制建筑密度、容积率、建筑限高、绿地率等指标将场地的开发使用强度控制在一个合适范围内。

1）建筑密度。建筑密度指项目用地范围内所有建筑的基底总面积与规划建设用地面积之比，即建筑物的覆盖率，可以反映出一定用地范围内的空地率和建筑密集程度。其计算公式如下：

$$建筑密度=\frac{建筑基底总面积（m^2）}{场地总用地面积（m^2）}\times 100\%$$

建筑密度表明了场地内土地被占用的比例，反映了土地的使用效率。建筑密度越高，场地内的室外空间越少，可用于室外活动和绿化的土地越少，场地环境质量不会高。反之，如果建筑密度过低，则场地内土地使用不经济，甚至造成土地浪费，影响场地建设的经济效益。

2）容积率。容积率又称建筑面积毛密度，是指项目用地范围内地上总建筑面积（通常是正负零标高以上的建筑面积）与项目总用地面积的比值。容积率是确定场地特点、使用强度、开发建设效益和综合环境质量的关键性控制指标。容积率高说明建筑密度大或建筑层数多。容积率是无量纲的比值，附属建筑物也计算在内，但应注明不计算面积的附属建筑物除外。对于住宅开发商来说，容积率决定地价成本在房屋中所占的比例，容积率过高会导致场地日照、通风及绿化空间减少，过低则浪费土地；而对于住户来说，容积率涉及居住的舒适度，容积率越低，居民的舒适度越高，反之则舒适度越低。容积率的合理取值，往往取决于开发商追逐高经济利益和使用者渴望高环境质量这一矛盾的平衡。其计算公式如下：

$$容积率=\frac{总建筑面积（m^2）}{场地总用地面积（m^2）}$$

3）建筑限高。场地内建筑、构筑物的高度影响着场地空间形态，反映土地利用情况，是考核场地设计方案的重要技术经济指标。建筑限高是指根据特定条件要求，对建筑最高高度进行限定，不能超过一定控制高度。一般这一控制高度应以绝对海拔高度控制建筑物室外地面至建筑物和构筑物最高点的高度。建筑高度不应危害公共空间安全和公共卫生，且不宜影响景观。对建筑高度有特别要求的地区，建筑高度控制尚应符合所在地城市规划行政主管部门和有关专业部门的规定；沿城市道路的建筑物，应根据道路红线的宽度及街道空间尺度控制建筑裙楼和主体的高度；当建筑位于机场、电台、电信、微波通信、气象台、卫星地面站、军事要塞工程等设施的技术作业控制区内及机场航线控制范围内时，应按净空要求控制建筑高度及施工设备高度；建筑处在历史文化名城名镇名村、历史文化街区、文物保护单位、历史建筑和风景名胜区、自然保护区的各项建设，应按规划控制建筑高度。对于控制区内的建筑，平屋顶建筑高度应按建筑物主入口场地室外设计地面至建筑女儿墙顶点的高度计算，无女儿墙的建筑物应计算至其屋面檐口；坡屋顶建筑高度应按建筑物室外地面至屋檐和屋脊的平均高度计算；当同一座建筑物有多种屋面形式时，建筑高度应按上述方法分别计算后取其中最大值。局部突出屋面的楼梯间、电梯机房、水箱间等辅助用房占屋顶平面面积不超过1/4者，突出屋面的通风道、烟囱、装饰构件、花架、通信设施及空调冷却塔等设备在一般地区可不计入控制高度，但在保护区、控制区内应计入高度。

4）绿地率。绿地率是指场地内绿化用地总面积占场地用地总面积的比例。其计算公式如下：

$$绿地率=\frac{绿化用地总面积（m^2）}{场地总用地面积（m^2）}\times 100\%$$

场地内的绿地包括公共绿地、专用绿地、防护绿地、宅旁绿地、道路红线内的绿地及其他用以绿化的用地等，但不包括屋顶、晒台的人工绿化。

在计算时，要求距建筑外土墙1.5m和道路边线1m以内的用地，不得计入绿化用地。此外，还有几种情况也不能计入绿地率的绿化面积，如地下车库、化粪池，这些设施的地表覆土一般达不到3m的深度，在上面种植大型乔木的成活率较低。

绿地率是调节和制约场地的建设开发容量、保证场地基本环境质量的关键性指标，具有较强的可操作性，应用十分广泛。它与建筑密度、容积率呈反向相关关系。正是通过这几项指标的协调配合，在科学合理限定土地使用强度的同时，有效控制了场地的景观形态和环境质量。

（3）建筑间距控制

确定建筑间距应综合考虑建筑日照、通风、防火间距，以及建筑视线防卫、室外工程管线布置、用地面积和建设投资等因素。从卫生角度来看，建筑间距主要应考虑日照、通风、防噪等因素，因此必须重视日照间距、通风间距、防火间距和噪声间距问题。

1）日照间距。日照间距指为保证行列式建筑必需日照量而采取的建筑间隔控制距离。建筑必需日照量或建筑日照标准即建筑最低日照要求，一般应满足冬至或大寒日照标准日满窗日照时间1～3h的要求。我国根据不同建筑类型的日照要求制定了相应的日照标准，如居住建筑的日照标准为冬至日照时间不小于1h；托儿所、幼儿园各生活用房应布置在地区日照最佳方位，并满足冬至日底层满窗日照时间不少于3h的要求。

一般建筑日照间距的计算采用日照间距系数比值公式，据此计算不同高度的建筑之间所应具有的不同间隔距离。

$$\tan\beta=(H-h)/D$$

式中：β——冬至日中午太阳高度角；

H——前排房屋檐口至地坪的高度；

h——后排建筑底层窗下口至地坪的高度；

D——太阳照到底层窗下口的日照间距。

根据已有的日照计算，我国部分城市的日照间距系数在0.8～1.7，一般越往南的地区日照间距越小、越往北的地区日照间距越大。有关建筑日照间距的计算，各个地区条件不同、各类建筑要求不同，故实际运用与理论计算会有所差异（见图3.7）。

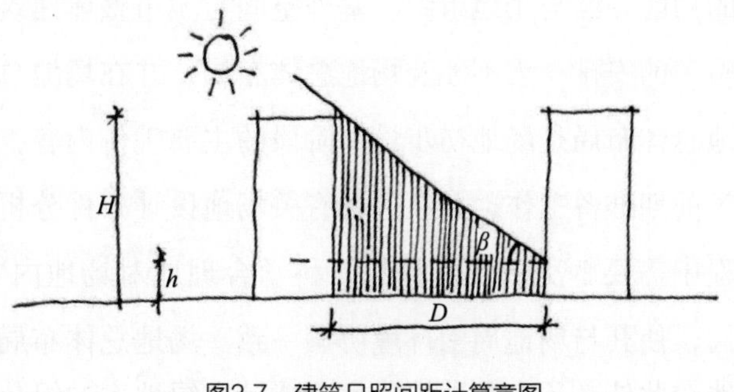

图3.7　建筑日照间距计算意图

2）通风间距。建筑的自然通风效果与地区常年主导风向、建筑间距等因素有密切关系。当前幢建筑正面迎风、后幢建筑迎风面窗口进风时，建筑通风间距一般要求在 4～5 H以上，以此作为建筑通风间距标准。建筑群关系松散不利于节约建设用地，同时还会增加道路及市政工程管线长度。因此，需要调整建筑群与地区常年主导风向的角度关系。为节约用地，同时获得较为理想的自然通风效果，建议行列式建筑群布局时，建筑迎风面与地区常年主导风向呈30°～60°角，控制建筑通风间距为1∶1.3～1∶1.5 H（见图3.8）。

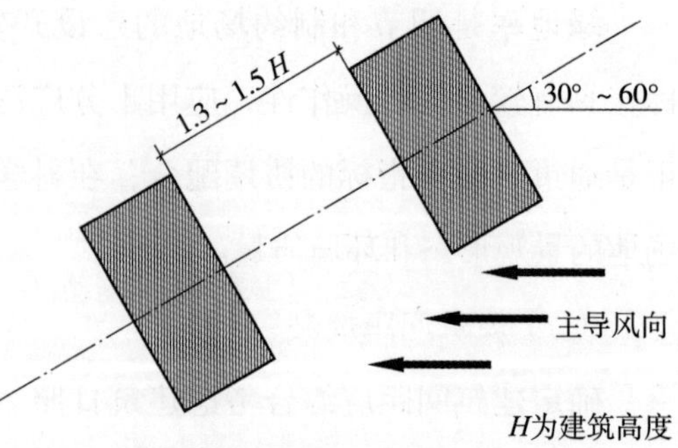

图3.8　建筑通风间距示意图

3）防火间距。为了保证相邻建筑满足防火要求，我国《建筑设计防火规范》（GB 50016—2014）对不同类型建筑之间的防火间距都做出了明确规定，设计时可查阅。

4）噪声间距。建筑之间应该保证一定间距以减少噪声干扰。例如，在学校建筑设计中，两个相对的教学楼长边之间以及教学楼与操场之间要有25m的噪声间距控制。

3.5 场地总体布局

场地总体布局是场地内各种社会、经济、技术、环境等因素及建筑空间组合要求的全面反映，是场地设计中一项重要的全局性工作，是根据建设项目的性质、规模、组成和用地情况，对场地的现状、自然条件、建设条件和环境关系进行分析。场地内的功能分区与用地组织、室外空间与城市整体建筑艺术的联系，以及有关工程技术与施工的安排，无不涉及场地总体布局，并在场地总体布局中统一协调、综合体现。场地总体布局是场地初步设计阶段的主要工作内容，是在明确设计任务、完成设计调研等前期准备工作，并在进行有关场地设计条件分析的基础上，针对场地建设与使用过程中需要解决的实际问题，科学合理地对场地内各组成部分进行统一安排、综合布局，使其与场地周围环境协调一致。场地总体布局是场地设计的关键环节，是方案从无到有逐步生成的过程。必须综合考虑各方面因素并处理好建设项目各组成部分及其周边环境的联系，从全局出发把握重要关系，在充分研究场地现状条件基础上，分析建筑项目各种使用功能要求，明确功能分区，合理确定场地内建筑物、构筑物、道路绿化管线及其他设施相互间的空间关系并进行具体的平面布置，通过构思创作形成场地总体布局方案。

通常情况下，场地总体布局的工作重点往往在方案设计开始阶段，对收集得到的原始资料进行整理，并根据整理结果对初始方案进行调整、验证及深化，并和建筑工程建设所涉及的各个专业进行沟通，充分了解总体布局意图。一般可以依据地形地貌等方面的条件，并结合城市总体规划、周围情况及相关规范进行设计。但是对于复杂地形，场地总体布局通常需要对地形进行全面的改造与评估，这样才能与周围环境相协调，取得更好的设计效果。

此外，还需要考虑各个细节。有时建筑总体布局设计阶段对细节问题的考虑是否全面，会直接影响项目的整体设计效果。在进行场地总体布局设计之前，必须进行相邻设施环境分析，包括地形地质环境和地块相邻周边情况。比如，如果不事先调查清楚地块是三角形、矩形、长条状还是不规则形状，那么建筑总图的平面布置就不能确定。因为经常说到的成片式、自由式、台阶式、街区式建筑的区别在很大程度上便是由地形地质条件决定的。

通过对场地宏观环境的解读以及场地基础资料的分析整理，对拟建场地有了综合全面的认识后，在建筑设计中如何合理高效地利用场地、如何组织流线就是接下来需要解决的问题。需要深入思考如何利用原有地形合理组织交通、充分利用场地景观资源、规避周边环境的不利影响，如何与周边建筑和谐共生等问题。

3.5.1 场地总体布局的基本要求

场地总体布局是一项技术复杂、综合性较强的设计工作。在特定的基地环境中对建筑物、构筑物及其他设施进行总体布局比单幢建筑物的设计和组合要复杂得多，涉及面更广，各种矛盾更为突出，一般应满足以下基本要求。

（1）使用要求

为建设项目的经营使用提供方便合理的外部环境，处理好各组成部分之间的客观联系和矛盾，是场地总体布局最基本的要求。场地的使用要求是多方面的，既包括适应功能要求和使用者行为的建筑平面组合，也包括满足人们室外休息、交通、活动等要求的外部空间组织及相应的配套设施等，以及确保实现上述功能的有关工程设施及相应技术要求。场地总体布局应对功能合理分区，对场地竖向、环境景观、管线设计等统筹考虑，并满足消防、卫生、防噪等要求。公共建筑应根据其不同的使用功能和性质，满足其对室外场地及环境设计的要求，如安全缓冲距离以及人员疏散空间等。场地的交通组织应该便捷高效，与城市交通良好衔接。场地及建筑物的出入口应布置合理，人车流线合理组织避免相互干扰。

（2）卫生要求

场地应形成卫生、安静的外部环境，满足建筑物有关日照、通风要求，并防止噪声和三废（废水、废气、废渣）的干扰。正确选址是确保场地避免环境污染侵害的关键。场地及其周围主要污染源有：具有污染危害的工厂、锅炉房、废弃物的排放与清运、车辆交通等。为防止和减少这些污染源对场地环境的污染，在场地总体布局中可相应采取一些必要措施，但最根本的解决办法还是改进生产工艺和设备、改善采暖方式（有条件采暖地区应尽可能采用集中供暖方式）、改变燃料品种、合理组织交通等。

（3）安全要求

场地总体布局除满足正常情况下的使用和卫生要求外，还必须能够适应某些可能发生的灾害，例如火灾、地震等。必须分析可能发生的灾害情况，并按有关规定采取相应措施，以防止灾害发生、蔓延或减少其危害程度。

一旦发生火灾，为保证场地人员安全，防止火灾蔓延，并保证灭火救援工作的顺利进行，建筑物之间必须保持一定的防火间距，并按规定设置疏散通道、消防车道及消火栓等设施。沿街建筑应设置连通街道和内院的人行通道，可利用楼梯间的间距不宜超过80m，人员密集公共场所的室外疏散小巷宽度不应小于3m。3 000座以上的体育馆、2 000座以上的会堂及占地面积超过3 000m^{2}的展览馆等公共建筑，宜设置环形消防车道；短边长度超过24m的建筑物封闭内院则宜设有进入内院的消防车道，消防车道的净宽和净高都不应小于4m，场地内消防车道中心线的间距不宜超过160m。当建筑物沿街长度超过150m或者总长度超过220m时，均应设置穿过建筑物的消防车道。为保障消防用水的需求，场地内必须设置室外消火栓，一般应沿道路设置并靠近十字路口；消火栓距路边不应超过2m，距房屋外墙不宜小于5m，其间距不应超过120m，保护半径不应超过150m。

在地震区，为了将地震灾害控制到最低程度，建设项目的选址应避开沼泽地、不稳定的填土堆石地段、复杂地质构造以及其他有崩塌坠落危险的区域。场地内的建筑应满足规定烈度的设防需求，建筑体型应尽可能简单，并采用合理的层数、间距和建筑密度。道路应平缓通畅、便于疏散，并布置在房屋坍塌范围之外。此外，还应结合室外场地、绿化用地和道路设置安全疏散用地。

（4）经济要求

建筑的经济性是一项综合课题。场地总体布局必须注意建筑的经济性，使之与社会经济发展水平相适应，并以一定的投资获得最大的经济效益。场地设计要从实际出发，贯彻国家的建设方针和政策，结合社会经济发展水平，厉行勤俭节约，重视节约用地，有效发挥建设资金效益，并考虑到项目建成投产后长期经营的经济性与合理性。在场地设计过程中，牢固树立经济观念，通过技术经济分析，检验设计方案的合理性和科学性，正确处理适用、经济和美观的关系，具有极为重要的意义。场地设计的技术经济分析，主要涉及土地使用、技术经济指标和工程造价等方面的内容。

场地总体布局应结合场地的地形地貌、地质条件，尽可能减小土石方量，合理确定室外工程的建设标准和规模，恰当处理经济、适用与美观的关系，要利于施工组织和经营，降低场地建设的造价。节约用地也是总体布局时必须考虑的一个重要问题，这不仅是国家的重要技术政策，也具有显著的经济意义。建筑单体的设计对场地的用地经济性有很大影响，一般建筑单体的层数越多、进深和长度越大、层高越低，则用地越经济。减少室内外高差、降低女儿墙高度也可以起到节约用地的作用。在建筑群体组合中适当缩小建筑间距，提高建筑密度，则可挖掘土地利用潜力，达到节约用地的目的。利用坡地、瘠地、劣地进行建设，合理紧凑布局，适度提高建筑密度，妥善处理近期建设和远期发展的关系，可以实现节约用地、充分利用地形并发挥土地效能的目的。

（5）美观要求

场地总体布局不仅要满足实用要求，而且应获得某种建筑艺术效果，为使用者创造出优美的空间环境，满足人们的精神和审美需求。优美的外部空间环境不仅取决于建筑单体的设计，建筑群的组合及其与环境的关系更为重要。场地的总体布局应当充分协调各单体建筑之间的关系，把建筑群体及其附属设施作为一个整体考虑，并与周边环境相适应，才能形成优美的室外空间环境。

3.5.2 场地总体布局的主要影响因素

场地总体布局的主要影响因素有建设项目的性质和规模、建设项目的使用对象、场地条件等。

（1）建设项目的性质

建设项目的性质是场地功能的基础。不同类别建设项目的使用功能往往差别较大，即使是性质相似的建设项目，也因其组成内容、相互关系、使用特点，及其对场地外围环境要求与影响不同而具有不同的功能布局要求。例如文化馆、电影院和剧院均虽然都属于文化娱乐类公共建筑，其场地功能布局具有一定的共性，在人员聚集与疏散、停车场地、交通流线组织、景观和环境要求方面相似，但是在场地功能组成、布局及环境要求方面各不相同，表现出不同的特点。

文化馆的功能组成较为复杂，主要由门厅、观演、排练，创作、阅览、游艺、办公管理，后勤服务以及相应的室外活动等功能组成。一般应选址在位置适中、交通便利、便于群众活动的独立地段，要求周边环境优美，并远离各种污染源。场地总体布局应重点处理好各种功能的分区与组合：喧闹与安静用房应明确分开，并且适当分隔，妥善组织人流、车流和停车场；人流量大且人员较集中的用房，应有独立的对外出入口；应合理布置各种广场、庭院、活动场地等室外空间及景观小品等设施，创造丰富美观的休息和活动环境（见图3.9）。

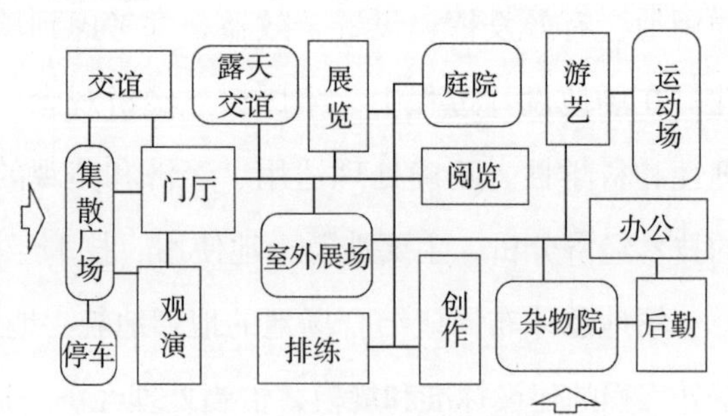

图3.9　文化馆场地功能分析

相对于文化馆，电影院的功能组成较为简单，一般由售票、门厅、休息厅和观众厅等功能组成。选址须在与城镇道路、广场或空地相邻的地段，可与其他建筑合建。电影院建筑的场地总体布局首先应有合理的功能分区，观众的流线和内部工作人员的流线应明确便捷，且互不干扰。电影院主入口前应有至少0.2m²/座的集散空地（大型以上的电影院集散空地的深度≥10m）。其次，必须满足发生火灾时人员疏散及消防作业的要求。除主入口外，中小型电影院至少应有另外一侧、大型以上电影院至少应有另外两侧临内院空地或宽度≥3.5m的通道。此外，通风、空调和冷冻设备用房，应置于对观众干扰最小的位置，场地内还应设置相应数量的停车场地，合理组织绿化小品等设施，以形成优美宜人的外部环境（见图3.10）。

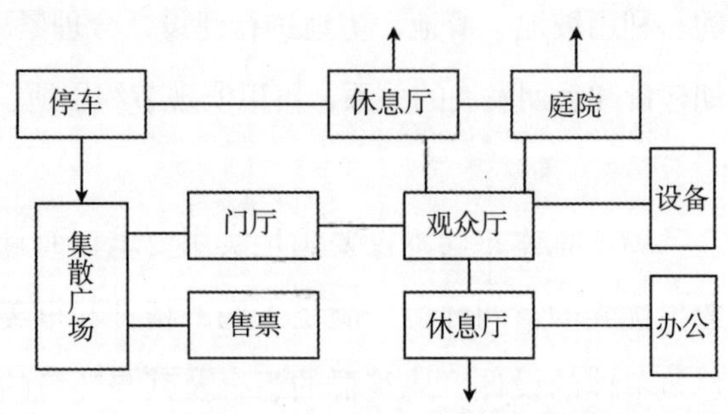

图3.10　电影院场地功能分析

剧院的功能组成与电影院相似，除售票、门厅、休息厅和观众厅外，增加了舞台及相应的道具、化妆、排练、办公管理等功能需求。其选址要求也和电影院大致相同，其类型应与所在区域居民文化素养、艺术情趣相适应。在剧场建筑的场地总体布局中，集散空地要求、疏散与消防要求、停车场和环境美化要求都与电影院基本相同，但交通流线（观众、演员、布景）组织更为复杂，空调、通风排烟、舞台机械、扩声、照明及电气、消防等设备用房更多，对观演的可能影响（噪声、振动等）更大（见图3.11）。

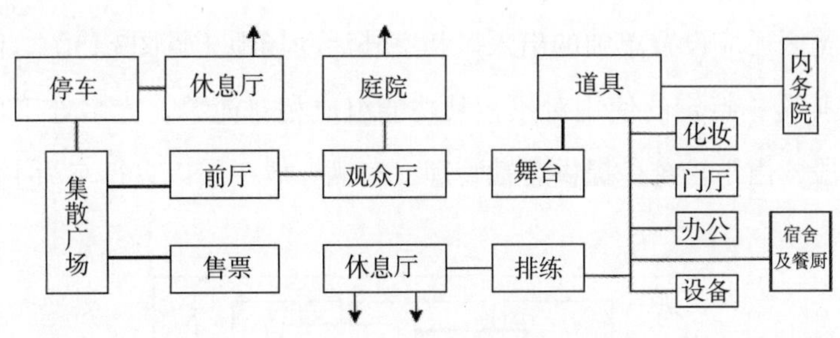

图3.11　剧院场地功能分析

（2）建设项目的规模

建设项目的规模不同，不仅仅是房间数量和空间尺度有变化，其功能组成流线关系和使用特点等都会有差异，并影响着场地的功能布局。例如，大型公路客运站相较于小型的功能更为复杂、场地面积要求更大（见图3.12）。

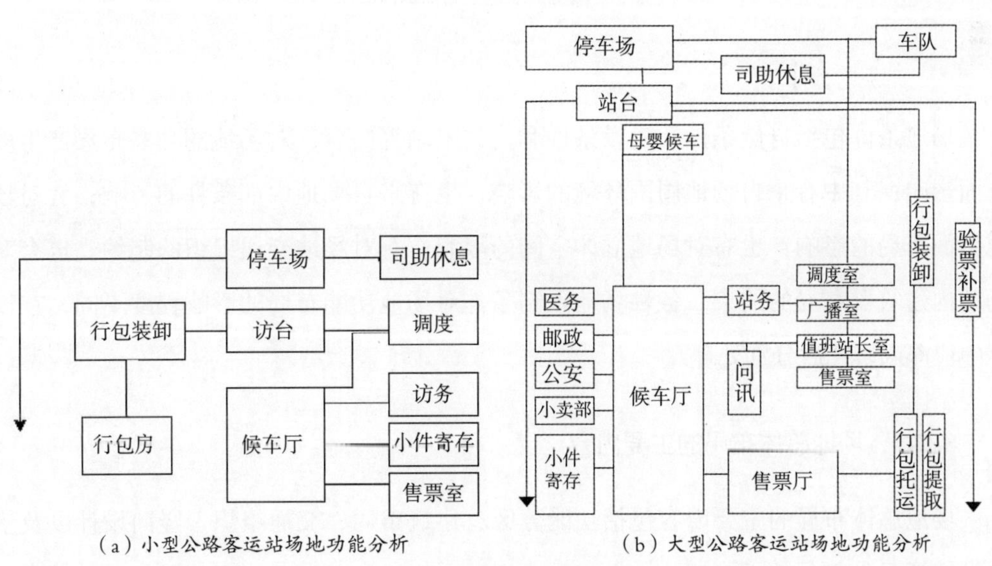

（a）小型公路客运站场地功能分析　　（b）大型公路客运站场地功能分析

图3.12　公路客运站场地功能分析

（3）建设项目的使用对象

建设项目大多有其明确的使用对象，在场地的组成内容、功能布局、交通组织等方面呈现出相应的特点。例如，面向社会公众的公共图书馆，一般场地相对独立完整，其锅炉房、食堂、车库等辅助设施，宜布置在主馆的下风向，避开书库和阅览室，并用绿化隔离。场地内的读者、职工、图书等流线应明确区分，并与城市公共交通良好衔接，自行车和机动车的停放场地应适应日均读者的流量。较大规模的公共图书馆的少儿阅览区还应设置单独的出入口和室外活动场地（见图3.13）。而高校图书馆面对学生和教师这一特定的使用对象，其功能组成相对简单，大多处于高校建筑群中相对独立的地段，由学校统一提供后勤管理，车辆停放一般以自行车为主。

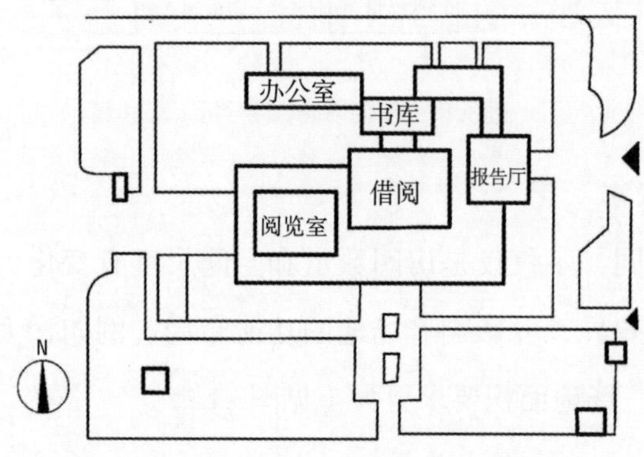

图3.13　某公共图书馆场地分析

（4）场地条件

场地条件包括自然条件、建设条件和公共限制等内容，对场地的功能布局产生多方面影响：其中有来自场地周围环境的影响，也有来自场地内部条件的影响；有对场地平面布局的影响，也有对场地立体空间的限制；有对场地交通组织的制约，也有对场地内建筑群布局的约束。各种场地限制条件对场地功能布局的影响程度不同，在设计中应深入研究后分别处理。

3.5.3　场地总体布局的主要内容

场地总体布局的主要内容包括功能分区、建筑布局、交通组织、竖向设计以及景观设计等五个方面。

（1）功能分区

功能分区指根据具体的设计任务要求，进行场地的功能划分，包括确定主要建筑物的大致方位，确定场地出入口、室外广场、庭院、道路、停车设施等的布局。如图3.14所示，以小学为例，可按照不同的功能要求，将基地划分为教学、运动、行政办公、生活后勤等不同的功能区，再根据各功能区的使用特点，结合基地条件进行功能分区。在进行场地总体布局时也常用多个方案来进行推敲和比选，以便选出最优的布局方案。图3.15为某拟建场地内医院、办公以及停车场三大功能板块的几种不同的布局模式。不同的布局模式将极大地影响场地的空间形态与交通组织方式，例如场地出入口、建筑出入口的位置以及机动车流线和步行流线等。

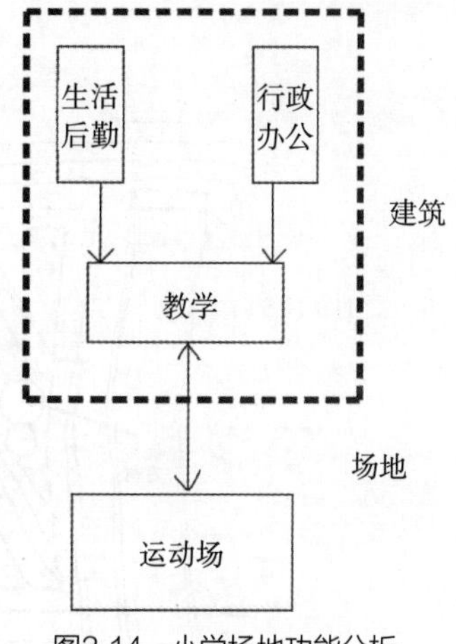

图3.14　小学场地功能分析

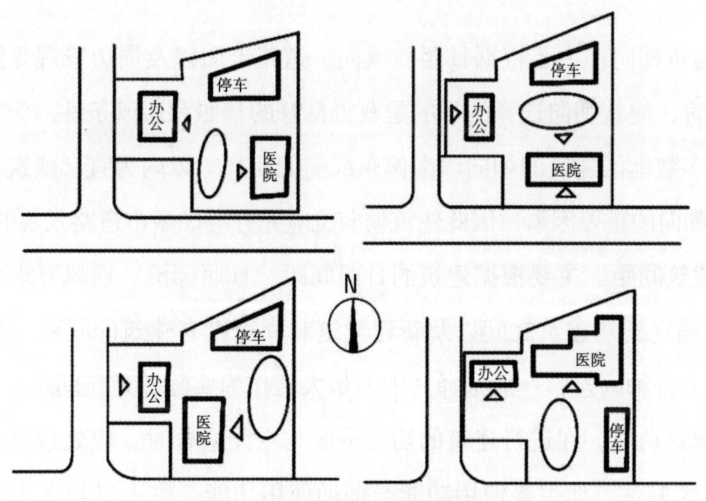

图3.15　多方案比较场地功能分区

（2）建筑布置

1）确定可建范围。场地中可建造建筑的范围是由建筑红线限定的。在城市规划中，一般都要求场地征地界线后退一定距离。建筑范围控制线和红线之间的用地仍归基地持有者所有，可用来布置道路、绿化、停车场及某些非永久性建筑物、构筑物和公共设施等，并计入用地面积。按照城市规划要求，以及建筑与环境的关系确定拟建建筑物与用地界线（或道路红线、建筑红线）及相邻建筑物之间的距离（例如消防间距、日照间距）；此外，还应确定建筑物退让古树名木的距离。图3.16为依据城市规划条件以及各种退界要求而确定的可建建筑范围分析。

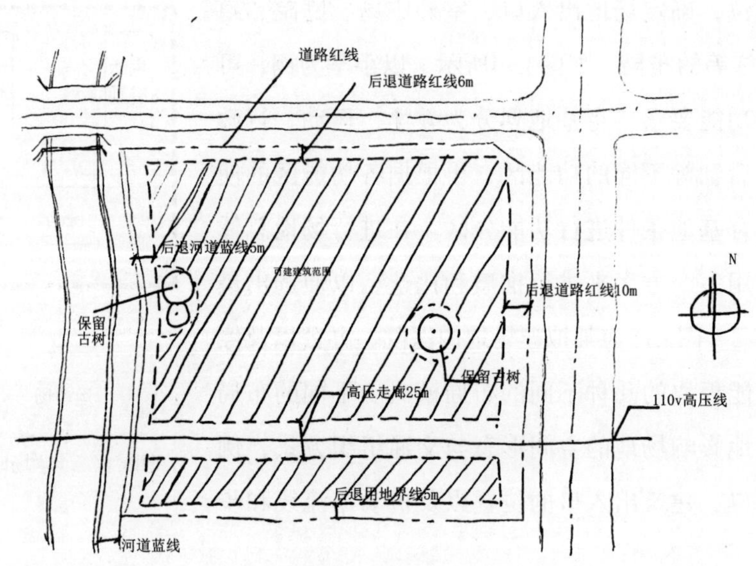

图3.16 某基地可建建筑范围分析

2）选择建筑朝向。主要根据日照、风向、道路走向以及周边景观等因素选择建筑朝向。一般而言，建筑朝向选择的目的是获得良好的日照和通风条件。为了获得良好的日照，我国大多数地区建筑的朝向以南偏东或南偏西15° 以内为宜。建筑与道路的关系也是影响建筑朝向的重要因素，因此建筑朝向也应充分考虑城市道路景观的要求。

3）确定建筑间距。主要根据建筑的日照间距、日照标准、通风要求、防火间距、防噪间距等来确定新建建筑之间以及新建建筑和周边已有建筑的间距。建筑间距的确定需要综合以上各种因素，一般选择其中的最大值作为实际的建筑间距。

4）布置建筑功能。在进行建筑的功能分区与空间组合时，应处理好建筑单体或建筑群体中的主次关系，如主要使用功能与辅助使用功能、主入口与次入口等，标注出主要建筑物的名称、层数、出入口位置等。

（3）交通组织

交通组织指根据场地分区、活动路线及行为规律的要求，分析场地内各种交通流的流向和流量，选择适当的交通方式，建立场地内部完善的交通系统。

场地的道路交通组织一般按照交通方式选择场地出入口，确定流线及道路系统组织、停车场设置的基本步骤来进行。人流、车流、货流、职工、后勤、自行车、垃圾出口等应分流明确、洁污不混、内外有别。首先依据城市规划的要求，确定场地出入口位置，处理好由城市道路进入场地的交通衔接，对外衔接出口应符合城市交通管理要求，充分协调场地内部交通与其周围城市道路之间的关系；接下来有序组织各种人流、车流、客货交通，合理布置道路、停车场和广场等相关设施、将场地各部分有机联系起来，形成统一整体。

1）布置场地出入口位置。场地布局时应充分合理利用周围的道路及其他交通设施，争取便捷的对外交通联系，同时应注意尽量减少对城市主干道的干扰和影响。当场地同时毗邻城市主干道和次干道时，应优先选择次干道一侧作为机动车的出入口。按照有关规定，人员密集建筑的场地应至少有两个以上不同方向通向城市道路的出口，这类场地或建筑的主要出入口应避免直对城市主要干道的交叉口。对于居住场地，小区内主要道路至少应有两个出入口，居住区内主要道路至少应有两个方向与外围道路相连，应控制机动车辆对外出入口数。其出入口间距不应小于150m，人行出口间距不宜超过80m。

2）安排交通流线与流量。场地内主要或大量的人流、车流等交通流线，应该清晰明确，易于识别；线路组织通畅便捷，尽量避免迂回、折返。交通线路的安排应符合使用规律和生产、生活的活动特点，如医院场地中，需针对门诊患者、住院患者、医务人员及后勤供应等不同流线进行组织。主要交通流线应避免相互干扰和冲突，必要时可以设置缓冲空间缓解矛盾，更应避免后勤服务性交通干扰场地主要功能。如锅炉房的进煤、出渣宜设置次要出入口。交通流线的组织，还必须满足交通运输方式自身的技术要求，例如道路宽度、坡度、转弯半径及视距等。

交通组织与交通特征和交通流量有密切关系。场地内各组成部分和建筑的情况往往不同，有的人流量较大，有的车流量较大，也有的人流、车流、货流兼有，布置时应予以区分，并各有侧重。功能分区时，应将交通流量大的部分靠近主要交通道路或场地的主要出入口附近，保证线路的短捷和联系方便。对于流量较大的人、车、货运流线的组织，应避免对其他区域正常活动产生影响。一般私密性要求越高或人群活动越密集的区域，限制过境交通的要求也越严格。例如居住用地、以休闲活动为主的广场和公园，为防止区域以外的人、车的导入，这些区域的道路布置应该通而不畅。

在地势起伏较大的场地内组织交通时，应充分考虑地形高差的影响，使交通流量大的部分相对集中布置在与场地出入口高差相近的地段，避免产生过多垂直交通而造成联系不便。

3）组织交通系统。场地内的主要交通方式有人行（含自行车等非机动车）和车行两种，二者的关系若处理不当会造成人车混杂，相互干扰。人流活动会影响车流的行驶速度，繁忙的车流也会威胁行人的安全。场地内根据人、车交通组织关系，可分为人车分流系统、人车混行系统和人车部分分流系统。场地中大量人群集中活动的主要区域，更应禁止车流进入，主要货运车流不应靠近。

场地的道路结构应清晰、简明、顺直，道路要善于结合地形状况和现状条件，尽量减少土方损失、节约用地和投资。还需确定道路的主要技术条件，例如道路宽度、道路坡度、转弯半径等。《民用建筑设计统一标准》（GB 50352—2019）中关于道路宽度的规定：单车道路宽不应小于4.0m，双车道路宽住宅区内不应小于6.0m，其他基地道路宽不应小于7.0m，人行道路宽度不应小于1.5m。

场地停车系统有地面停车场、组合式停车场和独立式停车库等三种形式。对于不同等级、不同使用性质的建筑，停车系统的设计指标也有所不同。停车面积依据车型的具体尺寸来确定，一般小型汽车停车场按每辆25～30m^{2}计，小型汽车库按每辆30～40 m^{2}计。常见的车辆停放方式可分为三种：平行式、垂直式、斜列式。其中，斜列式又有30°、45°、60°等几种形式。

4）合理组织人流。对于有大量人流集散的地段或建筑，特别是大型交通建筑、电影院、剧院、文化娱乐中心、展览建筑、商业中心等人员密集的场所，要合理组织好人流。首先要处理好场地与城市道路的关系。根据《民用建筑设计统一标准》（GB50352—2019）的规定，人员密集的场地与城市道路邻接的总长度不应小于建筑基地周长的1/6；建筑场地的出入口不应少于2个，且不宜设置在同一条城市道路上。其次应合理设置集散空间。一般通过步行道或广场组织各种不同方向的人流，使之互不交叉干扰。人员密集的建筑物主要出入口前，应有供人员集散的空地，其面积和长宽尺寸应根据使用性质和人数确定，场地内的绿化面积和停车场面积应符合当地城市规划部门的规定，还应符合人流集散规律。人流集散有两种规律：一是有经常性的大量人流集散，比如商业中心、展览馆、客运站等，每日人来人往，川流不息；二是有定期性的大量人流集散场所，比如体育中心、会堂、影剧院等，人流集中在比赛、会议或者观演前后。前者人流活动往往有一定的规律，应将建筑物的入口和出口分开设置，使人流沿一定方向循序行进，后者常常在短时间内聚集大量人流，除了分开设置出入口外，还应根据人流的数量、允许集中或疏散的时间，合理布置出入口位置和数量。最后还应处理好与其他交通方式的衔接。场地内的人流出入口要和城市道路、公交站点、停车场有便捷的联系，以缩短人流出入和集散的滞留时间。

（4）竖向设计

基地地面高程应按城市规划确定的控制标高设计，并结合各种设计因素，确定基地关键点的标高，例如城市道路衔接点、道路变坡点、主要建筑物的室内地坪设计标高，台阶式竖向布置时各个设计地面的标高，以及地形复杂时的主要道路和广场的控制标高等。基地地面高程应与相邻基地标高协调，不妨碍相邻各方的排水。

（5）景观设计

景观环境是场地布局的有机组成，在美化、改善和保护环境方面具有重要意义。结合场地原有景观资源，例如古树名木、绿化植被、河流水体等，进行场地的绿化布置与景观环境设计，主要包括绿化配置、小品设计、景观节点和视觉通廊的设计以及场地铺装的材质、色彩、图案设计等。同时，也应考虑对场地周边景观资源的有效利用。例如可以采用借景、轴线等手法将场地周边的景观资源引入场地的空间之中。

1）结合场地条件布置景观要素。起伏的地形能使视野开阔，使空间布局富于变化。要善于组织利用水体、原有树木，特别是一些有观赏价值的大树、古树。水面上有广阔的空间，能起到组织景观，展示建筑群，并使整个环境统一富有生气的作用。凡是不宜建筑的地段都应配置植物。植物的选择以乔木为主，根据一年四季花卉的花期衔接以及果树结果的更替规律选择适宜的植物配置，并且根据当地的自然条件考虑恰当的树种、树形、花叶、果实，使之与建筑广场、道路，取得良好的协调效果，从而达到春夏秋冬皆有可欣赏的植物景观且美化环境的作用。

2）配置合适的植物。场地内适于绿化的地段很多，可以说凡是裸土的地面都应进行绿化。此外用地边界以绿化围合，植草皮、种乔木可以起到挡风、防尘、降噪等作用。植物围合停车场地可以遮蔽不利景观；设置大片绿茵草地可以供休息、游戏；在建筑物勒脚四周设置绿地花坛，可实现建筑物和地面的软过渡，避免与硬地面直接碰撞产生生硬感，同时建筑也可以获得植物背景的衬托，显得更加生动；种植植物还可以限定道路系统的轮廓。

3）营造适宜的环境氛围。想创造纪念气氛的室外空间，可在建筑中轴线和中轴线两侧采用大片绿地或成行、成片的绿荫大道，树种宜选用松柏之类的常绿针叶木，而且这种纵向序列带组织得越长，纪念气氛越强烈；想创造轻松活泼气氛的室外空间，应结合庭院设计自由布置绿化，植物以灌木、花卉为主，适当点缀乔木，产生错落有致的变化效果。

植物配置除上述适应使用功能和气氛营造两种目的之外，也可以起到点景作用。许多名贵树木、花卉具有很高的观赏价值，此时可以将它们点缀在室外场地显眼的地方，例如主入口、广场中心庭园的视觉焦点处。对于场地原有名贵树木更应加以保护利用，将其纳入景观设计之中。

3.5.4 场地的使用方式分类

场地总体布局的主要任务就是合理确定建设项目各组成部分之间的相互关系和空间位置，而决定其相互关系和位置的基础是对场地使用功能的分析和组合。场地按使用方式分为以下六类。

（1）建筑用地

建筑用地是场地内专门用于建筑布置的用地，包括建筑基底占地和建筑四周一定距离内的用地。其中后者是指为保障建筑正常使用，在建筑之间或建筑四周留出的合理间距或空地。例如在居住小区、邻里街区等居住建筑场地中，建筑用地按照使用性质又细分为住宅用地和公共服务设施用地。在其他类型的建筑场地中，建筑用地的详细划分也因建筑性质的不同存在较大差异，有时笼统地分为主体建筑用地和辅助建设用地。

由于场地的主要功能大多数在建筑内进行组织，建筑用地往往成为场地的主要内容，一般占用地面积70%以上，因而也是场地功能布局的核心部分。

（2）交通集散用地

交通集散用地是场地内用于人、货物及相应交通工具通行和出入的用地，是场地内道路用地、集散用地和停车场的总称。其中集散用地是指场地内用于人、车集散的用地，如以交通功能为主的广场庭院等。良好的交通组织是实现场地使用功能的必要保证，交通集散用地是场地功能组成不可或缺的重要内容。

（3）室外活动场地

室外活动场地是场地内专门用于安排人们进行室外体育活动和休闲活动的用地，包括运动场地和休息用地。前者如各类的田径运动场、球场、露天泳池；后者如儿童游乐场、老年人活动场地和观演设施等。人们的休闲活动往往需要优美的环境和轻松的氛围，所以室外活动场地大多和环境景观结合在一起布置成开放式的景观用地。随着人们闲暇时间的增多和对舒适生活向往需求的增加，室外活动场地的设计越来越多地受到人们的关注。

（4）环境景观用地

环境景观用地指场地内用于布置植物、水体、环境小品等景观设施的用地，一般以栽植植物的绿地为主，也包括植物园地、绿化隔离等生产防护绿地。由于植物的生长具有广泛的适应性，为提高土地的利用率，场地布局中常常将景观用地和其他用地结合布置。

（5）发展备用地

为了兼顾近期建设的经济性和远期发展的合理性，许多建设项目需要分期完成。这就要求在场地布局时预留出必要的发展备用地。预留发展备用地主要有两种方式：一种是在场地内集中预留，另一种是分散预留。前者有利于近期集中紧凑布局，但各组成部分的发展受到一定限制；后者有利于远期的合理发展，但近期布局的不紧凑，可能造成一定时间内道路、管线等浪费。实际工作中也可采用集中与分散相结合的方式预留发展备用地。

（6）其他用地

除以上用地外，场地内还可能涉及市政设施等构筑物的用地和其他不可利用的土地。这些用地一般占比较小，在场地功能组织中属于次要和从属地位。

以上各类用地受场地功能布局因素的影响，用地的比例和要求各不相同，有些场地甚至无需其中一两类用地；某些场地功能可以在时间和空间上重叠，比如住宅楼间的日照间距范围内，既可以用作宅间绿化，也可以作为室外活动场地。在场地功能组织时应注意区分功能需求的减少和用地叠合的差异，避免功能组织不完善。

3.5.5 场地的功能分析

场地内各种功能总是依托特定的空间场所实现的，功能分析就是将各种功能要求按照用途、目的、属性进行分类，研究并合理确定相互关系后加以妥善安排和布置。

（1）场地功能关系

在分析建设项目的功能组成及相应的空间特点基础上，进一步明确场地内该项目的主要组成部分及其相互关系。场地的这一基本功能关系反映着建设项目的主要内容及其内在联系，是功能分析的主要成果，决定了场地的总体布局。

功能关系的分析与表达常常围绕着“主体—行为—空间”这一思维导向进行，一般采用图解方式，如场所分析图、行为流线图、空间组成图等。

场所分析图是对较复杂功能的高度概括，适宜把握全局。它一般从空间场所的使用主体或者基本目的出发，按其主要功能或特点做适当归纳，有助于在设计初始阶段从整体上分析相互关系，将复杂问题简单化。例如，图3.17是中小学校的场所分析图。

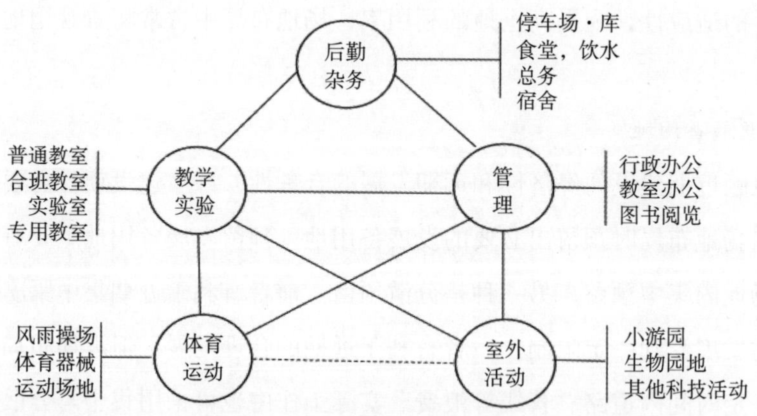

图3.17　中小学校的场所分析图

行为流线图围绕场地内行为主体的移动过程，用以表达场地内主要功能关系。行为主体以人和物为主，有时也包括相关的交通工具及信息、能源等。其分析着眼于场地各主要部分之间的关联状况和互动密度，可以用不同线型（比如实线、虚线、点画线等）或者颜色表达不同行为主体的路径；也可以用线的宽度等特征表达移动轨迹的频繁程度或时间变化，使所表达的功能关系更加明确、丰富。图3.18是火车站的行为流线分析图。这种流线图的表达方式多种多样，常因建设项目的特点或设计者的思维方法有较大差异。以圆形代表各空间要素和功能时又称为泡泡图。在工业场地中则多以工艺流程图表达产品的加工和生产过程。

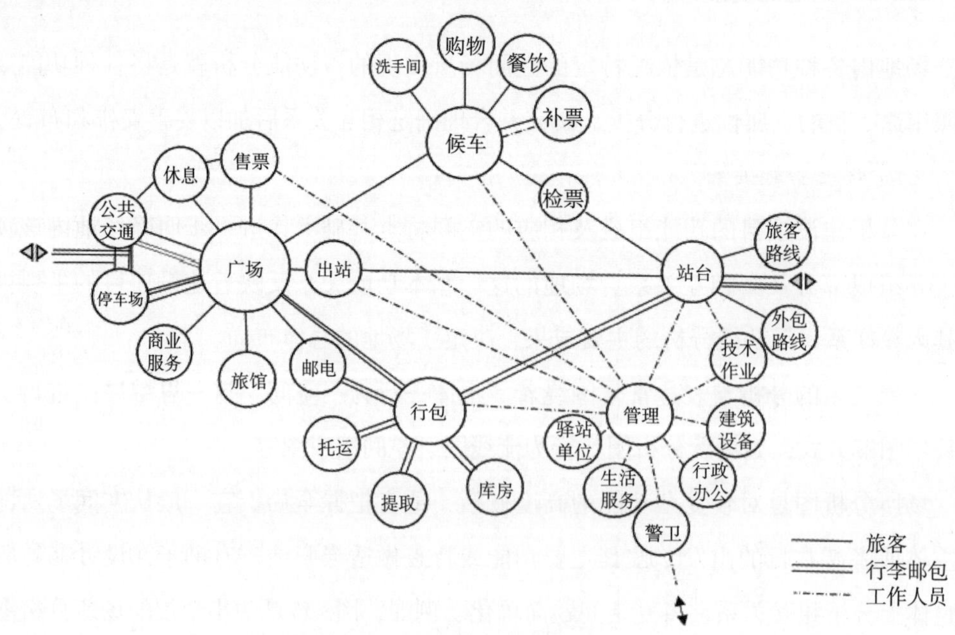

图3.18　火车站行为流线分析图

（2）场地功能分区

在明确场地功能关系基础上，结合场地的具体条件，即可进行功能分区，分块合理组织交通系统和景观环境，并最终确定场地内各空间要素的具体位置。

场地设计必须坚持从整体到局部逐次递进的设计思维，功能分区既是对场地内大关系的总体把握，也是场地总体布局的关键。

在空间组成图所表达的场地功能关系中，已抽象地确定了各要素的相对关系。在此基础上进一步整合场地内的各项功能，根据其使用功能、空间特点、交通联系、防火及卫生要求等，性质相同、功能相近、联系密切、对环境要求相似，相互之间干扰影响不大的建筑、构筑物及设施分别组合，归纳形成若干个功能区，从而为有序地组织各项生产、生活活动营造良好的场地环境。例如，高校中的办公楼、礼堂、图书馆、教学楼及实验室、研究室和信息中心等设施，围绕着教学及管理等组织相关功能，共同构成了校园内最主要的功能区，即教学区；与学生生活密切相关的学生宿舍、食堂、浴室以及其他商业服务设施的组合形成了学生生活区；此外，高校内的其他功能设施相应组合，还可以划分出科研产业区、生产后勤区、文体活动区及教职工生活区等功能空间。

根据各功能区的用地规模、使用特点、环境要求、交通联系与相互影响，结合场地条件确定各功能区的具体位置，各功能区之间形成既相对独立又有必要的联系，共同构成统一的有机整体。这一功能分区过程划定了场地内各用地的使用方式，也为建筑及其设施的具体布置建立了一个总体框架。

功能分区要充分结合场地条件，从场地的区域位置条件、气候条件、周围环境和景观特点、地形和植被条件、用地建设现状及用地的技术经济要求等方面，深入分析由此形成的各种有利条件和不利因素，比如场地的用地形状和朝向、地面高差与坡度、出入口的位置和内外交通的衔接、红线后退和高度限制等，分清主次，因地制宜地做出全面的综合布置。

对于较为复杂场地的功能分区还应该进行多方案的比较，这是场地设计的一种重要的工作方法。图3.19所示为某20班小学场地布局的四个方案。功能要求：在一侧临街、地势北高南低、地形不规则的场地内布置出教学楼（含办公）、多功能厅（附设厨房，兼做教工餐厅）、传达室、室外厕所、生物园地等。分析该小学的功能关系，场地由教学、辅助、运动场及生物园地等四大功能区组成，其相对位置决定了场地设计方案。方案一：将多功能厅和教学楼沿街依次排开，优点是人货流路线短捷，有利于街道景观，缺点是建筑物朝向不佳，长度偏大，并垂直于等高线布置，带来较大的土方工程，教学活动也会受到噪声的干扰；方案二：将建筑集中在地势平坦的南部，平行等高线布置，虽然避免了方案一中的诸多问题，但是东西向长轴布置的操场造成早晚运动时的眩光，并因远离教学楼使二者联系不便；方案三：将建筑组合成口字形，部分建筑平行等高线布置，教学用房有较好的朝向，但又产生了场地入口空间局促、没有疏散缓冲用地、比邻城市道路使临街的房间易受较大的干扰、辅助用房的货物进出对教学区形成干扰等新的矛盾。

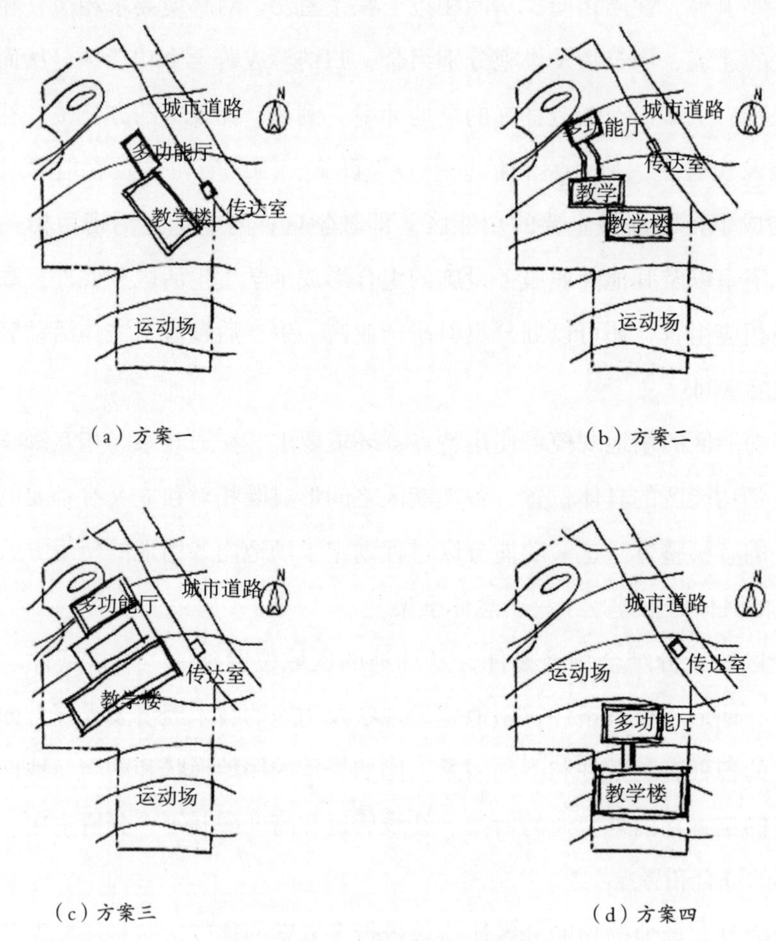

图3.19　某20班小学场地布局方案比较

比较上述三个方案，其用地布局各有优劣，在深入分析场地条件和功能分区使用要求的基础上，吸收各方案优点形成更为合理的方案四：建筑物采用不同标高平行等高线布置，造型灵活自然；教学楼和多功能厅均有良好朝向，相互干扰较少，教学环境安静；校园入口空间开敞，相关功能区之间联系方便；南北向布置运动场，使用合理。从以上方案比较中可以看出，在结合场地条件进行用地布局时往往产生很多矛盾，进行多方案比较和分析是不断解决矛盾的过程。只有反复比较分析、取长补短，才能形成较为合理的布局方案。

3.5.6 场地总体布局设计要点

建筑设计的过程实际是从环境设计到单体设计、再到环境设计的一个完整过程。两次环境设计的区别在于前一次环境设计即场地设计，是为建筑单体设计提供一个符合设计任务书要求的外部环境条件。设计操作是概念性的、粗线条的。而后一次的环境设计即总平面布局设计，是将设计目标完善化、具体化的设计，是更加细致深入的推敲过程。任何一个建筑方案设计应该从场地设计入手，同时又必须注意到，单体建筑设计既是最终要达到的目标，又是初始场地设计考虑的重要因素。进入单体建筑方案设计阶段，场地设计的初始成果就转化成为单体设计的限定条件，而一旦建筑设计方案最终得以实现，反过来又成为总平面布局设计的条件。如此思维活动螺旋上升，使环境设计不断深化。

许多初学者或者设计能力欠缺者往往认识不到这种规律，总是一开始就陷入建筑单体方案设计的思考中，玩造型、排功能，而对场地条件缺乏认真的分析，导致建筑方案设计违背了环境条件的限定，最终使单体建筑本身与给定的环境条件格格不入，设计方案最后以失败告终。由此可见，场地设计与建筑方案设计始终是互为因果、紧密联系的。这就要求我们分别进行场地设计和单体设计时，在设计程序上注意阶段性，在思考问题时应注意同步性。例如，开始建筑方案设计时，既要分析环境的外部条件，又要分析建筑单体的内部要素。只有将两者结合起来，才能使场地设计成为有目标的设计，使建筑设计成为有限定条件的设计。

影响建筑环境质量的首要因素就是总体布局。总体布局是先决条件，更是关键因素。通常情况下，建筑群体关系控制是有一定规律性的。总平面图是建筑设计表达的基本内容，其表达的建筑信息量较大，从建筑性质、形式、高度、平面关系、空间关系、周边关系，到室外景观环境、道路交通、活动广场等。总平面设计要在满足规划要求的前提下，注意城市整体设计，坚持“以人为本”的设计思想。

（1）确定场地的图底关系

在场地布局中，合理确定建筑和外部空间的图底关系非常重要。这是建筑布置的基本框架。一块场地该怎么用是建筑方案设计之前就要解决的问题。只有从整体各种因素考虑，解决好“图”（建筑物）与“底”（室外场地）的关系，包括两者的位置、大小、空间，才能为进入单体设计打下基础。场地设计过程要通过图示思维来进行，其方法是把建筑物和场地作为两个要素，在给定的场地上进行思考、分析与比较。同时，徒手把这种思考不停地在纸上进行记录，反复推敲。要注意的是，此时不用考虑建筑单体本身的某个具体房间的位置，以免过于注重局部，而忽视全局。

既然场地包含建筑物与室外场地两大部分，那么确定场地的图底关系，就要考虑“图”和“底”占用场地的比例和相互布局的关系，这是推进设计程序走向单体设计阶段的重要前提。这一思考方法的特点是依据系统思维的规律，抓住当前设计的主要矛盾，只考虑方案全局性问题，而暂时回避子系统所要研究的诸如功能、形式等问题。“图”和“底”只是两个设计要素，这就使得复杂的设计矛盾在初期得到简化。设计者容易从整体把握，而矛盾也易于解决。

每一个建筑都处于一定的建筑群体环境中，并成为环境的一个组成部分。建筑物除了应该有良好的室内空间和外部造型，还必须满足群体环境的要求，从而创造出完美和谐的外部空间。根据群体环境约束，合理进行室外空间的设计，有助于室内外空间的相互渗透和延续，形成完整统一、富有变化的有机整体。建筑空间和自然空间环境相互衬托，既可以增加建筑本身的美感，又达到了丰富外部空间的目的。建筑形体与外部空间，一方表现为实，另一方表现为虚，两者互为嵌套，你中有我、我中有你，呈现出一种互逆、互补又对立的关系。这一关系有两种典型的表现形式：一种是建筑围合空间，以建筑形体为界面围成封闭的外部空间，使外部空间具有较强的内向和内敛的特征；另一种是在开阔的空间中布置建筑，形成空间对建筑的包围，建筑融于自然环境之中，外部空间开敞无边际，产生离心发散的空间感受（见图3.20）。设计实践中，建筑与外部空间的这种图底关系，常常表现得较为复杂，形成多层嵌套或不完整的围合。

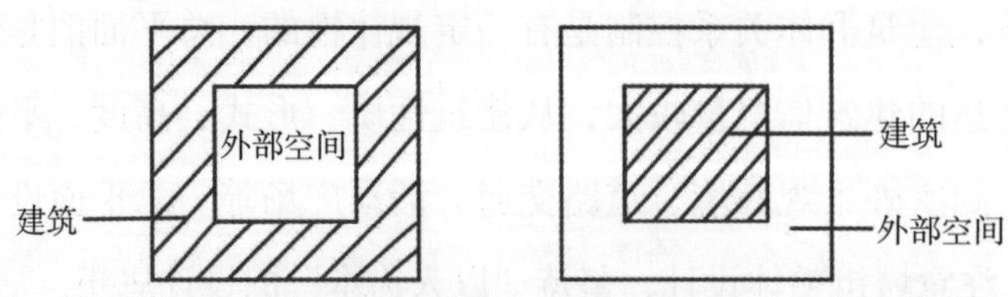

图3.20　建筑与外部空间的关系

研究图底关系，首先要从场地周围建筑物的规划布局现状出发，在较大范围的整体空间布局中确定建筑的位置和体形，使之相互间产生和谐的群体关系。其次，场地中的图底关系要处理好与使用功能的关系。例如，要求安静的建筑应适当后退交通干道，在建筑和道路之间形成缓冲空间；从与场地入口的关系上看，交通流量大的建筑需要较大的集散场地，建筑物必定在远离场地入口的一侧，反之则应靠近场地入口（见图3.21）。场地使用功能对外部空间的规模、质量等方面的要求，也在很大程度上限定了场地中图底的位置关系。

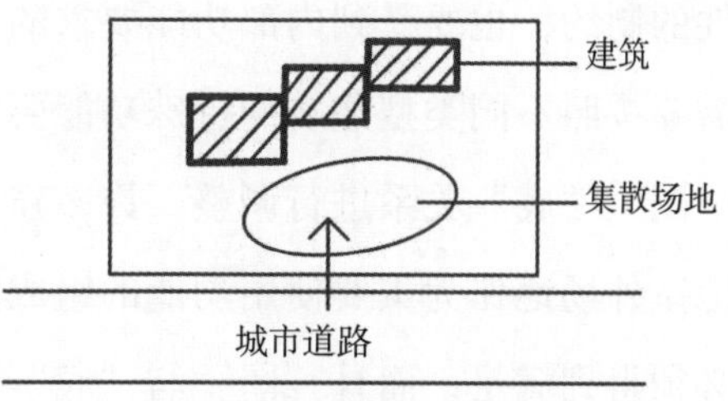

图3.21　交通影响场地图底关系

1）分析“图”“底”的位置关系。任何一个拟建的建筑不可能占满场地，场地必须要留出足够的室外空间。按使用功能要求，学校类建筑，必须考虑设置运动场、游戏场；交通类建筑必须要有站前广场、停车场，需留有足够的室外活动场地；观演类建筑必须留有足够的集散广场等；按照城市规划要求，也要有室外空间建筑密度、绿地率、地面停车等所需要的室外场地；按照消防要求，建筑物必须保证消防间距及消防通道所需要的室外场地；按照日照、通风、采光、视距等要求，也需要留出足够的室外空间；为了扩建和发展需要也要事先规划预留的室外场地。可见，场地中的“底”也是必不可少的。作为整体的建筑的“图”在场地的“底”中所放的位置，要受到多种内外设计条件制约，我们可以从以下几个方面来分析“图”“底”关系：

a.从外部环境对“图”的限定考虑。外部环境是对“图”“底”位置关系影响较大的因素。对外部环境分析的目的在于为场地规划提出设计依据。周围建筑物现状对“图”的规定性，诸如日照间距、防火间距等，就限定了“图”在场地中的位置范围。此外，场地中城市交通情况也会影响“图”“底”位置关系。例如，某些要求安静的公共建筑，诸如图书馆、教学楼、电视台等为了降低城市交通所产生的噪声影响，作为“图”的建筑物应向后退让，给作为室外场地的“底”让出位置，让室外场地介于建筑单体用地与其相邻的城市道路之间。这样产生的中间隔离带就可以缓解城市道路对建筑物的干扰。

场地的“图”“底”关系要与用地形状和朝向相适应。在很多情况下场地形状不尽人意，例如东西向短，南北向长，或者基地不规则等，此时，就需要设计者权衡利弊，综合分析，因地制宜地解决好“图”“底”的位置关系，但是必须避免“图”完全包围“底”的方式，因为这将导致场地对建筑产生严重干扰。

b. 从建筑的功能要求考虑。场地规划中的“图”“底”关系，不仅要受到外部条件的制约，也要受到内部功能要求的影响，需要按照不同类型建筑的特殊功能要求，对“图”“底”关系进行调整。许多建筑类型把室外场地作为重要使用功能的组成部分，必须得到满足，而且“图”与“底”两者的位置存在严格的对应关系，此时就要按照该建筑类型的设计原理正确把握“图”的位置。如交通建筑（“图”）之前必须有站前广场，就是必须保证有大片场地（“底”）供旅客活动和车辆运行；而体育馆的“图”最好位于场地中央，有利于大量人流集散。校园的运动场地要求长轴为南北向，如图3.22所示，可以直接否定图（c）和图（d），同时为了减少运动场对教学楼的干扰，教学区位置不宜面对运动场地，若两者相对也要保证其间距大于20m；比较图（a）和图（b），可知图（a）的平面功能分区更加合理，是四个选项中的最佳图底关系。

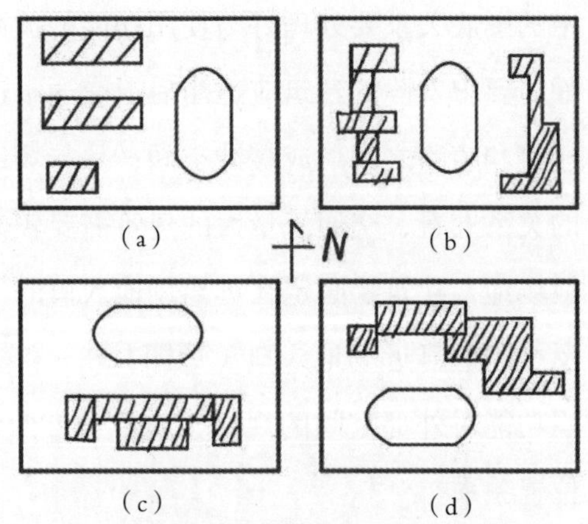

图3.22 校园的图底分析

c.从城市规划的制约要求考虑。任何一块场地周边总有形形色色的建筑。城市规划部门会从城市规划与设计角度出发，根据各种因素提供场地周边建筑控制线，即划定建筑后退建筑空间的范围。这部分“底”虽然被建设方代征，但只能作为“底”使用。“图”“底”面积之比常在规划要点中做了明确规定。如城市规划所提出的建筑密度要求，建筑后退建筑红线的规定，场地绿地率的规定，停车位的规定，日照、通风、采光等技术条件所决定的必要室外空间，消防要求使建筑不得占满场地，必须留有消防通道、消防间距等所形成的室外场地，这些规定所需要的空间必然会形成一定面积的“底”，“底”的位置也相应确定。尽管对于各类公共建筑或者居住建筑而言，“图”“底”比例关系的大小有所不同，但作为方案的起步必须预先确定“图”“底”的框架，在场地规划设计时也必须首先满足这些要求。只有这样，对“底”的考虑才不会违规，而且又能在形成较好“图”“底”关系的同时，满足总平面内其他相关内容的比例关系和面积大小。

从城市设计角度看，生成方案应与周边建筑成为有机整体。虽然它们在建筑性质、体量等方面有所不同，但毕竟共处同一环境。因此，要设法找到能使它们形成某种有机关系的中介，运用对位线就是一个好方法。例如，图3.23为某小区公建设计，建筑周边有若干幢形式不同的住宅。由于原方案平面外轮廓各边定位随意性较大，使得这一地段缺乏整体性。因此，通过对位线的关系重新调整公建外界面的位置，使其与左邻右舍产生呼应关系，从而改善新旧建筑围合的外部空间形态，新建建筑也能更好地融入周边环境。

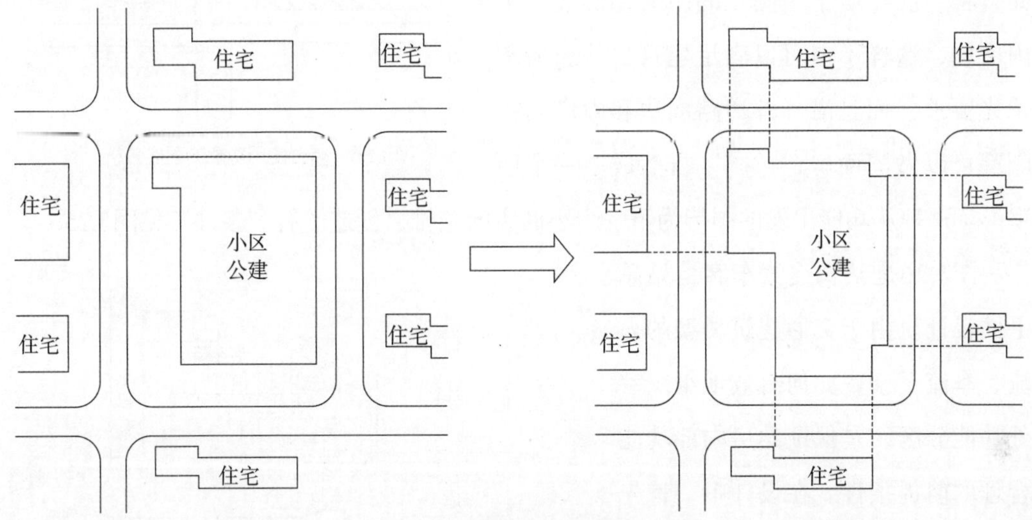

图3.23 借助对位线调整方案

d.根据地质条件考虑。有些场地的地质条件不尽如人意，诸如有暗塘、暗河或地下设施，这会大大限制"图"的位置范围。"图"应尽可能避开这些不利因素，以免给建筑物基础带来麻烦或者增加投资。在总平面设计中，这种地质条件特殊的"底"一般作为室外活动场地或室外绿化使用。

2）确定"图"的形状。当考虑"图"的形状时，与前述确定"图""底"位置关系的思考方式稍有不同，除了一些外部条件仍起限定作用外，还将涉及设计者对设计目标的初步构思和确定"图"的形状等问题，可以从以下几个方面来分析：

a.从满足自然条件考虑。在要求能获得自然通风、采光、日照的建筑类型中，确定"图"的形状就十分重要了。一般来说，尽可能使"图"的形状成板式，争取较大的南北向面宽。如果场地较窄，或因建筑物主要面向东西道路，而造成东西向面宽过大时，"图"就要将其将化解成匚形、E形或口字形，目的是使南北向面宽尽可能大（见图3.24）。

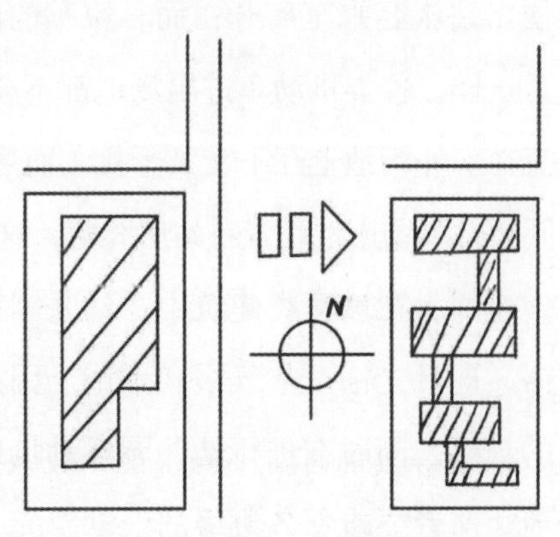

图3.24 从自然条件分析图的形式

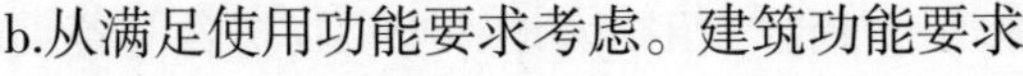

b.从满足使用功能要求考虑。建筑功能要求

直接影响“图”“底”关系。例如，在一个四周有道路的场地上建一个小商品市场，其图形要最大限度满足门面房数量的要求。因此，将“底”居于“图”的中央，形成一个内广场，这样不但可以满足建筑自然通风和采光要求，而且沿外部道路周边和内广场一圈都可以做门面房，“图”自然成了一个回字形。这种从功能出发的图形为下一步小商店的安排，创造了有利条件（见图3.25）。

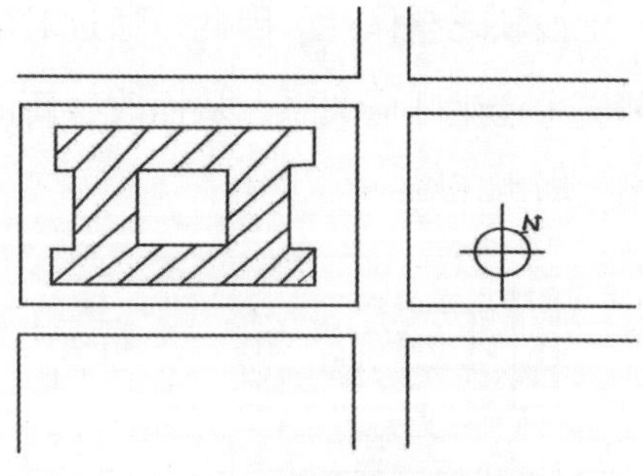

图3.25　结合使用功能的图底分析

图3.26是某长途汽车客运站总平面设计。由于交通建筑类型的人流、车流复杂，如何有效地组织室外功能分区，是保证站房内部功能合理的前提条件。在设计中，首先将人车两大功能明确分区，使其互不干扰。因此，将场地主入口与站房主入口之间作为供旅客使用的站前广场，其东南角与进站的旅客关系密切，设计成绿地景观区，可供旅客驻足休憩，并为城市空间增色。场地西侧全部作为各类机动车辆，包括公交车、私家车、出租车的停车场地。其中公交车站点设于路边呈港湾式，以保证城市交通顺畅，出租车停车场尽量接近出站口，方便出站旅客乘车离开；而私家车的停车场宜设置在进出站口之间，便于车主送接亲友。这样，各类机动车进出场地都不会干扰入口广场的旅客活动，并使出站人流与进站人流在室外场地上互不交叉干扰。而场地东北角较为隐蔽，可留作站房后勤货运的回旋空间。将车场用地设置在站房北侧，这样车辆的频繁进出就不会影响站前广场使用。

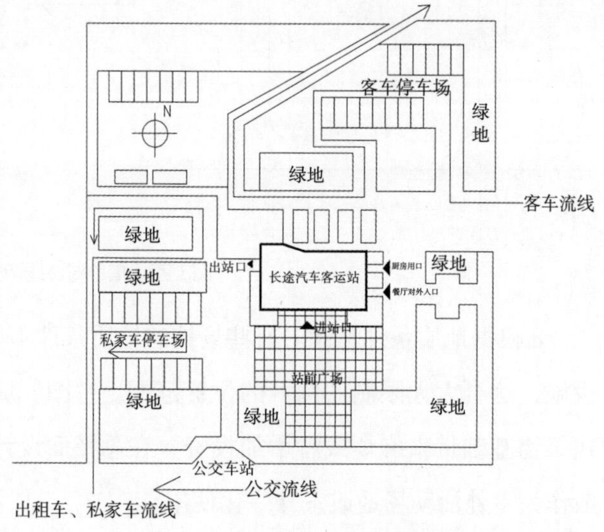

图3.26　某长途汽车站总平面设计

再如，在教育类建筑中，幼儿园教学要求幼儿在身心健康发展过程中能经常接受三浴，即日光浴、空气浴和水浴。因此，幼儿园建筑设计必须保证足够的室外活动场地的规模，同时在进行幼儿园活动场地分区时，要合理布局班级活动场地和集体活动场地。前者要毗邻各班级的活动单元，后者要进行更细致的布置，比如说集体游戏应含30m的跑道、器械活动、戏水池、游泳池、沙池、植物园地、小动物房舍等各类设施要各自布置在相应区域，做到既能满足幼儿教学的要求，又能保证幼儿在活动区内的安全（见图3.27）。

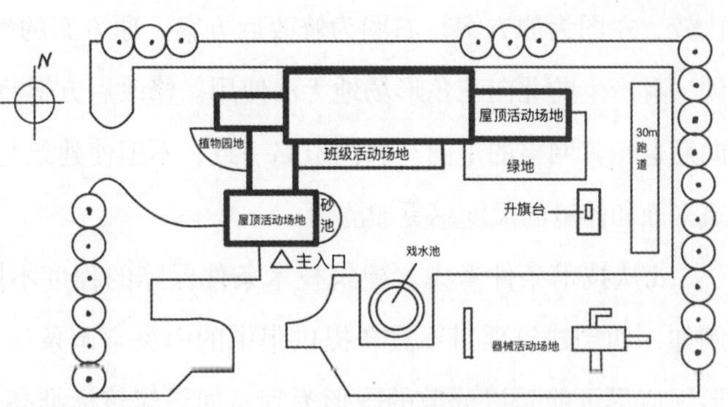

图3.27 某幼儿园总平面设计

中小学学校建筑也是室外场地占比较大的一种建筑类型，其中以中学学校250m环形跑道（附100m直跑道）的田径场、小学学校200m环形跑道（附60m直跑道）的田径场的南北向长轴对总平面的设计影响最大。因此，首先要定位田径场，而其他场地（比如球场、器械活动场、投掷场、田赛场等）应与田径场形成一个相对集中的体育活动区。这样既有利于明确分区，便于管理和使用，又可以减少对教学用房的干扰（见图3.28）。

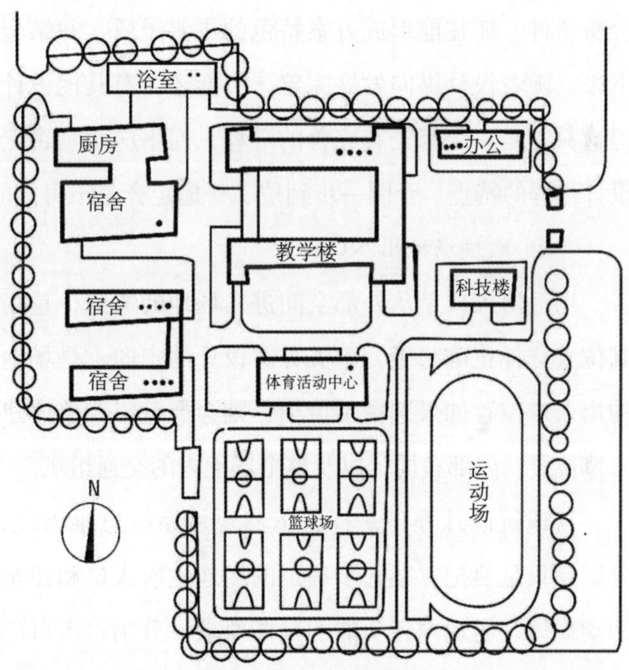

图3.28 某小学总平面设计

c.从场地形状考虑。在一些不规则的场地中，图形顺应场地各个边界的走向，使其自然和谐，而不能按常规以规矩图形生硬布置，那样反而会产生一些“图”形与边界的冲突。当生成的方案外轮廓与不规则场地边界线冲突时，可以通过移动网格、错位等方式获得和谐关系。如图3.29所示，这是一个六班幼儿园设计方案

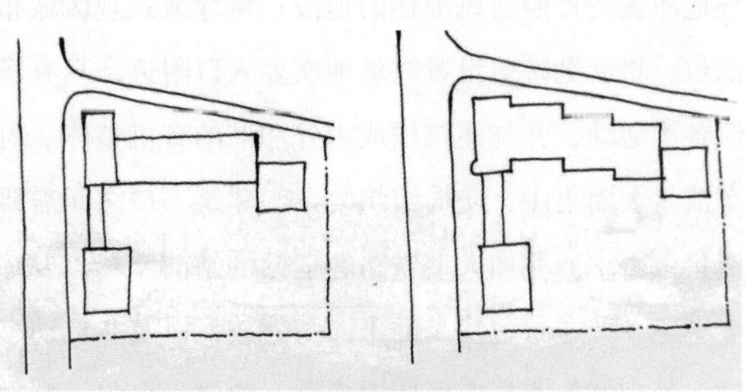
图3.29 协调方案与场地边界关系

比较，左图为原方案，右图为修改后方案。原方案的教学楼平面与场地北侧边线关系生硬，且产生的北向三角形场地无法使用。修改后方案将网格按照班级活动单元锯齿状走向后退，其网格的走向与斜向道路一致，不但使建筑与边界条件有机结合，而且使得建筑平面和体量的尺度感更加清晰。

d.从技术条件考虑。建筑技术条件保障的程度不同，也会直接影响到图形确定。例如，如果建筑项目不具备提供集中的中央空调条件，则建筑的图形不宜采用集中图形，应尽可能是以分散的图形为宜。如果建筑标准高，要求采用中央空调，则为了减少能耗，图形宜采用集中式。

决定场地设计中图形的因素很多，而且有时并不能由一种设计条件定夺，要综合分析条件，抓住能形成方案特色的主要矛盾，并结合设计者的意图，把图形初步确定下来。随着设计纵向发展完善，可能还会有其他设计因素对选择的图形产生反作用，但这只能是一个修正和完善的过程，而不应全盘否定之前的设计。这恰恰是建筑方案设计过程的特点。企图一步到位、一槌定音是不可能的，也不符合建筑设计规律。

（2）选择场地出入口位置

场地出入口是从外部空间进入场地的通道，是场地与城市空间的衔接与过渡处。其位置选择正确与否，事关方案设计的走向，是场地设计应该把好的第一道关。场地的出入口位置如果选择不恰当，则会严重影响单体建筑或建筑群的体型、形式、主次入口位置、内部布局，以及整个场地内的交通组织。

与建筑设计程序一样，依然要从系统思维出发，先对场地各功能要素进行合理分区。只是要把方案起步确定的场地主次入口和建筑单体各出入口作为条件，按人的活动规律、场地内各功能的具体要求，分别将入口广场置于场地主入口与建筑物主入口之间，在出入口附近设置供人员、车流集散的空间，处理好人流、车流的交通，使路径快捷、互不干扰；将停车区域比邻场地车道入口与入口广场附近的区域；将活动场地布置在日照通风最佳的地段；将绿地景观区域布置在人容易接触到达广场的最佳部位；将后勤院落设置在场地次要入口附近。只有场地的这些功能合理，才能有效组织各类活动，并与建筑构成内外和谐的有机整体。对于某些类型的场地而言，人流、车流量大而集中，交通组织复杂，建筑入口之间需要较大的空间，用以满足人流、车流集散需求。例如大型铁路客运站的站前广场，要综合解决好公共汽车、出租车、社会车辆、取送行包货车的出入与停放，以及非机动车的停放；组织好进出站旅客的集散，处理好旅客在广场周围换乘、购票、存包、购物、餐饮休息等一系列活动要求，使整个广场的人车分流、停车分区、流线清晰、出入便捷。这一空间通常也是观赏主体建筑的主要场所，对空间的艺术处理有较高的要求。设计者需要深入研究其空间尺度，利用绿化、铺装、环境小品等构成要素丰富空间环境，以便在场地主入口和建筑主入口之间形成标志性景观。

在设计之初，对一些设计问题的认识比较模糊，不可能也没必要立刻确定场地出入口的具体坐标，但是一定要保证大方向正确。因为选择正确与否，直接关系到场地与城市道路的衔接部位是否合理，后续设计中室外场地各种流线的组织是否有序，建筑物主入口、门厅以及由此牵扯到的整体功能布局等一系列相关设计步骤是否按正确方向推进。就如同下围棋，走错一步，将一错百错。可以根据以下具体条件进行具体分析，确保做出无方向性错误的选择。

1）根据外部人流分析确定主入口的位置范围。可以通过分析场地周围的道路及其周边建筑类型大致情况，把握外部人流的密集程度以及人流方向。一般来说，场地的出入口应迎合主要人流的方向，这样才能体现出场地出入口选择的目的性。而人是在道路上活动的，又是从道路上进入场地的，这就要清楚场地周边道路情况，即道路的数量和道路的宽窄情况。这些信息暗示着人流的多寡，因此分析人流也就是分析道路。如果设计对象是为公众服务的公共建筑，主要出入口势必应面对主要人流方向，即面对较宽的城市道路，相应场地的主要出入口也要为此创造条件。

如图3.30所示，在两条道路相交处拟建一小型剧场，场地东面主要道路红线宽18m，北面次要道路红线宽12m，显然从东面道路来的人流比北面道路的要多。小剧场前的人流较大的集散广场，应向着东面道路，这就很快确定了场地主要出入口在东向；次要出入口服务演员、道具等出入，应该和观众人流分开，自然应选择设在北面道路上。如果设计者对剧场的设计原理十分清楚，即舞台应在剧场的后部，那么次入口可以进一步确定在次要道路靠西段范围。如果主要人流来自两个方向的两条主要城市道路，以及附近第三个方向的人流聚集地，那么场地的出入口就不能单从一个方向或者两个方向来考虑，而是要在三个方向上同时考虑，满足人流的要求。一般情况下，出入口数量应不少于 2个，其间距不小于10m。

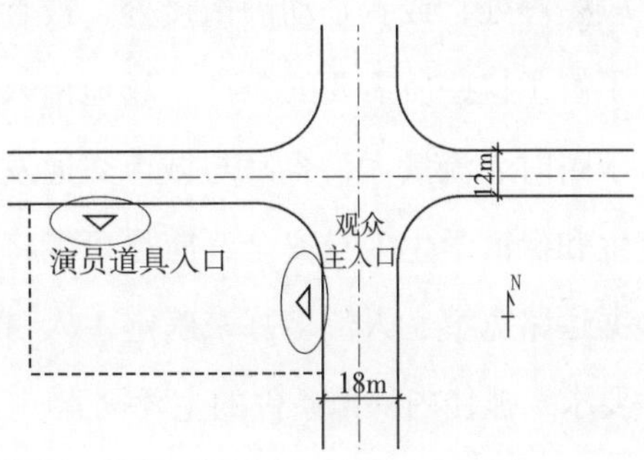

图3.30　根据人流方向确定场地出入口位置

通常的思路是根据道路宽窄确定主要出入口方位，但也不能教条化，例如有些时候道路的人气因素比道路宽窄条件更应成为选择商业建筑主要出入口的依据。如图3.31所示，在道路交叉口拟建一商业建筑。场地东侧道路虽然宽，却是城市快速交通道路，而南面道路较窄，却是聚集了许多商家的人气旺盛的商业街。作为商业建筑，自然要把场地入口迎向主要人流，因此将场地主要入口选在南面较窄道路是最佳选择，后勤入口也宜南向，需单独另设，避免交叉。

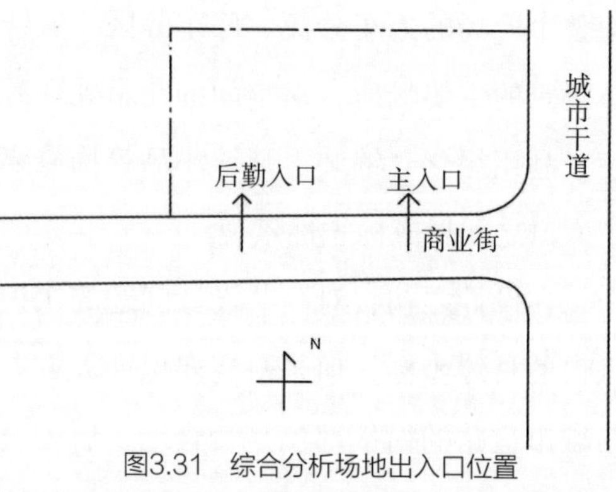

图3.31　综合分析场地出入口位置

从以上两个案例分析可以看出，对于不同类型的建筑及场地的主要出入口位置选择，必须具体情况具体分析，不能一概而论。

2）根据建筑内部功能要求确定出入口的位置范围。场地出入口的选择，不但要考虑外部条件分析，有时也应顾及内部功能要求。只有内外部条件同时得到满足，场地出入口位置的确定才是合理的。如果场地仅其中一个方向有一条道路，人流必由此进入场地，要确定究竟从该方向的哪一确定点进入，就要考虑建筑内部的功能布局。通过对建筑内部条件的分析来确定建筑物出入口的合理位置，是设在比较热闹处还是比较安静处，或者是动静衔接处，或者是相对远离与其相邻的某种类型的建筑，等等。了解了这些所需要的条件，场地出入口的位置基本就可以确定了。例如中小学校，由于瞬时人流量大，容易与城市交通发生矛盾，甚至存在安全隐患。为避免交通事故发生和保证学生人身安全，应尽可能将场地主要入口选择在次要道路上。由此可见，根据道路宽窄、人流多寡来确定主入口的位置不能死板教条，还要结合建筑项目的功能要求，抓住内外部条件的主要因素。

3）从城市设计角度确定出入口的位置范围。在大多数情况下，建筑物都不会孤立存在，总是要与和周围环境各种因素形成或多或少的关系，与周围的相关人物或是道路交通、建筑群或是单体建筑相联系。任何一个城市建筑都要与城市环境产生某种呼应关系，以构成和谐的城市有机体。其中，以场地出入口的位置协调这种关系是重要的思考方法。其设计手法是多种多样的，利用出入口轴线对位关系是一种常用的处理手法。在一个群体建筑规划中，每一个建筑物的场地主入口，必须要顾及相邻建筑的对话关系，才能使其成为有机整体。例如美国华盛顿国家美术馆东馆，因为考虑场地原有的西馆，所以设计师运用轴线找到新旧建筑之间的对位，确定了新馆的主入口位置（见图3.32）。

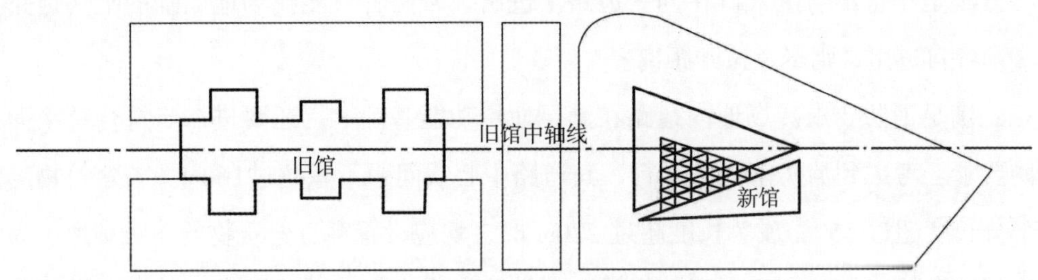

图3.32　从城市角度确定场地出入口位置

4）根据设计规范要求确定出入口的位置范围。有些场地处于大中城市主要干道的交叉路口旁边，那里会有大量机动车出入，此时要特别注意，场地出入口选择必须满足城市规划要求。

a.满足车行、人行要求。首先要确定场地车行道路在什么地方与城市道路相衔接。一般而言，应远离城市道路交叉口，以避免与城市道路的交通相互干扰。若是大中城市的主干道交叉路口，其场地内车流量大，应满足设计规范要求，即距主干道红线交叉点70m以上才能设置场地车行出入口。距地铁出入口、公共交通站台边缘不应小于15m；地下车库出入口与道路垂直时，出入口与道路红线应保持不小于 7.50m 安全距离；地下车库出入口与道路平行时，应经不小于 7.50m 长的缓冲车道汇入基地道路；特别是机动车的出入口要避免人流、车流相混，避免对城市交通产生干扰，以及可能产生的事故隐患。因此，处在这种情况下的场地出入口选择应尽量远离交叉路口，即使不能回避也要通过下一步的建筑设计，让出入口后退一定距离来缓冲出入口对场地的影响，留出足够的空间来避开人流或车流对城市道路的影响。道路的宽度要视使用情况而定，车行道分为单行道和双行道，如果是尽端式车行道，则需要设置回车场。人行道可与车行道合二为一。当车流量大时，可单独设置人行道。诸如此类的道路要求与尺寸设计，都应该符合相关规范要求。

b.满足功能联系。从建筑功能分区和建筑物的安全疏散考虑，必须在建筑物地面层设置若干个对外出入口，它们需通过场地道路连接成整体，因此在总平面设计时，道路的总布局常以连接各个出入口为目的，形成整个场地的道路骨架系统。庭院内的小径虽然走向随意，但它的起始点位置与人的交通行为有着密切联系。小径要与周边功能空间的关键部位，如楼梯口、房间入口、重要辅助房间（例如厕所）的入口保持密切联系，将这些功能自然地联系起来。对于内部人员或后勤部门使用的次要出入口，要根据场地周边道路、环境条件以及初步确定的主要出入口位置等因素来确定，基本思考方法是尽量不与主入口在同一道路上进出，若两者只能在场地面临的唯一道路上且必须各自进出，则尽量拉开距离。

c. 满足消防要求。场地内道路在满足使用功能基础上，还要进一步符合总平面的消防要求。考虑到消防车辆的通行，其道路中心线间距不宜超过160m。若建筑物的沿街部分长度超过 150m 或总长度超过 220m 时，均应设置穿过建筑物的消防车道。为了方便消防车辆能够顺利出入建筑场所，对消防车道也有着明确要求：其一，设置的消防车通行宽度不小于4m；其二，消防通道净高度不小于 4m。

综上，影响场地主要出入口选择的因素多种多样，设计者一定要根据设计条件综合考量，而不能孤立地考虑其中一个条件。因为许多设计条件是相互影响，也许还会自相矛盾，这就需要设计者具备综合分析能力。原则是一定要抓住环境条件的主要矛盾，解决优先权的问题。这种从外部条件来考虑场地出入口选择的思维方式，还要想到会对接下来的设计环节带来有利或是不利的影响。这是系统思维所决定的思考方式，就像下棋，要走一步看三步。只有前后联系起来分析设计问题，才会提高设计效率和顺利解决设计问题。

（3）协调外部空间关系

实与虚是矛盾统一体的两个方面，如果只关注建筑本身而忽视外部虚空间形态，也不会产生较完美的方案。如图3.33所示，一座城市区级少年宫设计，其院落空间过于狭长，作为娱乐建筑却不能同时发挥室外活动和创造景观环境的作用。在调整方案时，可以加大院落进深，并且将后楼网格做局部转折处理，改善狭长的院落的空间比例，形成了两个不同空间形态组合的院落。这样外部空间有了变化，可以同时进行不同景观和使用功能的设计，从而使生成方案的设计质量得到提高。原方案入口广场的空间形态、建筑实体与外部空间显然缺少呼应关系。为使入口广场完整，强调建筑主入口，需要局部调整网格构成。如将西边多功能厅向南拉出几开间网格，可以加强入口广场的围合感。

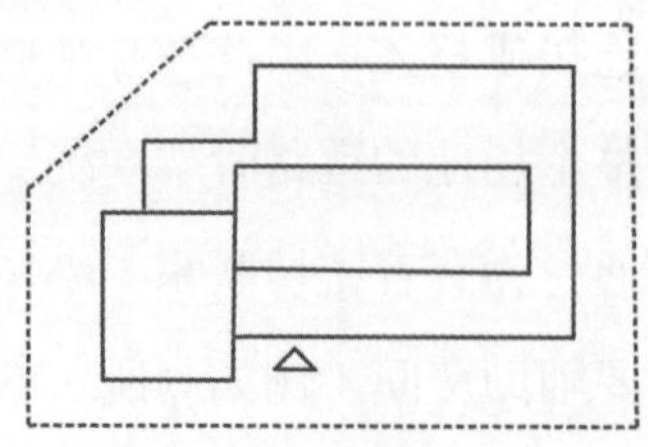

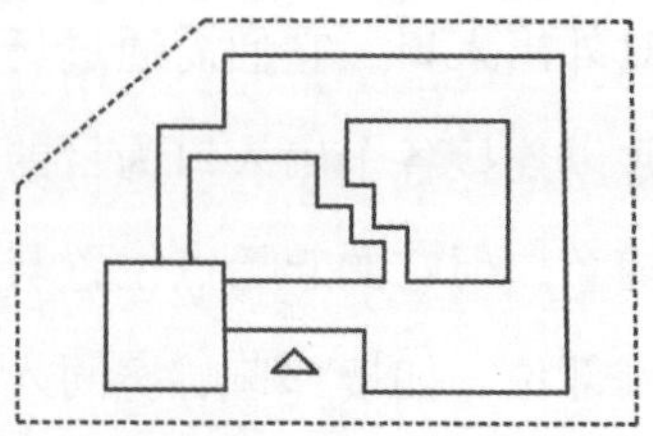

图3.33　根据室内外空间虚实关系调整方案

如同内部空间生成需要界面围合一样，室外场地尽管没有界面，但是也存在着空间形态的问题，也需要界定范围。因此在完善建筑总平面设计时，要以三度空间的概念仔细推敲室外空间形态是否理想。比如某办公建筑主入口的广场设计，首先可以通过主体建筑的形体变化与从属建筑的初步组合，形成完整的入口广场，围合的空间形态还可进一步通过在主从建筑入口轴线交叉点上设计特定景观要素，例如雕塑、水体、花坛等，以显示入口广场的重要地位。如果再用连廊或构架将建筑群的各个入口联系起来，不但使用上更为紧密，而且增强了入口广场的空间围合感，使入口广场空间形态更加完整（见图3.34）。

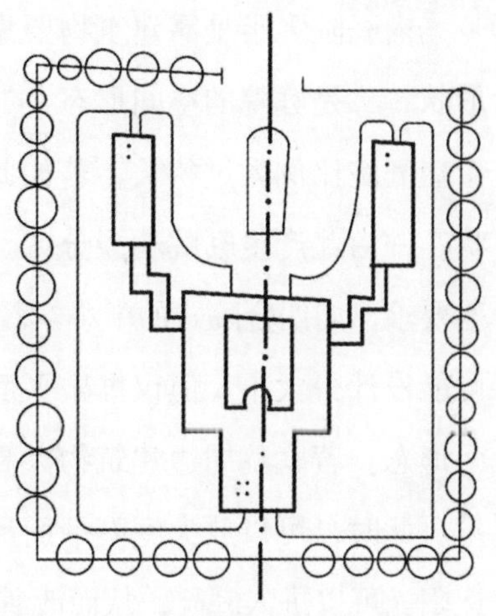

图3.34 协调外部空间形态

对于重要的或有景观要求的室外场所，比如某些纪念性建筑的广场，为了使室外空间具有最佳的观赏效果，最好运用最佳视角规律进行广场空间的推敲。实验证明，当视角为27° 时，观赏距离是观赏对象高度的2倍，既能观察对象的整体又能感觉到细部，是观赏建筑物高度方向上的最佳位置；当视角为45° 时，即观赏距离与建筑物等高度时，则是观赏建筑物细部的最佳位置，而此时对建筑物整体的观赏已达到极限角度；如果视角处于18° 时，即观赏距离是建筑物高度的3倍，则是观赏建筑环境整体效果的理想位置，但此时已不易看清建筑的细部；当视角为11° 20′ 时，适合远观城市空间群体建筑的天际轮廓。虽然这些垂直视角不一定要绝对化应用，但是有重要的参考价值。这些不同视角和视距分别构成近景、中近景、中远景和远景的景象。要想获得最理想的观赏效果，广场进深应为主体建筑高度的2～3倍为宜（见图3.35）。

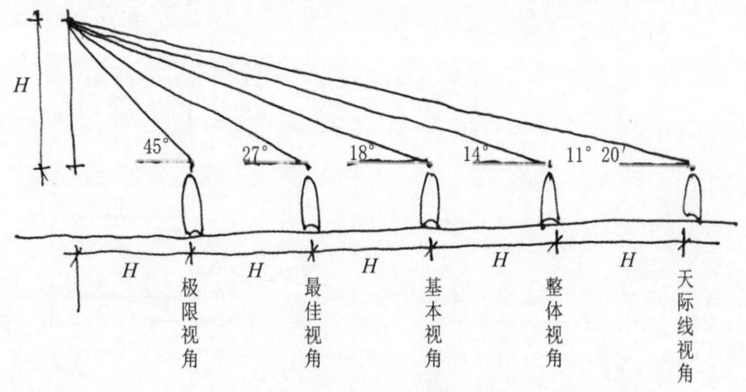

图3.35 外部空间最佳视角分析

内庭院多半是靠建筑物要素围合的。有两个问题需要仔细推敲：一是庭院的平面形状，二是庭院的空间形态，二者相辅相成。平面形状涉及尺寸与比例问题。我们不希望庭院比例太过狭长，若如此，则需要改变建筑平面，以改变狭长单调的内庭院形状，并由此产生庭院功能分区。至于庭院尺寸问题，有些建筑设计需要满足功能与规范要求，如四合院式的中小学教学楼围合庭院的前后教学楼的间距应大于25m，因此不可能设计得太小。但仅推敲平面形状还不够，还要视庭院周边建筑物高度，完善其空间形态。若庭院周边建筑物太高，则庭院区形成天井式空间状态。这样会降低环境质量。此时，可以放大庭院平面尺寸，以改善其空间形态，或者减少南边建筑物层数，让阳光可以进入庭院，从而改善庭院效果。

CHAPTER 4

第4章 建筑空间解读与组织

4.1 空间的概念

空间，从汉字文化角度分析，具有会意组词的特点。就字面意义分析“空间”两个字，便可以基本了解空间的概念。汉语中的“空间”二字，“空”即是“无物”的意思，但此“空”还必须可以“容物”，无物并可容纳物的“空”是空间的基本要素；“间”可以理解为“间隔”与“界线”，是对“空”的限制与限定。两个字相组合，即是“空”与“间”两种事物的组合，成为具有实际意义的、具有人能感知的“间”的“空”，即空间是不包括任何物体的、有特定界线的范围。例如，花瓶的瓶壁与其内部的空，组合为花瓶空间；以墙体为间，可限定建筑空间；以无穷大为间有自然的宇宙空间。我国古代思想家、哲学家老子在《道德经》中是这样注释空间的：“埏埴以为器，当其无，有器之用。凿户牖以为室，当其无，有室之用。故有之以为利，无之以为用。”一个碗或茶杯的中间是空的，那空的部分起到了碗或茶杯的作用；房子里面是空的，正因为是空的，所以才有了房子的作用。老子的哲学，体现了有和无相互转化的观点。

从物理方面分析，空间是“有特定界线的范围”。一个矩形空间，是由六个面限定的一个矩形范围；一个球体界面，限定一个球体空间。空间的物理意义决定，空间不单指“空”，还包括“间”，即空与间组合为空间。所以，一切物体都有空间的属性，陶器、青铜器是空间，瓷器是器物，也可以是空间；建筑、道路是城市设施，也是空间；列车是工具，也是空间；地球既是物体，也是空间；森林既是林木，也是空间。

人们可以通过形状、大小、远近、深度、方位等来感知空间。感知空间不但依赖个体从生活经验中获得的各种空间表象，同时也依赖各种表示空间的词语。因此，空间的概念作为一种反映其特有属性的思维形式，是人们在长期的生活实践中，从对空间的许多属性中抽出特有属性概括而成的。它的形成，标志着人们对空间的认识已从“空间经验”转化为“空间概念”，也即从对空间的感性认识上升到对空间的理性认识。空间经验是多种多样的，概括起来大致有三种：一是任何事物存在，意味着它在什么地方，这是所谓位置、地方、处所经验；二是有“空”这种状态，这是所谓虚空经验；三是任何物体都有大小和形状之别，有长、宽、高的不同，这是所谓广延经验。

4.2 人的行为与建筑空间认知

空间是活动的“发生器”。空间中没有任何行为发生，它就只是闲置之物，不具任何价值；相反，人的社会行为如果没有空间作为依托，犹如步入原始社会一样，无法产生现代的各种社会活动。所以说，空间与行为只有相互结合才能导演出多彩的人生，才能构成具有意义的行为场所。

4.2.1 人的行为与心理

（1）人的行为特点

对领地的占有，在人类与动物世界中随处可见。诸如蜘蛛以结网的方式来占领空间，狼会用粪便来圈定领地，野鹿用坚硬的鹿角相互厮打来建立自己的地盘。这样的行为正如杜波斯所说：“要求占有一定的领域，且与其他人保持一定的空间距离，恐怕是人真正地如同其他动物一样的生物性本能。”这说明占领领地和领土的行为对于生命在环境中舒适地生活，有着极为重要的意义。无论在原始部落时期，还是在现代文明社会里，人类对领域的占有行为都可以说是一种与生俱来的本能。这种生存本能使人类受文化与地域的影响，而逐渐形成了具有独特个性的领域空间。

（2）渴望交往

同动物一样，人类也是一种天生的社会性动物。人类生活在各种不同规模和类型的群体里，总是愿意一起工作、一起学习、一起游戏。社会群体对人们的生活有着重要意义，它已经成为人们生活中不可或缺的一部分。

在社会群体中，人们需要在交往中产生互动，既有个体与个体间的互动，也有团队与团队间的互动。因为有了互动，才体验到人与环境、人与人之间的关系。无论是自我互动、个体间互动还是社会互动，都需要借助一定的“符号”来起到暗示和象征的作用。这种“符号”可以是一种肢体语言，也可以是借助一种物件或其他任何东西，只要是进入一定的语境中就可以具有符号的意义。

人在社会活动中，离不开交往。而社会交往往往具有特定的距离尺度，不同民族、不同文化的人群在社会交往中对距离尺度的把握也不同。中国人的密接距离一般比欧洲人小。距离尺度也与场所的性质相关，如在监狱中，犯人在监狱中的空场劳作时会保持一定的距离来削减他们之间的沟通。

在社会交往中，人们以密接距离、个体距离、社会距离、公共距离四种方式体现人与人之间不同的空间距离。

● 密接距离：属于0.15~0.45m紧密接触的距离，是手与对方的手接触、互握的距离，是爱抚、安慰、保护的距离。常见于夫妻、恋人的交往。当不属于这种关系时，人们被迫在拥挤空间中会采取防卫他人侵入的举动，如尽量不动，女性用手、肘护身。

● 个体距离：属于0.45~1.20m发生的交往距离，这个距离通常是家人和亲友的交往距离。

● 社会距离：属于1.20~3.60m发生的交往距离，这个距离可以是同事、邻居交往。

● 公共距离：通常是小群体交往的空间，在3.60~7.60m发生的交往距离，例如餐馆、商场、俱乐部等经常出入的地方。

4.2.2 建筑空间的认知

对空间的认知可以从空间领域、空间认知要素两方面入手。

（1）空间领域

领域一般是指国家行使主权的区域、学术思想或社会活动等的范围，它具有不同范围和层次。心理学家和社会学家指出：空间领域是个人或一部分人所专门控制、使用、管理的空间范围，小到一间居室，大到广场街区，甚至整个城市空间。在建筑学中，领域是指某种领地或者某种活动的处所，是一个与人、时间、地点等因素相联系的概念。

领域具有范域、归属和占有等属性及特点。领域的范域性是对领域范围的规定，可以由绿篱、界河、围墙等实体条件，也可以由乡规民约、社会公德、公共法律等虚拟条件界定领域。归属性是对领域所有权的规定领域，可以属于某一个人，也可以属于某一个群体。所谓领域占有性，即个人或群体暂时或永久地对领域有使用权与管辖权。

当人们把领域当成某种活动场所时，它就具有场所的特点及特征。一般场所自身并没有明显的吸引力，但具有便利、舒适、美观、有个性及文化认同感等条件时，场所便可以吸引人们停留下来观看或参与活动，使场所具有一定的生气，这就是场所精神。活动内容、活动方式以及相关的活动时间和地点等因素，构成了场所存在的基本条件。对于场所，可以从领域范围、领域层次和领域认知三个方面来理解。

1）领域范围。从领域与人们的日常活动范围及密切程度看，领域有微观领域、中观领域和宏观领域三个范围（见表4.1）。

表4.1　三种空间领域比较

微观领域	中观领域	宏观领域
①由各个功能房间组成； ②具有庇护所的含义； ③特征体现于建筑层数、高度、形体等方面	①由道路、广场、绿化、建筑及构筑设施等组成； ②具有社会关系的含义特征； ③特征体现于人口、土地、基础设施等方面	①由居住区、商业娱乐区、生产、办公区等组成； ②具有聚居地的含义； ③特征体现于自然环境、社会环境、人工环境三方面

个人空间与住宅属于微观领域。个人空间是指个人心理上所需要的最小空间，一般认为个人空间大约为0.93m^2。个人空间的大小与种族文化、年龄性别、个人生理与心理状况、社会地位等因素有关。住宅是个人或家庭生活的出发点和归宿，具有自我情感色彩。因此，住宅的空间大小与家庭人口结构、生活方式、家居陈设布置等因素密切相关。

邻里与社区属于中观领域。邻里是群体家庭的生活属地，人们进入这个属地后，会产生回家的感觉。社区是一定地理空间范围内人与人结成的社会关系。其中，人口与区域公共生活服务设施、社会生活观念、生活方式等，构成社区的特征和存在条件。

城市与国家属于宏观领域。城市是社会人群的聚居地，被人为地划分为居住、商业娱乐、生产办公等区域。各区域之间由道路、河流、绿化等连接，具有人口规模、经济产业、行政职能等含义和特征。国家是统治阶级或集团行使主权的行政区域，包含各种具体的物质形态和抽象的意识形态。

2）领域层次。从环境心理学的角度讲，领域是一种“心理场”，与人们的心理及行为具有密切关系。

住宅是个人或家庭日常生活的中心，该领域具有由个人或群体所有、限制外人进入、相对持久稳定的特点，具有强烈的私密性。私密性意味着外人无法进入特定的领域，也无法获取领域中的资源或信息。广场、公园等是一种社会公共场所。这种场所的占有权、使用权和控制管辖权属于社会公众，具有公共性特点。公共性意味着领域对外开放，可以承载社会公众的各种交往活动。而餐馆、商场、俱乐部虽然也是公共场所，但这种领域是由个人和群体所有、使用和管辖，因此它们具有半私密性和半公共性的特点。

3）领域认知。人们对于领域的认知取决于人们对于领域特性、领域活动的认知。如果人们对家园的识别是由出入口、道路、边界、中心等依次展开，那么对家园的记忆就会围绕家庭生活、邻里关系、社区环境等内容。因此，挪威建筑理论家诺伯格·舒尔茨在《存在、空间和建筑》一书中，通过分析人们头脑中空间形成的机制，提出空间图示要素等概念。诺伯格·舒尔茨认为空间图示要素包括中心与地点、方向与路径、地区与领域等相关内容。

为了深入研究人们对空间领域的认知内容，美国人本主义城市规划理论家凯文·林奇邀请波士顿、洛杉矶和新泽西城市的市民介绍自己的城市。通过他们的表述，凯文·林奇总结出构成城市表象的五个基本要素，即路径、区域、边界、节点、地标，以及它们与环境形象建构条件之间的关系（见表4.2）。

表4.2 凯文·林奇的环境形象构成要素和建构条件

环境形象构成要素	环境形象建构条件
①路径（path）：环境的“骨架”； ②边界（boundary）：发挥区域联系的作用； ③区域（zone）：在规模、功能、历史文化上具有明显特征； ④节点（node）：环境的“核心”； ⑤地标（landmark）：认知环境的“参照点”	①识别性（identity）：空间环境的特征或特色； ②结构（structure）：空间环境的关系和视觉条件； ③意义（meaning）：空间环境所表达的重要性、指示性和象征性

a.路径是观察者经常地、偶然地或可能地沿着走动的通道，可以是大街、步行道、公路、铁路或运河等连续具有方向性的要素。人们往往一边沿着路径运动，一边观察环境，因此路径建立了环境的“骨架”，它是认知地图中的主要元素。

b.边界是指两个面或两个区域的交接线，如河岸、山脉、道路、绿化、围墙、建筑等不可穿透的标识区域范围和形状的边界，主要发挥区域联系的作用。

c.区域指城市中具有某些共同特征的较大的空间范围，在城市规模、使用功能、历史文化上具有明显特征。有的区域具有明确的可见边界，有的区域无明确的可见边界或是边界逐渐减弱。

d.节点指城市中某些战略要地，如道路交叉口、道路的起点与终点、广场、车站、码头以及方向转换处和换乘中心。节点的重要特征就是集中，特别是用途的集中。节点通常是环境的中心和象征。

e.地标是一些特征明显而且在地景中很突出的元素。地标是认知城市的重要参照物。它可以是塔、穹顶、高楼大厦、山脉，也可以是纪念碑、牌楼、喷泉和桥梁等。地标具有一定的影响范围，发挥方位导向和暗示的作用。

这五种要素是城市范围内认知地图的重要组成部分，然而环境的表象并不局限于城市范围，它可以大到一个世界、小到一个房间。我们可以发现至少在区域这样的等级内，如社区，此五项要素也是适用的。社区内的各种道路，包括穿越空地的非正式通道，甚至是住房内部的过道就是路径。社区的围墙、大门、道路上的行道树、邻居家的围栏，甚至是宿舍里学生们分隔空间用的帘子都属于边界。社区中的每一个组团都是不同的地区。中心绿地可以看成是一个地标。或许对你来说，社区里的报亭、水果摊就是一个地标。

20世纪70年代，诺伯格·舒尔兹利用现象学方法研究了人与环境的关系及其意义，撰写专著《场所精神》。与此同时，其他学者也从不同角度对此问题进行了研究。建筑学家借助并结合相关领域的知识和研究成果，探讨建筑环境形成与创造特定活动气氛之间的关系，研究人们在不同建筑环境中所获得的经历感受以及生活意义与建筑环境之间的复杂关系。这些研究更加立体、全面地揭示了人与世界、人与建筑之间的多重联系，进而揭示了人的存在与建筑空间创造的本质联系。

（2）空间认知要素

心理学家弗里德里克·巴特勒爵士认为：许多空间认知活动就是对记忆的唤起。大脑只对某些选择的视觉特征进行反应，这些被提炼出来的特征引起了关注，同时不重要的特征被忽略掉。感知不仅仅是感觉，它实际上是我们认识周围世界的一个积极过程。

我们每天都在空间认知与体验中度过，早上在自己的卧室里醒来，穿过宽敞的客厅到餐桌吃饭，或者走过长长的走廊到教室里上课。午后，或在阳台上晒太阳，或去逛商场，在各柜台前流连忘返，也可能窝在咖啡厅的一角消磨时间，等等。我们总是从一个房间到另外一个房间，从事着这样或那样的活动，我们已经在认知和体验的过程中了，只是没有意识到。建筑内部空间的认知和体验与生活是融为一体的。

人们对空间的认知，是通过量度、尺度、限定要素、材质、光影等要素获得的，这些是我们认知系统的基础。

1）量度：主要指空间的形状与比例。由各个界面围合而成的室内空间，其形状常会使活动于其中的人们产生不同的心理感受。著名建筑师贝聿铭先生曾对他的作品——华盛顿国家美术馆东馆（见图4.1）有很好的论述。他认为："三角形多灭点、斜向空间常给人以动态的和富有变化的心理感受。"再如，科隆大教堂（见图4.2）是哥特式代表作，外部造型与内部空间都强调竖直和向上的感觉。设计者正是利用这样的几何空间特点，发挥教堂的使用功能，让人产生希望，并获得超越一切的精神力量，从而追求另一种境界。

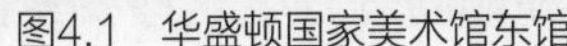

图4.1 华盛顿国家美术馆东馆

图4.2 科隆大教堂

2）尺度：指建筑物给人感觉上的大小和真实大小的关系。人体各部分的尺寸及其各种行为活动所需的空间尺寸，是决定建筑开间、进深、层高、大小的基本尺度。在日本和室（见图4.3），以席为单位，每张席的尺寸约为190cm×95cm，居室一般为四张半席大小，相当于我国10m^{2}的小居室。日本建筑师芦原义信曾指出"日本式建筑四张半席的空间对两个人来说，是小巧、宁静、亲密的空间"。和式建筑作为居室，其尺度是亲切的，但不适合公共活动的使用需求。

图4.3 日本和室

纪念性建筑由于精神方面的特殊要求，往往会出现超人尺度的空间，如前述科隆大教堂（见图4.2）。

在建筑空间中，真实的物理空间与人眼视觉感受到空间有时候是不同的。人们常常会被自己的眼睛所欺骗，也就是说建筑真实体量与看到的视觉效果是两回事。因此，尺度与尺寸不同。尺寸是一个绝对的物理概念，而尺度则是一个相对概念，它体现了人与建筑空间的相对关系，以及建筑空间在体量感上给人的印象。建筑设计要求，建筑空间应当向人呈现出恰当的或预期的视觉大小，这种恰当的预期是建筑空间本质上所要求的特征，也是构建和谐的一个重要因素。大型建筑的巨大尺寸让我们领受到了壮丽景象，而小型住宅则让我们感到亲切宜人。当人们看到一座建筑物的尺寸和实际应有的尺寸不符的时候，会本能地感到不和谐。例如，在大型建筑中，要是采用小型结构，则会在视觉上将建筑体量缩小，让人产生像玩具一样的矮小感。

3）限定要素：指空间界面构成的方式。对于建筑空间来说，一般的限定要素由建筑构件承担，包括天花、地面、墙、梁、柱和隔断等等。这些要素限定了人们视线的观察方向或活动方式，从而使人们产生空间感和心理的场所感。

由实体如墙、地面等围合的场所，具有明确的空间感，能保证内部空间的私密和完整。利用虚体如格栅限定的空间，可使空间具有分割又有联系。利用人的行为、心理特征，也可限定出一定的空间场所，如在建筑休息区的一张长椅上，如果有人已经坐在上面，尽管还有空位，后来者也很少会挤在中间，这就是人们心理固有的社交安全距离所限定出的一个无形的场。这个场虽然无形，却有效地控制着人们的活动范围。

4）材质：指空间限定要素所使用的材料。现代建筑使用的材料很多，例如，砖的运用使围合体界面形成了丰富的层次纹理变化，体现出建筑的朴实质感（见图4.4）；粗糙的石、混凝土等材质的运用容易形成粗犷、原始甚至冰冷的质感（见图4.5）；天然木纹理的运用，可以让室内空间贴近自然，容易让人产生温柔、亲切的感受（见图4.6）；玻璃材质的出现使建筑技术得到了新的发展，它明亮、通透的质感改变了以往的建筑形式，使室内与外界有了一定的联系，增加了室内的明亮；金属表皮则给人精致、现代的印象（见图4.7）。

图4.4　砖墙的朴实质感

图4.5　混凝土的冰冷质感

图4.6　木质的温暖质感

图4.7　金属的精致质感

材质还具有历史意义及地域特征。比如中国建筑主要以木构为主，欧洲建筑则是石材，而西亚建筑多采用黏土砖和琉璃砖。西班牙著名建筑师阿尔瓦罗·西扎对于混凝土的运用令人赞叹。他善于用不加修饰的混凝土的粗犷和沉重回应场所的特定氛围；用白色石灰粉刷的处理手法极其适应地中海地区阳光充足、气候温和的特点。例如在圣玛利亚教堂设计中，纯净的平面和表皮表现出光线的全部变化，形体与空间强烈凸显，创造了宁静精致的诗意（见图4.8）。

5）光影：建筑内部空间产生的光的效果。光是建筑的灵魂，人对空间的感知体验不能缺少光的参与。没有光，视觉无从谈起，建筑形式元素中的形态、色彩、质感都依托光的能量。有了光，我们才能感受到建筑一年四季中的变化以及一天中早、中、晚的差异。同时，光与影所渲染的建筑更容易使我们自然地融入光与建筑交织所凝结的意境之中。

建筑中的光不但是室内物理环境不可缺少的要素，而且有着精神上的意义。例如，教堂通常采用彩色玻璃窗，光线透过彩色玻璃投射进教堂的绚丽多彩，象征着神的光辉（见图4.9）。光影效果给空间加入了时间因素。光影的变化，使人们不再以静止的角度观赏空间，而以动态体验空间序列的流动感。美国著名建筑师路易斯·康在金贝尔美术馆（见图4.10）的设计中采用穹窿式天花，将外部的自然光通过天窗漫射引入室内，这样的处理手法呈现出空间的多变和别致。当人们进入建筑空间中，因为光产生的活跃生机瞬间呈现在人们的眼前。

图4.8 圣玛利亚教堂

图4.9 某教堂彩色玻璃窗（彩）

图4.10　金贝尔美术馆穹窿式天花

4.2.3　限定行为的空间语言

占领空间、限定空间使对方意识到领地的归属，是人类和其他动物都具有的生存本能。例如，当一只狗四处撒尿时，它的目的是以气味标识自己的领地；原始人类为了防范野兽的侵犯，会在院落周围竖起围栏；当我们不愿意自家门前总是被人停放汽车时，我们也会放置一些物件来暗示个人的领地不能随意侵占。

人类空间限定的语言丰富多彩，一棵树、一本书、一块石头、一盏灯具、一件衣服、一圈栅栏、一扇屏风、一大片栽植等等，都能使人产生对生活环境场所空间的微妙感觉。由它们所营造的各种空间模式，因此成为一种促进或约束人类行为的特殊语言。

空间限定有三种方式，即中心限定、分隔限定和其他限定。由于限定的方式不同，构成的空间形象也具有不同的特征，所以作为空间形象的分隔元素可以分为三类：限定形式（天覆、地载、围合）、限定条件（形态、提示、数量和大小）、限定程度（显露、通透、实在）。

（1）中心限定

中心限定是确定空间关系的起点和终点。中心是空间上各个向度的交汇点。它可以是一个家庭、一个社会、一个国家的中心，也可以看作是一个具有象征意义的中心点。中心限定往往是设定一个核心体态，围绕它而展开的一种相应的构成，就像中国园林中的亭子，它既是全园的景点也是控制周围景色的中心点。例如网师园的月到风来亭（见图4.11）。“中心”具有视觉吸引力和凝聚挺拔的力量。

当我们以实体设置的方式对中心加以强调时，中心会随着设置物体的尺度和体积的不同产生不同的影响力。当设置物的尺度很高时，它就具有标志性的作用，增加了空间凝聚力。如北京人民英雄纪念碑，因为其高度成为天安门广场的标志与核心（见图4.12）。当设置物的尺度接近人的行为尺度时，空间便具有亲和性。人们愿意在其周边进行相应的社会性活动。如西安大唐不夜城雕塑的尺度与人的活动尺度接近，人们不由自主地在雕塑周围驻足停留，或交谈或观望（见图4.13）。当设置物的体积较大时，空间便具有离心性。因为设置物体积的庞大影响了视野，所以缺少了聚集和交谈的机会。反之，当设置物的体积较小时，空间便具有向心性。人们拥有了开阔的视野后，会增加彼此间的视线接触并引发交流机会。

图4.11　网师园的月到风来亭

图4.12　北京人民英雄纪念碑

图4.13　西安大唐不夜城雕塑

（2）分隔限定

分隔限定包含水平要素限定空间和垂直要素限定空间。

1）水平要素限定空间。在《礼记·中庸》中曾有“天之所覆，地之所载”的记载，“覆”为覆盖之意，以“天覆”的方式从上方对下方进行覆盖，能够形成一定的空间暗示，使人或动物能够在心理上获得安全感。例如家燕会选择在屋檐下或房梁上筑巢；在户外，人们习惯性选择上方有覆盖的区域小坐或停留。覆盖形式和手法可以是多种多样的，或水平、或倾斜、或曲面；可以是由实体的面构成的覆盖，也可以是由线围合成的虚体面的覆盖。“载”为承受之意，“地载”特指“下”方位的处理方法。它可以以地面的高差或材质、肌理的区分等多种形态面貌呈现，其中，“台”是“地载”中最典型的一种方式，古人认为巍峨的高山能够与天相通，因此，自上古就以累土筑台的方式模拟山的形态，以此与天进行交流。在这种观念的影响下，出现了“登台为帝”和“建台祭祀”等多种围绕“台”而进行的各种活动，使台成为一种神圣化的象征，并承载了一定的功能，例如北京天坛祈年殿（见图4.14）。

图4.14　北京天坛祈年殿

如今，“地载”不再是只具有神圣意义的“台”，而是以多种形态来满足人的需要，如以架设高台来满足人仰可观天、俯可观地、游目四面等诸多感受；以下凹的“地载”方式来营造具有向心性的空间氛围，人们可以在其中感受到场所形态的完整和内敛，如南京中山陵音乐台（见图4.15）。“地载”还会以材质、肌理等形态达到“载”的目的，如大堂的休息区域以铺设地毯、花砖的方式来暗示区域的分割（见图4.16）。

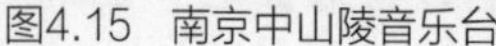

图4.15 南京中山陵音乐台

图4.16 大堂休息区地毯的限定作用

2）垂直要素限定空间。垂直要素通过在竖直方向上形成多向度围合关系，以此达到营造空间的目的。这种围合方式能够使空间具有区域归属的安定感和领域感，如鸟儿垒巢、蜜蜂筑巢、蜘蛛织网等，都是动物运用围合方式在构筑自己的空间领地。与动物一样，人们在社会生活中也会经常看到用围合方式限定领地、保障安全。如古代国王出行会有先行的卫队，士兵以五步一岗、两步一哨的方式来保证国王出行区域的安全。

人类在运用围合手段方面也颇具智慧。只要能够达到围合目的，可以利用点状、线状和面状的任何材料。这些材料可以是移动的，也可以是固定的。围合限定的方式可以是以三角形、圆形、方形三个基本形态为基础，运用点、线、面进行多向度的围合，而且，围合既可以是围而不合，也可以是围并且合。

“围而不合”可以是局部阻挡，空间有局部限定。人类置身户外时，时常会选择具有围挡并保证视线良好的地方进行休息，哪怕这种围挡只是一个护栏、一个宣传板，或者一丛植物（见图4.17）。“围并且合”可以是点、线、面状的任何实体进行全方位围合。这种围合能够呈现出“实体隔，虚空通”的状态，限制人的行为，但视线上却不会被完全阻挡（见图4.18）。

图4.17 “围而不合”的植物

图4.18 视线不被遮挡的围合

（3）其他限定空间方法

其他限定空间方法包括利用界面色彩、质感和肌理以及照明等变化来限定空间。

可以利用颜色的变化使人们在心理上形成不同的领域感，营造出不同的空间氛围及性格，限定出不同的空间区域。例如，在地面上我们使用同样材料的地毯，但使用的色彩与图案不同，人们在视觉和心理上会自然地将其区分为两个不同的区域。

用不同的质感和肌理来限定空间，也是通过心理暗示来达到目的的。美国建筑师莱特就比较善于运用此种方法。例如在流水别墅中，莱特把客厅靠窗的地面采用与室外花园相同的大理石铺设。通过落地窗望出去，就像把花园的边界引入室内，这样的空间围合更有趣味（见图4.19）。

照明也可以成为空间限定的手法，典型的例子就是舞台上投向舞蹈演员的光柱（见图4.20）。光线的存在，产生了强烈的空间感。灯光能使视线凝聚于某一空间而起到划分空间的作用，成为限定空间的一种独特形式。

图4.19　充满自然情趣的流水别墅的客厅

图4.20　光柱产生的空间感

4.3 空间的构成要素

建筑实体元素如柱、墙、楼板等可以抽象为点、线、面、体的空间构成要素。这些构成要素通过不同的组合方式或空间布局来丰富建筑形象。下面我们分类学习空间的构成要素。

4.3.1 点要素

几何学定义的点没有长、宽、高。在建筑空间构成中，点的概念是相对的，它在对比中存在。当空间中某个实体要素与其所处范围之间的对比足够强烈时，该实体要素即可被看作是点。

（1）单一的点

在空间中，一个点标出了空间中的一个位置时往往能够成为一个范围的中心，具有集中注意力的特征，例如在坎皮多格里奥广场，皇帝马可·奥里利乌斯骑马的雕像就标识出一个城市公共空间的中心（见图4.21）。从整个城市的尺度看，这座雕像就是一个点，是人们视线汇聚的中心。

作为点存在于建筑空间中的各种实体要素处于环境中的不同位置，会使人产生不同的心理倾向。

1）当点元素处于某个范围的几何中心时，它是稳定、静止的，常以其为中心来组织围绕它的诸元素，并且控制着它所处的范围；

2）当点元素从几何中心偏移时，它所控制的范围会产生动势，吸引视觉中心上移、下移或随点移动。

单一点的这些特征可用于建筑平面设计中。通常整个建筑的主要使用空间或需要体现设计思想的空间节点、交通汇聚的中心等都可以看作点元素，被组织在适当的位置。例如德国历史博物馆的旋转楼梯不仅是交通空间中心，更是整个建筑形象的重点。它作为点出现在整个建筑构图的一侧，通过视觉引导来减轻封闭主体的体量感（见图4.22）。

图4.21 坎皮多格里奥广场的雕像

图4.22 德国历史博物馆

（2）相邻的两点

两点标记一段距离，两点之间的距离决定其相互吸引的程度。距离越近则吸引力越大，距离越远则易产生疏离感。若两点之间存在大小对比，则小的易被大的吸引，注意力会从大到小减弱。例如清真寺的穹顶多利用两点间的吸引力法则控制建筑造型（见图4.23）。

图4.23　清真寺的穹顶

两点连起来是一条线，向两端延伸后则暗示出一条无限延长的轴线。在大规模的城市空间中，利用点元素形成城市空间轴线的手法屡见不鲜。例如，美国华盛顿特区的林荫大道，沿着林肯纪念堂而形成的轴线分布着华盛顿纪念碑和美国国会大厦，这是城市尺度上的点元素形成轴线的典型实例（见图4.24）；天安门广场和故宫形成的大尺度城市空间中，中轴线上的每座建筑都可以视为一个点，各点之间相互联系、相互吸引，而通过点的不同体量对视觉产生不同的吸引力，又体现出建筑物的重要程度（见图4.25）。

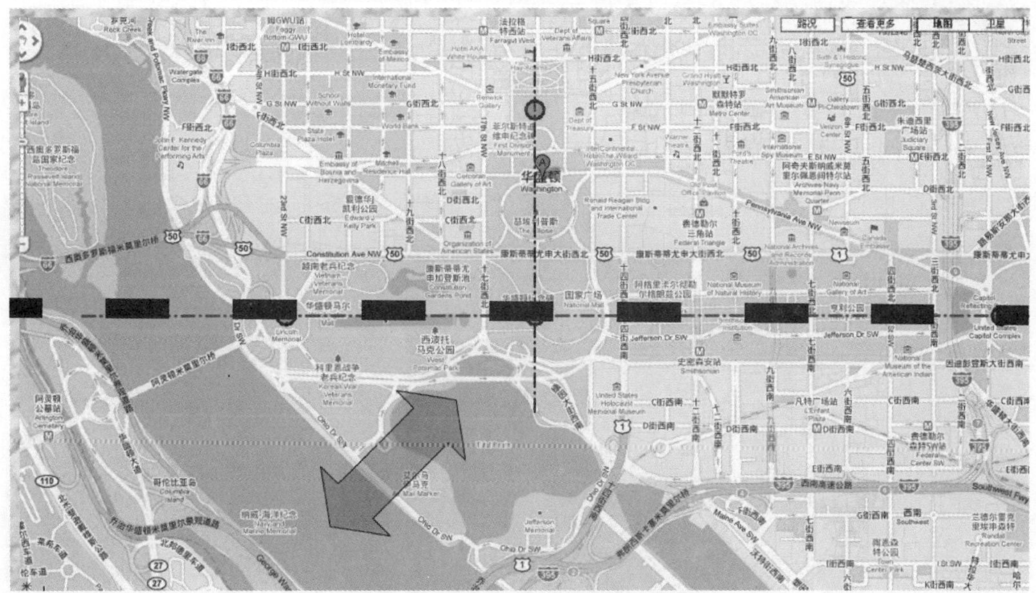

图 4.24　华盛顿林荫大道形成的轴线

图4.25 天安门广场与故宫形成的轴线

4.3.2 线要素

线在几何学中指点的运动轨迹。从几何概念上讲，一条线有长度，但没有宽度或深度。作为建筑空间中的实体要素所抽象出的线，是因为其长度远远超过其宽度。它的特征取决于我们对其长宽比、外轮廓及其连续程度的感知。线在视觉上能够表现出方向、运动和生长的特性。由于线具有长度、方向和位置等特性，因而能够产生不同的力量感、速度感等心理效应。

（1）水平线

水平线容易让人产生稳重、平静、无限延伸的心理倾向。水平线主要用来表现连续关系。在建筑空间中，最典型的水平线元素就是构成交通空间的走廊（见图4.26）。当然，一些环境设计元素也常常作为水平线参与建筑空间构成，如泰姬陵广场前的水池，就可视为联系入口与陵墓内部的水平线要素（见图4.27）。

图4.26 办公建筑的走廊

图4.27 泰姬陵的水池

水平线的另一显著特点是当其两个端点没有被点元素限制时，会给人一种向某个方向延伸的感觉；当水平线的一个端点被点元素限制时，则会向另一个端点的方向产生视觉上的延伸感；当水平线的两个端点都被点元素限制时，则水平线的延伸感被打破，其连续性开始起主要作用。两端点元素的体量、丰富程度决定了建筑形体关系的重要程度。这一特征在建筑空间设计中集中体现在轴线处理手法上，由于水平线的延伸性往往给人们一种心理暗示，即人们处于轴线一端时，会期待另一端可能存在的精彩。

（2）垂直线

垂直线往往给人简洁感、速度感和紧张感，以及瞬间的强烈运动感。垂直线多用来表现支撑关系，同时也起到垂直方向上的连接作用。当垂直线向上的一端不受点元素限制时，垂直线也具有向上无限延伸的心理效应。

建筑空间中能够作为垂直线要素的实体元素有柱廊、塔、钟楼和楼梯间等。例如希腊雅典卫城帕提农神庙的柱廊，整齐排列的柱子支撑着檐口和山花，展现出建筑结构在垂直方向上的力量（见图4.28）。

在城市广场中，钟塔常常出现。它从建筑轮廓线中挺拔出来，体现出向上的运动感，成为建筑立面构图的视觉中心，例如威尼斯圣马可广场的钟塔（见图4.29）。

图4.28　希腊帕提农神庙

图4.29　威尼斯圣马可广场

（3）斜线

斜线偏离垂直方向和水平方向，打破了垂直线和水平线的生硬，具有不安定的强烈视觉效果。斜线在建筑空间构成中往往出现在立面或平面的交通动线中，在平面设计中也常作为打破建筑体量单调感的元素而存在。例如在德国柏林犹太人博物馆中（见图4.30），斜线元素被大量应用。设计师用一种扭曲、破坏、混乱的手法表现了人类社会发展中的一段泥泞、一种毁坏后的重建、一种黑暗中的光明。

（4）曲线

曲线给人以变化、流畅、柔美的感觉，将曲线元素运用于建筑空间构成，能够产生极强的视觉引导作用。自然界中的很多形态由曲线构成，因此曲线元素还能够模拟自然形态，以表达某种特定的设计思想。如建筑师马岩松在其哈尔滨大剧院作品中（见图4.31），通过曲线元素创造出简洁流畅的建筑美学。

图4.30 德国柏林犹太人博物馆

图4.31 哈尔滨大剧院

4.3.3 面要素

几何学中把线移动的轨迹称为面。封闭的线亦可形成面。面的形态有规则和不规则之分，规则的面由圆形、方形等几何形式所组成；不规则的面由曲线、直线围合而成。从几何概念上讲，面有长度和宽度，但没有厚度。在建筑空间中，能够作为面的实体要素一定是具有厚度的。因此，我们仍然是以对比的方式，看其是否能够被抽象为面的元素，即长度和宽度远大于厚度的实体要素。在建筑设计的语汇中，面掌控两个方向维度，可以说是最为关键的要素。面限定出范围，多个方向的面共同作用又限定出空间。每个面的特性，如尺寸、形状、色彩、质感和面与面之间的空间关系，最终决定了这些面限定的形式所具有的视觉特征，以及这些面所围合的空间质量。

在建筑空间设计中，我们常用如下三种类型的面。

（1）顶面

顶面属于水平方向的面。它可以是屋顶平面，使建筑内部空间免受气候因素的影响；它也可以是天花板，其下部限定了人们进行活动的空间范围。

（2）墙面

墙面因为具有垂直方向性，它的高度和虚实直接决定人们的视线或身体能否穿过其限定的空间范围，因此对于建筑空间的塑造与围合至关重要。

（3）基面

基面可以是地面。它既是建筑形式的有形底座，又是建筑的视觉基底。基面也可以是楼板平面，它形成了房间的闭合表面，可供人们在上面行走。

不同视觉特征的面给人们以不同的心理感受，如水平面表现出稳定和延伸感，垂直面则表现出强烈的分割性。

4.3.4 体要素

一个面沿着非自身方向延伸，就变成了体。从几何概念上讲，一个体具有三个量度，即长度、宽度和厚度。体作为建筑设计语汇中的要素，既可以是实体，即用体量置换空间；也可以是虚体，即由面包容或围合的空间。

（1）实体

在建筑中，实体可以看作是空间的一部分。实体由墙体、地板、顶棚或屋面组成和限定，也可以看成是一些空间的取代物。意识到这种二元性是很重要的，作为实物耸立于地景中的建筑形式可以解读为占据空间的容积。

（2）虚体

虚体，即由面包容或围合而成的空间。中国传统建筑皆以空间为核心，用虚实变化的时空流动表达有无相生的哲学思辨。作为虚实要素存在的最为经典的例子就是北京四合院（见图4.32），其布局以庭院为中心，四面围合房屋，庭院既是组织建筑的中心，也是日常活动的重心。以中庭形式出现的虚体空间经常出现在商业建筑或办公建筑当中，成为整个建筑最富活力的核心空间（见图4.33）。

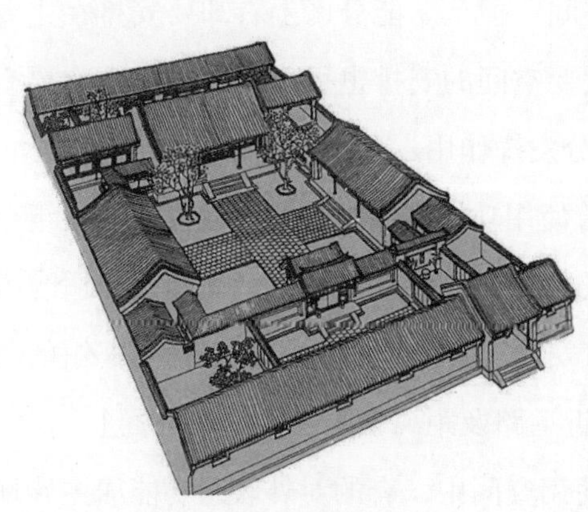

图4.32　北京四合院

图4.33　某商业建筑的中庭

4.4 建筑空间组织

4.4.1 功能与建筑空间

任何建筑物都是由若干不同使用功能的空间组成的。功能分区是进行建筑空间组织时必须考虑的问题，特别是当功能关系与房间组成比较复杂时，更需要将空间按不同的功能要求进行分类。功能分区意味着对不同使用空间的整合与概括，并根据它们之间的密切程度加以区分，找出它们之间的相互联系，达到分区明确又联系方便的目的。功能分区就是将空间按不同功能要求进行分类，并根据它们之间联系的密切程度加以组合、划分，使各部分空间都能得到合理安排。

（1）建筑空间功能分区的原则

功能分区的原则是分区明确、联系方便，并按主次、内外、动静等关系合理安排，使其各得其所；同时还要根据实际使用要求，按人流活动的顺序安排位置。

1）空间的“主”与“次”。建筑物各类组合空间，由于其性质的不同必然有主次之分。在进行空间组合时，这种主次关系相应地反映在位置、朝向、交通、通风、采光以及建筑空间构图等方面。

一般的规律是，主要使用部分布置在较好的区位，靠近主要入口，以保证良好的朝向、采光、通风、景观及环境等条件，辅助或附属部分则可放在较次要的区位，朝向、采光、通风等条件可能会差一些，并常设单独的服务入口。

功能分区的主次关系还应与具体的使用顺序相结合，如行政办公楼的传达室、医院的挂号室等，在空间性质上虽然属于次要空间，但从功能分区上看却要安排在主要的位置上。因此，分析空间的主次关系时，次要空间的安排也很重要。只有在次要空间也得到妥善配置的前提下，主要空间才能充分发挥作用。

2）空间的“动”与“静”。建筑中存在着使用功能上的“动”与“静”。在组合空间时，按“动”与“静”进行功能分区，从而实现既分割、互不干扰，又有适当的联系。如宾馆建筑中，客房部分应布置在比较安静、环境优美的位置上，而宾馆的餐饮、接待、娱乐等公共使用部分则应布置在临近道路及距离出入口较近的位置上。

3）空间的“内”与“外”。建筑的各种使用空间中，有的对外联系功能居主导地位，有的对内关系密切一些。在进行功能分区时，应具体分析空间的内外关系，将对外联系较强的空间尽量布置在出入口等交通枢纽附近；与内部联系较密切的空间，力争布置在比较隐蔽的部位，并使其靠近内部交通的区域。

4）空间的"污"与"洁"。建筑中某些辅助或附属用房（如厨房、锅炉房、洗衣房等）在使用过程中会产生气味、烟灰、污物及垃圾，必然会影响主要使用房间。在保证必要联系的条件下，要使二者相互隔离，以免影响主要空间。一般应将它们置于常年主导风向的下风向，且不在公共人流的主要交通线上。此外，这些房间一般比较零乱，也不宜放在建筑物的主要一面，以免影响建筑物的整洁和美观。

空间组合、划分时要以主要空间为核心，次要空间的安排要有利于主要空间功能的发挥；对外联系的空间要靠近交通枢纽，内部使用的空间要相对隐蔽；空间的联系与隔离要在深入分析的基础上恰当处理。以这种原则进行功能分区，可使主体空间十分突出、主从关系分明。另外，由于辅助空间都直接地依附于主体空间，因此它与主体空间的关系极为紧密。一般电影院建筑、剧院建筑、体育馆建筑等都适合根据这类原则分区。

（2）功能对建筑空间形式的规定

空间是建筑设计的灵魂，无论建筑是大或小，功能是简单或复杂，都是由一个个空间单位组成的。我们习惯把由一个空间单位或以一个空间单位为主体的建筑空间组合称为单一空间组合，而由多个空间单位组成的建筑综合体称为组合空间。单一空间是构成公共建筑的基本单位，所以在分析功能与空间的关系时应从单一空间入手。不同性质的房间，由于使用要求不同，必然具有不同的空间形式。为了搞清楚功能与空间形式之间的内在联系和制约关系，我们从以下三个方面作进一步探讨。

1）空间体量。在一般情况下，空间体量的大小主要根据房间的功能要求而定，具体表现在建筑空间的面积和体积上，包括空间的长度、宽度和高度。如图书馆建筑中的阅览空间与藏书空间：前者因聚集大量人流，需要较大的空间；而后者由于藏书书架高度的限制，需要更合理、紧凑的空间。功能同样单一的影剧院、会议厅，因功能不同，服务的人群数量较多，在面积和高度上要比居民住宅的起居室和厨房大得多。同样是单一空间，一座组装飞机的车间厂房，会比一般公共建筑的空间要大得多。某些特殊类型的建筑，如教堂、纪念堂或某些其他大型公共建筑，为了营造宏伟、博大或神秘的气氛，空间的体量往往可以大大超出功能使用的要求。

出于功能的要求，公共建筑的活动空间一般都具有较大的面积和高度，这就是说，只要实事求是地按照功能要求来确定空间的大小和尺寸，一般都可以获得与功能相适应的尺度感，如悉尼歌剧院（见图4.34）。然而，历史上确有一些建筑，如哥特式教堂（见图4.35），其异乎寻常高大的室内空间体量不是为了满足功能需求，而是由精神需求所决定的。对于这些特殊类型的建筑，人们不惜付出高昂的代价，所追求的是一种强烈的艺术感染力。

图4.34　悉尼歌剧院

图4.35　哥特式教堂内部

对于一般的建筑，在处理空间尺度时，按照功能性质来确定空间的高度具有特别重要的意义。空间的高度可以从两方面看：一是绝对高度，即实际高度。这是可以用尺寸来表示的，选择合适的尺寸无疑具有重要意义。尺寸过低会让人感到压抑，过高又会让人感到疏远。二是相对高度，即不单纯着眼于绝对尺寸，而是要联系整个空间的平面面积来考虑。人们从经验中可以体会到：在绝对高度不变的情况下，面积愈大的空间愈显得低矮。另外，作为空间顶界面的天花和底界面的地面——两个互相平行、互相对应的面，如果高度与面积保持适当的比例，则可以显示出一种互相吸引的关系。利用这种关系可以营造一种亲和的感觉，但是如果超出了某种限度，这种吸引关系将随之消失。

在复杂的空间组合中，各部分空间的尺度感往往随着高度的改变而变化。例如有时高大、宏伟会让人产生兴奋、激昂的情绪，低矮会让人产生亲切、宁静的情绪；有时过于低矮会让人感到压抑、沉闷。巧妙地利用这些变化使之与各部分空间的功能和特点相一致，可以获得意想不到的效果。

从以上可以看出，不同使用性质和功能的建筑，其空间的容量也不同，甚至相差悬殊。因此，无论是单一空间还是组合空间，其使用功能与性质对建筑的内部空间与外部体量均有较大的制约。

2）空间形状。由于不同建筑的性质和功能要求不同，对空间形状也会提出不同的

图4.36　颐和园的长廊

要求，同时不同形状的空间往往让人产生不同的感受。在选择空间形状时，必须把使用功能和精神感受统一起来考虑，使之既满足建筑的功能，又能按照一定的艺术意图给人以某种感受，这就是功能对公共建筑形状的制约。

a.单一空间对形状的要求。建筑内部空间最常见的一般为矩形平面的长方体，空间长、宽、高的比例不同，形状也可以有多种多样的变化。不同形状的空间会使人产生不同的感受。究竟采取哪种形状，最终要根据功能和使用特点才能做出合理的选择。例如一个窄而高的空间，由于垂直方向性比较强烈，人会产生向上的感受，如同垂直的线条一样，可以激发人们产生兴奋、自豪、崇高或激昂的情绪。高耸的教堂所具有的又窄又高的内部空间，正是利用空间的形状特征给人以满怀热情和超越一切的精神力量，使人摆脱尘世的羁绊，尽力向上去追求另一种境界。一个细而长的空间，由于纵向的方向感比较强烈，人会产生深远的感受。这种空间形状可以引导人们产生一种期待和寻求的情绪。空间愈细长，期待和寻求的情绪愈强烈。引人入胜正是这种空间所独具的特点。例如颐和园的长廊（见图4.36），背山临水，自东而西横贯于万寿山的南麓。由于它的空间形状十分细长，身处其中的人会有种无限深远的感觉，这种吸引力可以自东向西将人一直引导至园林的纵深处。

再例如教室，如果将其面积定为约50m^2，其平面尺寸可以是7m ×7m、6m ×8m、5m×10m，哪一种尺寸更合适教室的功能特点呢？我们知道教室必须保证视听效果，从这一点就可以对以上几种长、宽比不同的平面做出合理的选择。7m×7m平面呈正方形，视听效果较好，但由于前排两侧的座位太偏，看黑板时存在视角甚至反光问题；5m×10m平面较狭长，虽然可以避免反光的干扰，但后排座位距黑板、讲台太远，对视听效果均有影响。通过比较，在三者之中取长补短，选取6m ×8m的平面形式，则能在较好地满足视、听两方面要求的同时解决反光问题（见图4.37）。

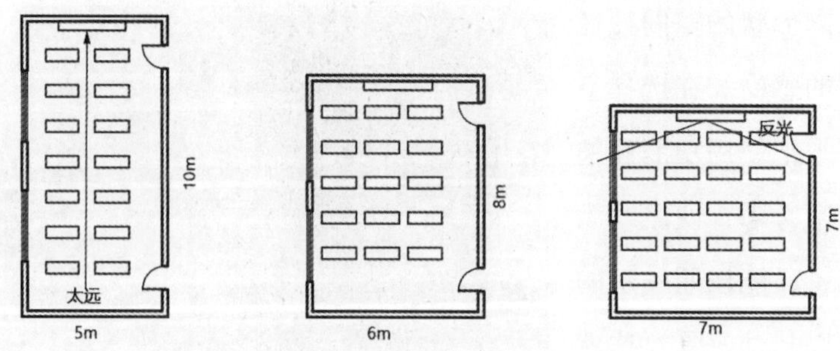

图4.37 三种不同尺寸教室的比较

而对于另外一些空间，其选择的标准将随着功能要求的不同而有所不同。例如，幼儿园活动室对于视听的要求并不严格，考虑到幼儿的活动特征，平面接近于正方形更便于幼儿的使用。如果是会议室，则平面比例略长一点会更好，因为这种空间形式更能迎合长桌会议的功能要求。对于影院、剧院建筑的观众厅，虽然功能要求大体相似，但毕竟两者在视听方面的要求不尽相同，反映在空间形状上也各有特点：电影院偏长、剧院偏宽。同样是观览建筑，体育馆的观众席虽也有视听要求，但都不及前两种建筑类型要求那么高，因此直接反映在它自由多样的空间形状上（见图4.38）。

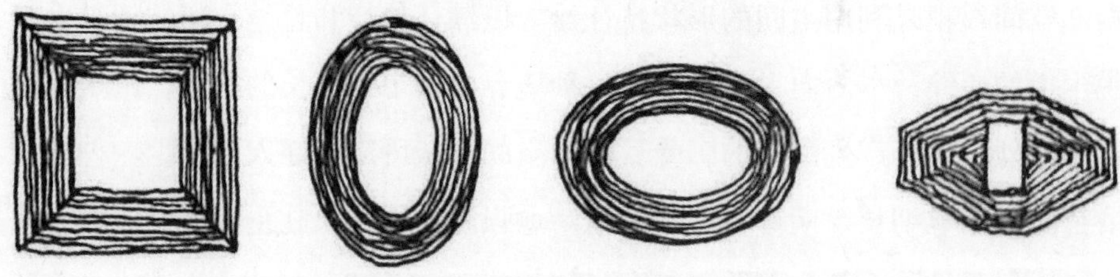

图4.38 不同建筑功能对空间的影响

虽然上述各类公共空间都明显地表现出功能对于空间形状具有某种规定性，但是有许多空间的功能特点对形状并无严格要求，这表明规定性和灵活性是并行不悖的。不过既使是对形状要求不甚严格的空间，为了求得功能上的尽善尽美，也总会有它最适宜的形状。从这种意义上讲，功能与空间形状之间存在某种内在的联系。

在进行空间形状的设计时，除考虑功能要求外，还要结合一定的艺术意图。这样才能在保证功能合理性的前提下，给人以某种精神享受。

b.空间分隔对形状的要求。虽然单一空间一般不存在内部分隔的问题，但是由于结构或功能的要求，需要设置列柱或夹层时，就会把原来的空间分隔成若干部分。

● 柱子的设置。出于结构的需要，建筑内部空间通常要设置柱子。若干柱子形成的线性关系对空间造成一种分割感。例如在一个单一的公共空间中，如果设置了一排列柱，就会无形地把原来的空间划分成两个部分。柱距愈近、柱身愈粗，这种分割感就愈强。

在最常见的长方形大厅中设置列柱，通常有两种类型，一种是设置单排列柱，另一种是设置双排列柱。若设置单排列柱，原来的空间将划分成两个部分（见图4.39）；若设置双排列柱，则原来的空间将划分成三个部分（见图4.40）。在设置列柱的过程中必然会出现主从关系的问题。以单排列柱来讲，如果将列柱设置在大厅的正中央，则原来的空间被均等地划分为两个部分，这可能因失去了主从差异而破坏空间的完整统一。在处理空间时一般应避免采用这种分割方法。若能按其功能特点使列柱偏于一侧，就会使主题空间更加突出。这不仅满足了功能要求，也有利于分清主从、加强整体的统一性。例如某宾馆大堂就是采用这种方法分隔空间的（见图4.41）。

图4.39　单排列柱的室内空间

图4.40　双排列柱的室内空间

图4.41　某宾馆大堂偏于一侧的列柱

双排列柱的空间分割方式有三种：一是均等地将空间分成三个部分，二是边跨大而中跨小，三是中跨大而边跨小。前两种分法都不利于突出重点，第三种分割方法使空间主从分明，可以突出主要空间，一般多采用这种分隔方法。

如果以四根柱子把正方形平面等分为九个区域，也会因为主从不分而有损整体的统一性。倘若把柱子移近四角，不仅中央部分的空间扩大了，而且柱子可以形成一个公共建筑空间的“回廊”。这样的空间分隔，可实现主从分明、完整统一。以上处理方法不仅适合正方形平面的公共空间，而且也适合矩形、八角形和圆形平面的公共空间。在公共建筑门厅中采用这种方法设置柱子可以获得良好的效果。

另外一些公共建筑，如办公楼、百货公司、工业厂房等，往往因为面积过大需要设置多排列柱，而功能上并不需要突出某一部分空间。面对这种情况，柱子的排列最好采用均匀分布的方法。这时柱列的感觉反而不甚强烈，原来空间的完整性将不会因为设置柱子而受到影响，例如莱特设计的约翰逊制蜡公司行政大楼（见图4.42）。

图4.42　约翰逊制蜡公司行政大楼

● 夹层的设置。列柱排列所形成的分割感是横向的，而室内夹层的设置所形成的分割感则是竖向的。夹层虽然出于功能的需要，但它对空间形式有很大的影响，如果处理得当，可以丰富建筑内部空间的层次。有些公共建筑的大厅，就是由于夹层处理得比较巧妙，获得了良好的效果。

夹层一般设置在体量比较高大的公共空间内部，其中最常见的一种形式就是沿大厅的一侧设置夹层。设置夹层后，原来的空间则可能被划分为2～3部分。如果夹层较低，而支撑它的列柱又不通至夹层上，这时通过夹层的设置仅把夹层以下的空间从整体中分隔出来，剩下的空间仍然为一体。如果夹层较高，或支撑它的列柱通至上层，那么原来的空间将被分隔为三部分。在这三部分空间中，未设夹层的那一部分空间贯通上下，必然显得高大，而处于夹层上、下的两部分会显得低矮，这三者自然地呈现出一种主与从的关系。

夹层高度与深度的比例关系，特别是与整体的比例关系，不仅影响着各部分空间的完整性，而且会影响整体关系的协调统一。在一般情况下，夹层的高度应不超过总高度的一半，也就是说应使夹层以下的空间低于夹层以上的空间。这样一方面可以使人方便地通过楼梯登上夹层，另一方面使处于夹层以下的人获得一种亲切感。例如夹层的小住宅方案（见图4.43）。夹层的宽度也不宜太深，过深的夹层以下的空间会给人压抑感，同时，也会形成整个空间被拦腰切断的感觉。总之，只有夹层高度与深度比例适当，才能使人产生舒适的感觉。

此外，为适应功能要求，还可以沿大厅的两侧、三侧或四周设置夹层。沿四周设置夹层就是通常所说的“跑马廊”。这种厅的中央部分空间无疑显得既高大又突出，而夹层部分的空间则很低矮，并且形成两个环状的空间紧紧地环绕着中央部分的大空间，主从之间的关系极为明显。

图4.43 夹层的小住宅方案

目前，我国多采用在厅的一侧或两侧设置夹层代替20世纪50年代流行的“跑马廊”。当代许多公共建筑的夹层处理已经超越了单纯的“分隔”范畴，达到了空间之间互相贯通、穿插、渗透的效果。

3）空间质量。建筑功能是制约其形状的一个重要因素。功能对于空间的规定性首先表现在量和形两个方面，但仅有量和形的适应还不够，还要使空间在质的方面也具备与功能相适应的条件。所谓质的条件，就是能够避风雨、御寒暑；再进一步的要求则是具有必要的采光、通风、日照条件；少数特殊类型的房间还要求防尘、防震、恒温、恒湿等。

对于一般的房间，所谓空间的质，就是指满足一定的采光、通风、日照条件。这直接关系到开窗大小和朝向。为了获得必要的采光和自然通风，可以按照房间的功能特点，选择不同朝向和开窗形式。开窗面积的大小主要取决于房间对于采光（亮度）的要求。例如阅览室对于采光的要求比较高，其开窗面积应占房间面积的1/4 ~ 1/6，而像起居室这种对于采光要求比较低的空间，开窗面积只要达到房间面积的1/8 ~ 1/10就可以满足要求。开窗面积的大小有时会影响到开窗的形式，从而影响建筑外立面。一般房间多开侧窗，采光要求低的，可以开高侧窗，采光要求高的则可开带型窗或角窗。有些特大的空间，即使沿一侧全部开窗也不能满足采光要求时，则可双测采光。某些单层工业厂房，由于跨度大且采光要求高，即使沿两侧开窗也满足不了要求，于是除了开侧窗还可以开天窗。还有少数房间如博物馆、美术馆中的陈列室对采光有特殊要求。为了使光线均匀柔和又不至于产生反光、眩光等现象，则必须考虑特殊形式的开窗处理，例如金贝尔艺术博物馆（见图4.44）。开窗的另一个作用是组织自然通风，一般凡是能够满足采光要求的窗，通常都可以满足通风要求。至于工业建筑中的某些生产用房，由于通风要求较高，所以开窗时还可以把采光和通风问题结合在一起来考虑。

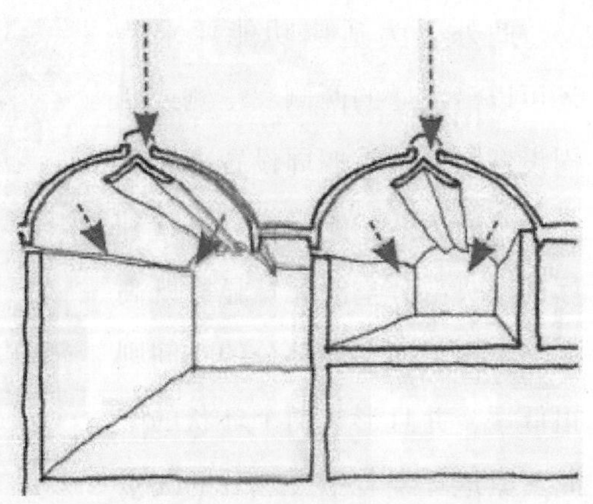
图4.44 金贝尔艺术博物馆采光设计示意

阳光对人们既有利又有害。适当的日照会改善健康状况，冬季的阳光还会给人们带来温暖。但是在夏季，烈日的暴晒又会使人感到炎热难耐，过于强烈的阳光还会不利于某些物品的保存。因此，房间的朝向应根据使用要求不同，合理进行开窗。有的房间必须争取较多的日照，有的则应尽量避开阳光的直接照射。例如幼儿园的活动室、教室、疗养院的病房等，为了利于健康，应当力争良好的日照条件；如博物馆的陈列室、学校的绘画室、雕塑室、化学实验室、书库、精密仪表室等，出于使光线柔和均匀或保护物品免受损害、变质等考虑，则尽量避免阳光的直接照射。对于位于北半球的国家和地区，具体到我国来说，前一类房间应当争取朝南，而后一类房间则最好朝北。

除了开窗，门的设置也很重要。不同的房间，由于使用情况不同，对开门的要求也不同。一个房间需要多大的门、几个门、在什么位置设置门、设置什么形式的门，这些都因功能不同而异。一般民用建筑用房的门，其大小、宽窄、高度主要取决于人的尺度、家具设备的尺寸以及人流活动情况。门的数量主要取决于房间的容量和人流活动特点，容量越大、人流活动愈频繁和集中，门的数量则愈多。至于开门位置，则应视房间内部的使用情况以及它与其他房间的关系而定，有的适于集中，有的则适于分散。

以上是从一个房间的角度来分析功能与空间的关系，所涉及的仅仅是单一空间的形式问题。我们知道，房间是组成建筑最基本的单位，如果不能保证房间功能的合理性、“质”的因素，那么整个建筑的适用性便是一句空话。就一个房间来讲，要达到功能合理就必须做到：合适的大小、合适的形式、合适的门窗设置以及合适的朝向，即合适的空间形式。

空间的大小和形状属于形式的范畴，至于朝向和开窗是否能当空间形式来看待呢？诚然，空间的大小和形状是从形的方面来保证功能合理的，而朝向和开窗则主要是从质的方面来保证空间功能的合理。“质”有时会影响到“形”，特别是从人的感觉来讲，这两者是不能截然分开的。例如两个房间的大小和形状完全相同，但一个阳光充沛、开敞通透，另一个阴暗闭塞、不见天日。试问：能把这两个房间看成相同的空间形式吗？当然不能！明和暗本身就是一种形式。特别是对于建筑空间来讲，不仅不能把门窗的设置排除在形式的范畴之外，就连形成空间的天花，地面、墙面上的任何处理（包括色彩、质感）都应理解为空间形式的范畴。

因此，空间必然会因建筑的性质和功能不同，而在建筑内部空间和外部形体的变化上受到来自量、形、质等方面的制约。

4.4.2 建筑空间平面组合方式

大部分建筑是在满足功能使用要求的基础上，由若干空间组合起来的。除了极个别的建筑外，绝大多数建筑都是由几个、几十个、甚至几百个乃至上千个空间组合而成的。人们在使用建筑的时候，通常不会把自己的活动仅限制在一个空间的范围内而不涉及其他空间。从功能上讲，空间与空间都不是彼此孤立的，而是互相联系的。只有按照功能关系把所有空间有机地组合在一起而形成一幢完整的建筑时，才能说整个建筑的功能是合理的。在组织建筑空间时要综合、全面地考虑各个空间之间的功能联系，并把所有的房间都安排在最适宜的位置上而使之各司其职，这样才会有合理的布局。因此，不同建筑类型会呈现出该类型建筑的功能和空间组合互相匹配的最适宜形式。

（1）走道式

在走道式建筑中，各使用空间借交通空间来联系。各个空间在功能要求上，基本均为独立设置，所以它们之间需要一定的交通联系方式，如走道、过厅、门厅等，以形成一个完整的空间整体。这种组合方式常称为走道式布局。该组合形式由于把使用空间和交通空间明确分开，因而可以保证各使用空间的安静、不受打扰，同时又能通过走道将各使用空间连成一体，从而使它们之间保持必要的功能联系。另外，走道可长可短，用它来连接的房间可多可少。这种组合方式适合办公楼、学校、医院、疗养院等建筑。

常用的走道式布局方式有两种：一是走道在中间，联系两侧的房间，称为内廊式（见图4.45）；二是走道位于一侧，联系单面的房间，称为外廊式（见图4.46）。

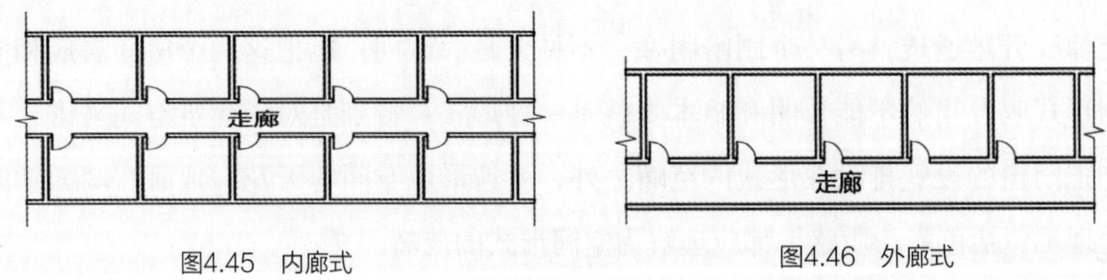

图4.45　内廊式　　　　图4.46　外廊式

内外廊布局方式各有利弊。内廊式布局的主要优点是走道所占的面积相对较少，一般比外廊式布局更为经济，但是这种布局的使用空间朝向有一半欠佳。为了克服这个缺点，一般将楼梯间、卫生间、储藏间等次要房间布置在朝向较差的一侧。此外，这种布局容易造成走道采光不足，所以通常在走道两端开设窗户，以解决采光问题。尽管如此，内廊式布局也无法从根本上避免这些弊端。特别是我国南方炎热地区，或者特殊类型建筑，例如教育建筑中，为了保证良好的通风、采光和日照，往往选用外廊式布局。

外廊式布局与内廊式布局相比，有其优越的一面，即所有的房间几乎都可以争取到良好的朝向、通风和采光。但是这种布局容易造成交通面积偏大、走道过长、建筑纵深过小等缺点。故在我国北方地区除某些特殊需要外，常采用内外廊结合的布局方式，借以取得功能分区明确、使用关系紧凑、通风采光良好的效果。

以学校建筑为例，中小学建筑常由数十个房间组成。其中，主要的使用空间有教室、实验室、图书室、音乐室等，其次是教师备课室及行政办公室等。辅助空间有仓库、锅炉房等。组织上述各部分之间的关系既是一个功能分区问题，也是一个空间组合问题，还是创造良好空间环境的艺术问题。为了使空间关系主次分明，常常将教室、实验室等主要空间布置在主要区域，相对次要的位置安排教师备课室及行政办公室等，并采用分段的方法将它们隔开，从而达到分区明确的目的。另外，设备用房发出的噪声容易干扰其他空间，因而常将其与普通教室隔开。在分清主与次、闹与静的基础上，运用走道、过厅、门厅将它们有机地联系起来，将使用空间、辅助空间、走廊空间布局得层次分明、条理清晰，从而形成一个浑然一体的环境（见图4.47）。

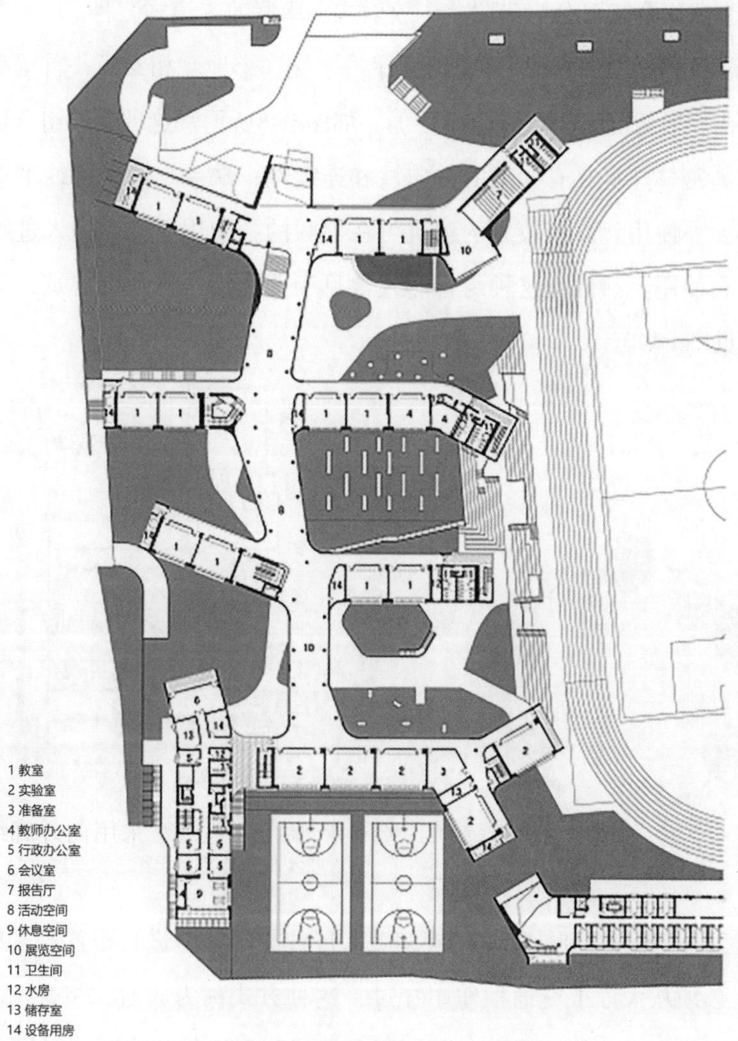

图4.47　某中学学校建筑平面

走道式布局的公共建筑并不仅限于办公、学校、医院、旅馆等建筑类型，其他建筑类型也可以采用这种布局形式。尽管各类建筑的布局特点不完全相同，但究其平面组合的基本原理是有不少共性的。只有结合了走道式平面组合的基本规律、方法以及建筑类型自身的特殊要求，才能创造出比较满意和有意境的空间。

（2）穿套式

在建筑中需先穿过一个使用空间才能进入另一个使用空间的组织方式称为穿套式。穿套式组合是把各个使用空间按照功能需要串在一起而形成建筑整体。这种组合没有明显的走道，节约了交通面积，提高了建筑的使用效率，但是各使用空间容易相互干扰。它主要适用于各空间使用顺序较为固定，分隔要求不高的建筑，如展览馆、商场等。穿套式组合又可分为串联式、放射式、串联兼走道式三种。

1）串联式。各使用空间按一定的顺序一个接一个地互相穿通，首尾相连，从而连接成整体（在一般情况下构成一个循环），如图4.48所示。这种空间组合优点是空间与空间的关系紧密，并且具有明确的方向性和连续性；缺点是活动路线不够灵活，不利于各空间的独立使用。规模较大的建筑可在串联的各使用空间中插入过厅、休息厅、楼梯，以提高使用灵活性。这种组合形式常见于博物馆、陈列馆建筑，例如上海鲁迅馆纪念馆（见图4.49）。

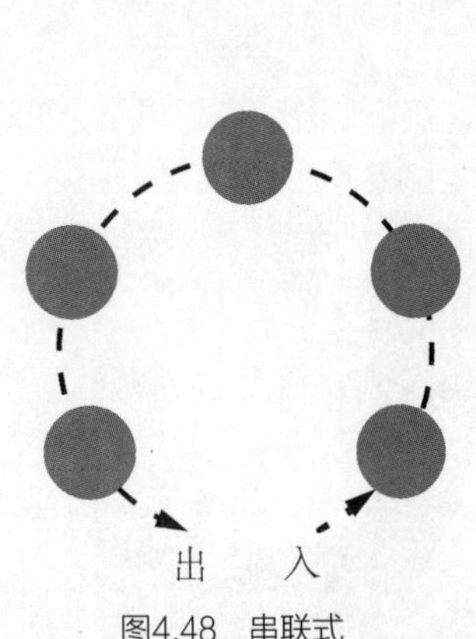

图4.48 串联式

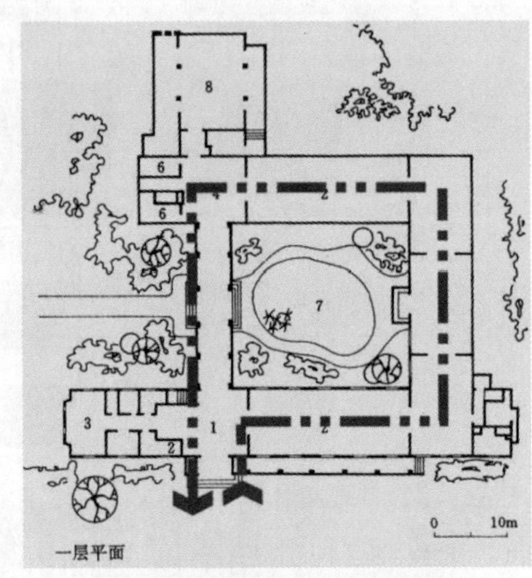

图4.49 上海鲁迅纪念馆一层平面

2）放射式。将一系列使用空间围绕着大厅或交通枢纽进行布置，人从一个空间到另一个空间必须从大厅或交通枢纽中穿过，这种方式称为放射式组合（见图4.50）。它的优点是流线紧凑，使用灵活，各使用空间的独立性优于串联式；缺点是大厅中流线不够明确，易产生拥挤。这种组合常见于商场、展览馆等，例如南通纺织博物馆（见图4.51）。

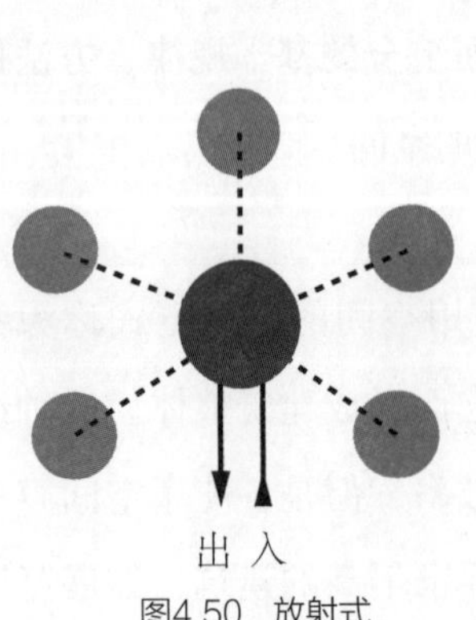

图4.50 放射式

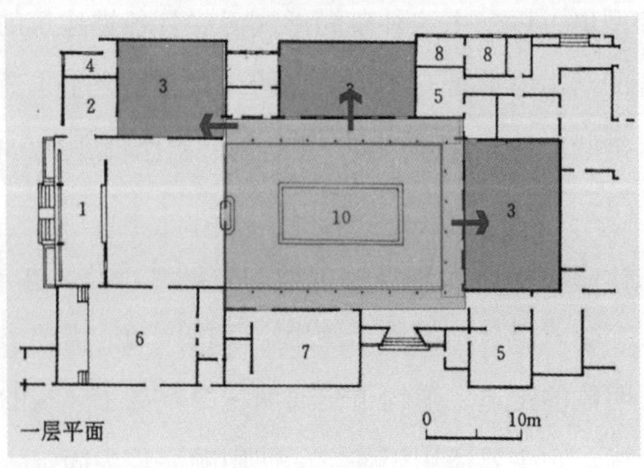

图4.51 南通纺织博物馆一层平面

3）串联兼走道式。这种组织是各个空间之间用走道串联或并联的方式（见图4.52）连通，参观路线明确而灵活，但缺点是交通面积多，例如陕西历史博物馆属于这种组合方式（见图4.53）。

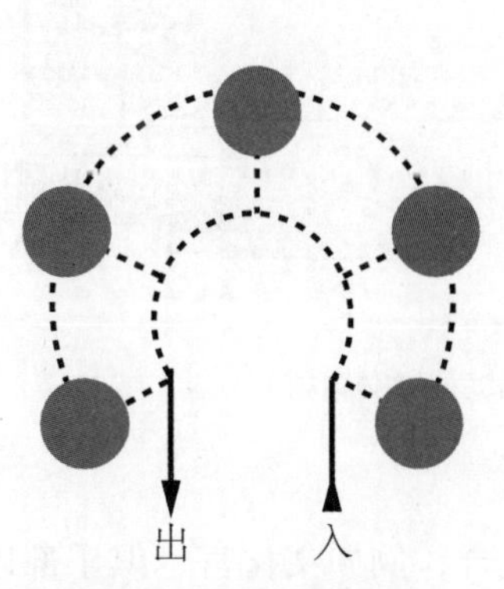

图4.52　串联兼走道式

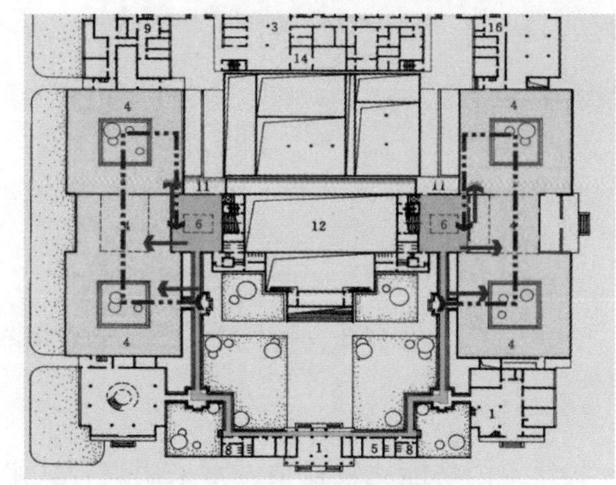

图4.53　陕西历史博物馆一层平面

（3）大空间主体式

大空间主体式是以大厅主要使用空间为中心进行布置的一种空间组合方式。常以大厅为构图中心，将其他空间或辅助空间围绕其四周布置，并且利用空间高度的差别互相穿插、重叠。这种组合常用于电影院、剧院、体育馆、客运站等公共建筑。它主要分为小空间围绕大空间布置（见图4.54）、大空间与小空间分离独立布置（见图4.55）、小空间围绕主体大空间底层或看台下布置三种类型（见图4.56）。

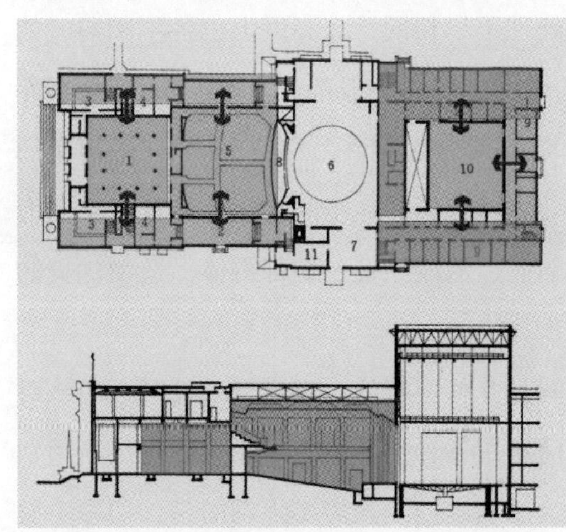

图4.54　小空间围绕大空间布置（北京首都剧场）

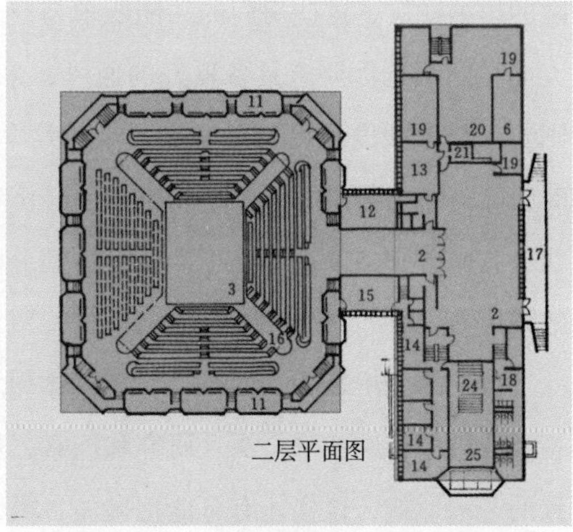

图4.55　大空间与小空间分离独立布置（华盛顿中心舞台）

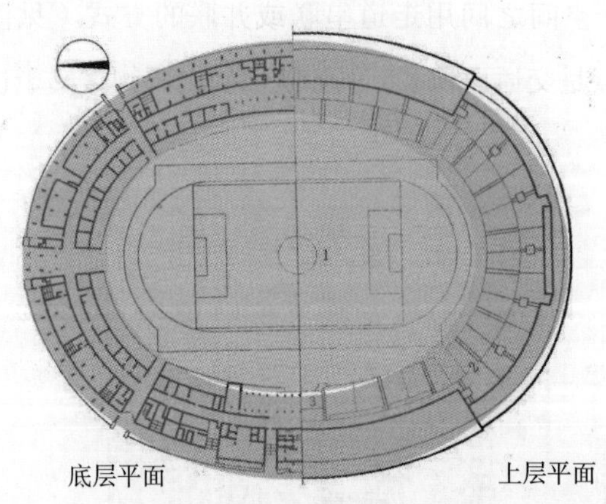

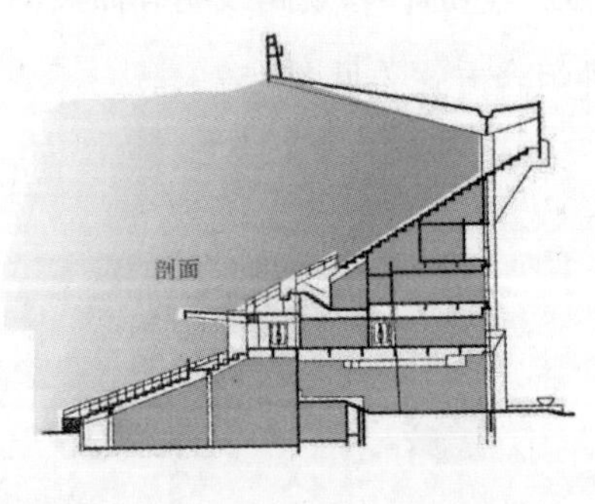

图4.56　小空间围绕主体大空间底层布置（北京工人体育场）

（4）综合式

一些建筑因功能比较复杂，常采用综合式平面组合，例如文化宫、俱乐部以及大型的综合性写字楼皆属于这种类型。通常这些建筑都会综合采用两种、三种或者更多类型的平面组合形式，只不过以其中一种类型为主而已。例如旅馆建筑。它的客房区域采用走道式平面组合形式，但公共活动部分则适合采用穿套式平面组合形式。

概括来说，大部分建筑，特别是公共建筑，平面组合形式即使千变万化，但依然坚持形式服从于功能这一基本原则。初学者尝尝忽视复杂功能的建筑空间组织问题，将设计局限于固定的形式之中。这是一种削足适履的做法，也是绝对不可取的。例如图书馆建筑中有较大空间的阅览室和书库，也有较小空间的采编、办公用房，还有开敞的出纳厅等，这些房间的功能要求与空间处理不尽相同，在高度上也各不相同，如大面积的阅览厅要求具备良好的通风、采光环境，层高一般都要求在4~5m，而书库则要求最大限度地提高藏书量及流通效率，层高常常控制在2.2 ~ 2.5m。在平面布局时，除需满足使用方便、结构合理、经济有效之外，还需在空间大小、高低、空间形状等方面分别加以组合处理，使之达到分区明确、流线顺畅、细部得体、造型优美的效果。

以上的分析表明平面布局与建筑体型之间是互相影响的。在进行设计时，应该对各类建筑的特殊性进行深入研究和探索，灵活运用各种空间组合手段，创造出新颖别致的艺术形式，这样才有可能把握住各类建筑的基本内涵。需要强调的是，切忌生搬硬套，要立足于全局，根据功能需求处理建筑的空间组合问题，这样才有可能使建筑获得新颖的设计创意。

CHAPTER 5

第5章 建筑造型设计

5.1 建筑造型设计的概念

“造型”一词的本义是指铸造中制造铸型的工艺过程。将这个概念借鉴到建筑领域，“建筑造型”的动词释义引申为建筑形态创作的过程，名词释义是指建筑的形象，即建筑形态创作的结果，也就是建筑形态本身。广义上，建筑造型与建筑创作整个过程的各个方面都有关系，包括功能需要、技术条件、审美意象、经济条件等因素；狭义上，则特指建筑内部和外部空间的表现形式，是能够被人直观感觉到的建筑空间的物质化形态，包括形状、体量、肌理、材质、色彩、光影等。从含义上来看，建筑造型具有显著的空间特征、技术特征以及美学特征。建筑的形象是建筑功能、技术和艺术的综合表现，功能是目的，技术是手段，形象是表现形式。良好的建筑造型有很强的感染力，甚至是震撼力，能引起人们的关注、联想、赞美，唤起人的激情，给人美的感受。

造型是建筑艺术打动人心的主要语言，而创造这种语言的具体思维和实现过程就是建筑造型设计。建筑造型设计是在内部空间及功能合理的前提下，按一定的美学规律处理包括建筑的体形、色彩、材料以及细部等影响建筑物形象的因素，以期取得完美的建筑艺术形象。在建筑设计之初，建筑造型的思考就应有全面整体考虑，要突出表现的内容和需要表现的细节，在整体视觉效果上符合比例优美、尺度适当、对比与统一结合、节奏与韵律和谐的美学法则，有层次，有内涵。

建筑具有科学与艺术双重性，除了适用、经济要求外，不可避免要涉及“好看不好看”的美学问题。提高建筑造型设计水平是社会经济发展、人民生活水平提高的必然要求。美观的建筑造型，是建筑师以建筑平面功能为基础，以建筑周围环境做参考，将技术和艺术完美结合的设计表达结果。

建筑造型不能简单地理解为形式上的表面加工，或是建筑设计完成后的表面处理。建筑师必须在功能使用关系和物质技术条件中去探索空间组织、结构构造方式、建筑材料运用等方面的一系列美学法则。评价某一建筑物时，建筑造型的美观只是其一，内部使用功能是否令人满意，才是体现以人为本的价值所在。建筑造型设计首先应在平面设计的基础上研究建筑空间的表现形式，进一步从总体到细部进行协调、深化，使形式和内容完善、统一。建筑设计既要充分重视和发挥建筑艺术的意识形态职能和作用，又要使建筑艺术形象的表现不脱离物质技术条件与一般规律的制约。只有结合地形、气候、环境创造出的建筑艺术形象，才具有强烈感染力，才能给人以亲切感、真实感、纯洁感和时代感。科学技术和艺术的融合、渗透、统一是研究建筑造型的主要方面，也是评论建筑美观的重要条件。

5.2 建筑造型设计的原则

建筑造型设计不是纯艺术的创作，它不像其他艺术形式那样可以较自由地表现，而是要受到平面功能、结构形式、构造做法、材质肌理、色彩、施工技术的制约。随着时代的发展、科技的进步，这些外在因素总在不断变化，所以受制于这些外在因素的建筑造型设计也就不可能停滞不前、一成不变，而且建筑设计师的背景不同，其设计观、审美观，对造型形式美的判断标准也存在很大差异。随着时代的变迁和技术的进步，以及审美观念的变化，建筑造型的评价标准也在不断变化。

此外，建筑造型不像建筑功能和建筑物理环境那样有着定量评价标准和广泛的科学研究成果作支撑。建筑造型设计涉及的形式的美与丑是相对的、不易评判的，而且地域文化和时代特征的差异，以及受众个人品味、欣赏水平和认可程度的差异，使得建筑造型的评判更加复杂。

尽管上述原因造成建筑造型评价的复杂性，但是有以下几条必须明确的原则。

5.2.1 建筑造型反映建筑性格特征

即使是功能和规模非常相似的两个建筑，其建筑形态往往也不会一模一样。建筑所处的时代、地点以及设计师不同，因此建筑之间流露于外的性格差异几乎是绝对的。造型设计只有关注环境、尊重时代，并尊重设计师自我，才会形成自然的富有个性的建筑造型风格。

不同类型建筑的使用功能不同，而不同功能组合的内部空间也会不同，正是这些不同的功能空间决定了建筑的个性特征。一幢建筑物的性格特征很大程度上是功能的自然流露。对设计者来说，首先要考虑采取哪些与功能相适应的外形，在此基础上进行适当的艺术处理，从而进一步强调建筑的性格特征，使其有效区别于其他建筑造型，具有明显的可识别性。例如，幼儿园建筑的个性特征通常是造型活泼、色彩靓丽，以班级为单位的相似造型元素会重复出现；举办大型赛事一般需要大跨度的空间，体育建筑的个性特征通常是特殊的大跨度空间结构形成的舒展、广大的外观形式；而住宅建筑的室内空间相对较小而且简单，所以一般造型亲切，符合人体尺度。人们常常把建筑比作"凝固的音乐""空间的雕塑"等，将建筑形式放到艺术创作层面，在注重探讨建筑"形式"生成的同时，将建筑设计从物质创作层面上升到精神表达层面，从美学价值和文化价值上探讨其表达的"情态"。

建筑形态是建筑造型的结果，它包括主客观两方面内容，既包括外形的识别性，又包括人对它的心理感受。而在建筑物建成之前的构思和设计阶段，建筑形态以"意象"的形式存在。意象构思带有明显的主观特征，建筑师将形态要素通过一定的连接方式和排列组合关系构成形态，同时也表现出建筑的审美取向。建筑建成后，这种"意象"会固化在具体的形态中，成为建筑的个性。老子在《道德经》中阐明，碗、茶盅、房子之所以存在，是因为人们对空间使用的需要。如果说作为三维立体形态的建筑造型是建筑的"肉体"，那么空间则是建筑的"灵魂"。空间是建筑造型设计中的核心元素，建筑造型首先要满足空间使用的需求，

图5.1　红屋

体现建筑的性格特征。例如，工艺美术运动代表人物威廉·莫里斯设计的“红屋”一改同时期建筑只追求形式、忽略建筑性格特征的弊端，建筑造型完全呼应建筑功能，体现了住宅建筑的特点（见图5.1）。

5.2.2 建筑造型反映建筑结构特征

建筑空间的产生依赖于空间的限定物，如墙、柱、屋面、地面等；作为一种工程形态，建筑终究是通过物质材料的组合而产生的。由于建筑是物质的，而技术正是产生物质存在的手段。技术对于建筑造型的发展具有巨大的推动作用，具体表现在结构、设备、材料以及建造方式等方面。

从建造的程序上看，结构因素优先于其他因素。结构是建筑造型的“骨骼”，在造型的技术因素中具有最为重要的地位，并作为客观的现实条件大大影响和制约着建筑形态的塑造。

每个建筑功能都需要由相应的结构形式来实现。例如：想要单一紧凑的空间，可采用梁板式结构；想要灵活多变的空间，可采用框架结构；想要创造出巨大的室内空间，多采用大跨度结构形式。这些建筑往往具有一种特殊的结构美。例如，丹下健三设计的东京代代木体育馆，建筑屋顶采用悬索结构，索网表面覆盖着焊接起来的钢板。两馆外形相映成趣，协调而富有变化（见图5.2）。卡拉特拉瓦设计的美国密尔沃基市美术馆，将斜拉大桥与建筑主体有机结合，并在底部设立如展开双翼般的活动百叶。建筑师创造性地把结构形式和功能有机结合起来，取得了良好的艺术效果（见图5.3）。

图5.2 东京代代木体育馆

图5.3 美国密尔沃基市美术馆

造型设计要注重美观，但美观不是全部，它要反映时代精神，反映一定时代的科技发展成就，记录人类历史文化的足迹，体现设计者的建筑观念及艺术修养。因此，我们要防止极端的美观概念取代建筑造型形式，避免造型完善而设计肤浅化、符号化、随意化。

5.2.3 建筑造型反映地域文化特征

所有建成的建筑物一定都是产生于某一具体地区的，建筑必然具有地域性。所在地区的气候条件、地理特征，以及城市已有地段的建筑环境特点都会影响建筑造型。比如说，我国南方的建筑注重夏季通风，一般轻巧、通透，而北方的建筑考虑冬季保温，则会处理得厚重、封闭。同时，建筑造型设计还应尊重民族、尊重当地居民长期生活形成的历史文化传统。

在设计方法上，必须坚持整体环境观。建筑造型设计不能游离于环境背景之外，必须在整体方案设计中研究，在追求形式充分表达的同时要避免形而上学的思维方式，避免完全撇开环境、功能、技术、经济等因素而陷入纯形式主义的泥沼中，不能一味玩弄所谓的新奇怪而设计出奇奇怪怪的建筑。传统的形式美法则是我们设计的文化底蕴，是进行建筑创作的源泉，更是初学者必须掌握的设计基本功，然而我们又不能被传统的形式美法则所约束。因为经济和技术发展常引起审美取向的嬗变，美学范畴也将由一元转向多元，我们只能在设计中辩证地对待传统文化与外来文化的关系，在实现对传统文化的超越中追求建筑造型的创新。建筑师伦佐·皮亚诺设计的吉巴欧文化中心就是一个典型的佳作。皮亚诺借鉴当地传统的棚屋造型，再采用现代建造技术，使文化中心极具努美亚文化特征（见图5.4）。

图5.4　吉巴欧文化中心

5.2.4 建筑造型反映基地环境特征

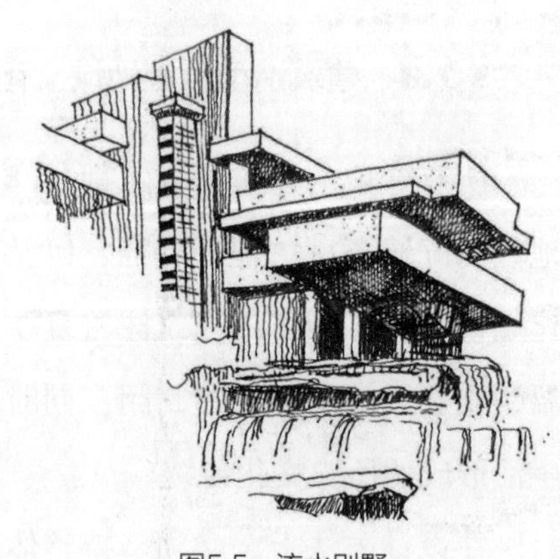
图5.5 流水别墅

除建筑功能因素外，地形条件及周边环境对建筑形式的影响也不可忽视。如果说功能是从内部来制约形式的话，那么环境便是影响建筑形式的外部因素。一个建筑之所以呈现出这样的造型，追根溯源，往往是内外两个因素共同作用的结果。针对一些特殊地形和基地环境，建筑设计师可以因势利导，将其作为构思的切入点。例如美国建筑师莱特设计的流水别墅，基址位于风景优美、地形复杂、溪水跌落的山林之中，设计师巧妙地将建筑和环境中的山石、林木、流水密切交融，并充分利用建筑材料和技术的性能，以一种独特的方式实现了建筑和环境的高度融合（见图5.5）。

5.3 建筑造型设计的美学关系

建筑是一种人为的空间环境，这种空间环境一方面要满足使用功能要求，另一方面还必须满足人们的精神需求。因此，对建筑设计而言，不仅要赋予它实用属性，还要赋予其美学属性。和其他造型艺术一样，建筑造型涉及文化传统、民族风格、社会思想等多种因素，绝不单纯是一个美观的问题。经过人类长时间的实践与总结，建筑形式美的创作已形成一些约定俗成的法则和规律。在建筑造型设计中，要善于运用这些公认的形式美的构图规律，从而更好地体现出所追求的造型意图和效果。

当代建筑形式美学关系包括建筑的比例与尺度、均衡与稳定、节奏与韵律、对比与统一等。

5.3.1 比例与尺度

比例是一切形式产生的基础，指的是整体与部分、部分与部分的比例关系。比如人的身体，有高矮胖瘦的体形比例，也有头部和四肢、上肢和下肢的比例关系，而头部又有五官位置的比例，这些比例关系经常是我们判断人的美丑的标准。

比例在建筑美学中也非常重要。建筑形象表现出的各种不同比例特点与其功能内容、技术条件、审美观有密切关系。关于比例的优劣很难用数字简单规定，但是良好的建筑比例一般是指建筑形象的总体以及各部分之间，某部分的长、宽、高之间具有和谐的关系。西方艺术家很早就非常重视运用比例，古希腊哲学家毕达哥拉斯发现和谐的美是有一定数量合理组合关系的。比例中的“黄金分割”正是体现物体分割比例的和谐美，它将一条线段分为长短两段，其长短比例关系满足人的视觉生理特性，按这种比例分割得到的面积也同样能满足人们的视觉心理。古希腊人推崇典雅、文静、和谐的之美，把黄金分割视作完美的比例，将其大量运用于建筑艺术中。例如古希腊的帕提农神庙就采用黄金分割取得了理想的效果（见图5.6）。黄金分割至今仍然是应用得最为广泛的比例关系。

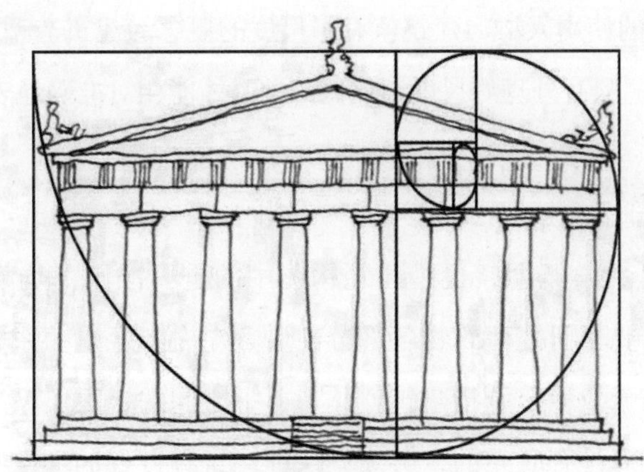

图5.6　帕提农神庙的黄金分割

在建筑设计过程中，几乎处处都存在着比例关系的处理。具体到建筑造型，首先必须处理好建筑物整体比例关系，即建筑物基本体形在长、宽、高三方面的比例关系；其次要处理好各部分之间的比例关系以及墙面分割的比例关系；最后必须处理好每一个细部的比例关系。基本体形的比例关系和内部空间的组织关系十分密切，墙面分割的比例关系则更多地涉及开门、开窗的问题。如果从整体到细部都具有良好的比例关系，那么整个建筑就会具有统一和谐的效果。

尺度和尺寸是两个概念。尺度一般并不是建筑本身真实的尺寸，而是指建筑外观的整体形象给人的体验与真实大小的关系。应该说比例是具体和理性的，而尺度是抽象和感性的。衡量建筑尺度需要一个标准。在建筑设计中经常会以建筑的某个常规构件作为参照物，获得建筑的尺度感。例如日本传统建筑中的“席”及中国传统建筑中的“间”，都是基本尺度单元。不同尺度的设计可以表达不同的心理效果，大尺度的建筑外观给人力量和宏伟感，而小尺度则给人精巧和细致感。

建筑物是否能正确表现出其真实的大小，很大程度上取决于对立面的处理。一个抽象的几何形体（或形状）只有实际大小而没有所谓的尺度感的问题，但是一经建筑处理便可以使人感觉到它的大小。如果这种感觉与其真实大小相一致，则表明它的尺度处理是合适的，不一致则意味着尺度处理不合适。在建筑设计过程中，通常可以用人们常用的某些建筑构件，如踏步、栏杆、阳台、栏杆等作为判断建筑物尺度的标准。这些构件就像建筑上的尺子，人们习惯性地通过它们来测量建筑物的大小。

美的比例并不是一成不变的。只有适当适宜的比例才是好的比例、美的比例。适当适宜的比例不但是物理属性的数量关系，而且更多与人的经验和体验相关。针对特定的时空范围、特定的使用人群，建筑就有了尺度的概念。建筑造型中对于比例和尺度关系的把握非常重要，只有处理好尺度与比例的关系才能相对准确地表达设计意图。

5.3.2 均衡与稳定

均衡与稳定既是力学概念，也是建筑构图中的重要准则。均衡是我们追求视觉平衡的主要方式，主要是研究建筑物各部分前后、左右的轻重关系，其组合起来应给人以安定、平稳的感觉。稳定则指建筑整体上、下之间的轻重关系。在建筑构图中，均衡与力学的杠杆原理是有联系的，必须先保证建筑有良好的均衡感，才能实现稳定感，并在视觉上给人安定的感觉。

均衡主要分为以下三种。

1）对称式均衡。对称是通过形态的重复和镜像方式，使处于中心轴两侧的形象相同或相似，从而产生稳定、端庄、整齐的视觉特点。均衡感最容易用对称布置的方式取得，在造型秩序中也是最普通最古老的内容，许多自然形态包括人的身体结构都是对称的，这种秩序法则在人造的形态中也有许多例证。对称式建筑以中轴线为中心并加以重点强调，给人以平衡稳定的视觉美感，容易取得完整统一的效果，给人以端庄、雄伟、严肃的感觉。在中国的古建筑造型中，对称式建筑是最常见的一种构成形式，例如北京故宫建筑群（见图5.7）。对称有多种形式，包括反射、旋转、平移等。对称式均衡虽然可以给人严谨和庄重的感觉，但由于受到对称形式的限制，往往与建筑功能产生矛盾，适应性并不强。

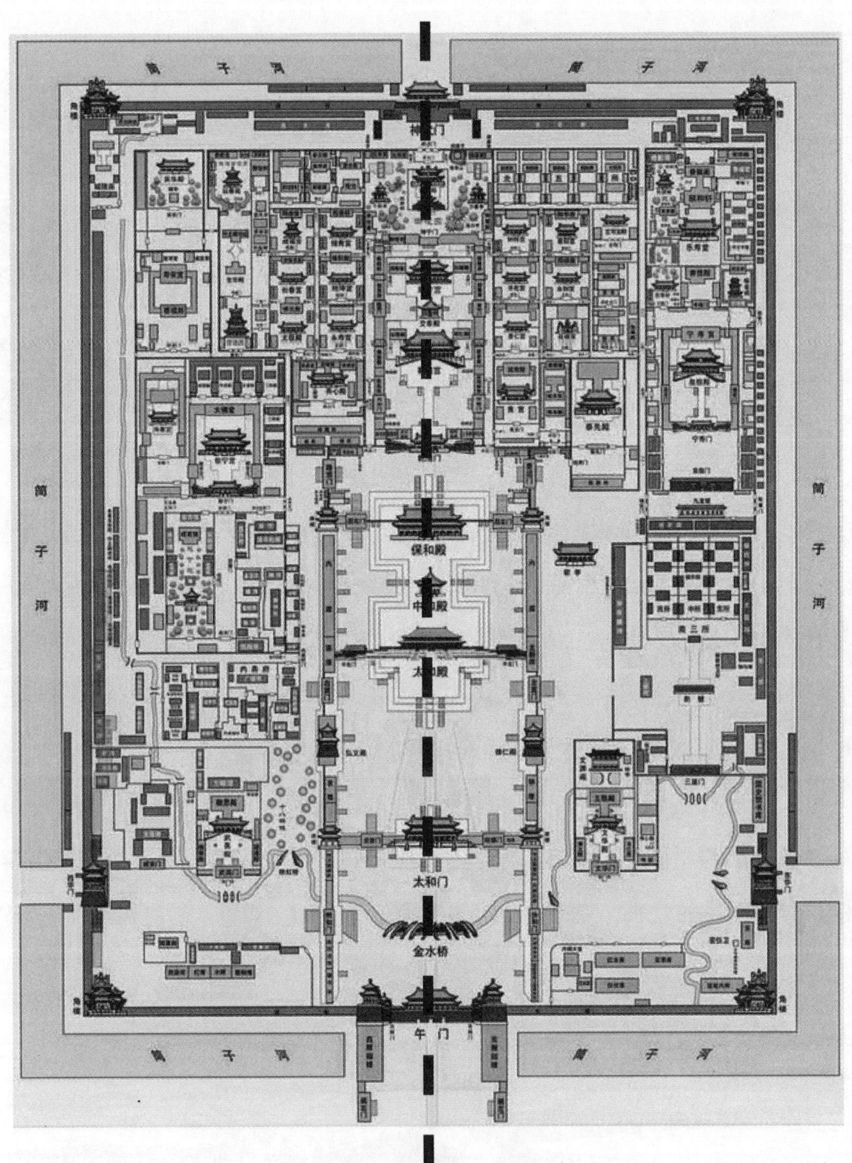

图5.7　北京故宫建筑群

2）不对称式均衡。不对称均衡是在非对称情况下，以视觉上的力达到平衡的形式原则，通过位置、比例、色彩、动态产生在重心点两侧形象各异而量感相同的感觉，同样是一种取得视觉与心理平衡感的方式。不对称式均衡利用不同体量、材质、色彩和虚实变化等的平衡达到均衡目的，建筑体量可以用一边高起、一边平铺，或者一边大体积另外一边几个小体积的方法获得。不对称式均衡可以给人以轻巧活泼的感觉，功能适应性较强。中国古典园林中的建筑就常采用不对称构图取得可居、可游、可赏的艺术效果（见图5.8）。

图5.8　苏州拙政园

3）动态均衡。对称式均衡和不对称式均衡，通常都是在静止的条件下保持均衡，属于静态均衡。而旋转的陀螺、奔跑的狮子、展翅的飞鸟，所保持的均衡属于动态均衡。传统形式的均衡主要就立面处理而言，而现代建筑理论强调时间、空间两种因素的相互作用和对人的感觉产生的巨大影响，强调从运动和进行的连续过程中去观赏建筑体形的变化，促使建筑师去探索动态均衡的方式。也就是说，传统形式所注重的是面上的均衡，而现代建筑所注重的则是多维空间的均衡。例如，小沙里宁将纽约肯尼迪机场美国环球航空公司候机楼建筑设计成飞鸟的外形，把动态均衡引入建筑构图领域，取得了动感十足的均衡效果（见图5.9）。

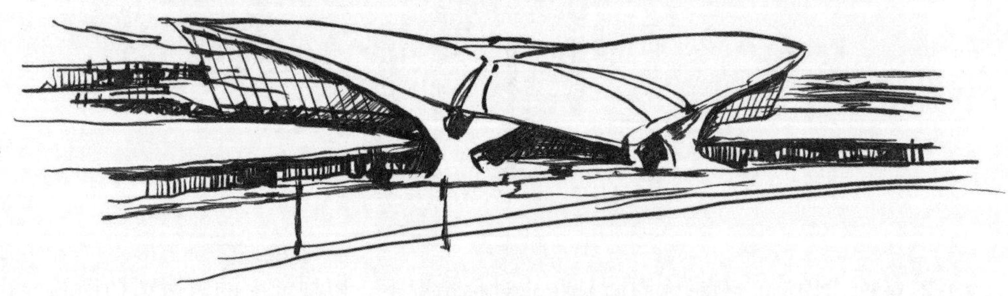

图5.9　纽约肯尼迪机场美国环球航空公司候机楼

稳定指在视觉心理上出现的上小下大、上轻下重等重心偏低的视觉效果。造型的稳定感常来自人们对树木、山体等自然形态的联想。如果说均衡着重处理建筑构图中各要素前后或左右之间的轻重关系的话，那么稳定则着重考虑建筑整体上下之间的轻重关系。物体的稳定和它的重心位置有关，当建筑物的形体重心不超过底面时容易获得稳定感。例如，上海金茂大厦的造型设计就体现了上小下大、上轻下重的关系，建筑形态按层次渐渐向上收缩,不仅具有稳定高耸的感觉，还具有丰富的现代建筑形象（见图5.10）。随着技术的发展，人们的审美观念也在变化，建筑造型为了展示技术的新成就，甚至还可以转向追求不稳定感，以吸引大众视线。例如，贝聿铭设计的达拉斯市政厅，楼层通过34° 角的方向向外倾斜，上一层比下一层宽9英尺，如雕塑般的建筑带给人上大下小的视觉冲击（见图5.11）。

图5.10　上海金茂大厦

图5.11　达拉斯市政厅

5.3.3　节奏与韵律

节奏的概念来自音乐术语，原指音的强弱交替的某种规律按周期不断重复出现的现象。韵律原指诗歌中的声韵和格律，是诗歌形式美的重要组成部分。自然界和人类生活中普遍存在着节奏，从四季交替到昼夜更迭，从花开花落到潮起潮落，从机械运转到车船航班，都存在着特殊的节奏和韵律。与之相适应，人们产生了对节奏和韵律的审美需求和审美能力。建筑造型中的节奏和韵律借鉴了音乐和诗歌中的美学共性，将其作为艺术创作中常见的形式美组合法则，成为人们自觉的审美意识。

音乐中决定节奏的是时间的延续和声音的强弱，视觉中的节奏则是通过点、线、面的大小和疏密，色彩的对比调和，笔触的顿挫急缓，形体的动态，构图的安排形成节奏感的。建筑造型中，节奏表现为有规律的连续重复，高低、强弱、长短、大小要素有规律地重复所产生的运动之美。韵律关系是在节奏基础上发展起来的，采用一些类似、相近的形象或色彩之间的明度、纯度等进行有续的组合，表现为节奏的高高低低、高低高低、低高高低等相对规律的形式。韵律可以打破单纯的构成元素一味重复产生的单调感，使作品产生音乐、诗歌般的旋律感。在这两者之中，韵律给人感觉更生动、多变，也富有更多的感情色彩。

建筑造型的节奏处理方式有重复、渐变等。重复是指将相同形体、色彩、大小的个体反复并置，产生有规律的节奏和秩序美感。重复的形式可以形成一种秩序和简单的节奏，这种有序的排列方式会与周围多变的环境区分开来，从而吸引人们更多的注意力。在生活中，我们可以发现很多重复现象。例如蜘蛛网、六边形网格蜂巢、建筑中重复的柱子和窗户等。这些整齐划一的形象能够体现出严谨有序的美感，根据格式塔心理学的相似性原则，相同或相似的形象在组合时容易获得整体感，并且弱化视觉紧张。渐变是指将视觉形态按一定的规律和秩序进行逐渐的改变，例如形状渐变、色彩渐变、方向渐变、位置渐变。渐变是重复的一种变形方式，可以在重复的基础上更加富于变化，打破过于单调的形式，使人们容易感到松弛而不厌烦。

图5.12　华盛顿杜勒斯航空港

例如，美国建筑师埃罗·沙里宁设计的美国华盛顿杜勒斯航空港（见图5.12），重复出现的钢索通过16组巨大的混凝土斜柱支撑，充分彰显了大跨度航站楼的结构韵律之美。建筑造型轻盈明快，具有强烈的节奏感和韵律感，产生了令人愉悦的视觉感受。

规则的节奏和韵律易产生一种庄重明确的印象，必然会引起感官上的共鸣，但规则的节奏和韵律很少产生偶然和意想不到的效果；而不规则的节奏和韵律则充满着流动的感觉，易产生意想不到的感染力，造成外观上惊艳的效果，因而比规则的节奏和韵律在效果上更具个性。虽然没有规则的节奏和韵律带来的令人肃然起敬的感觉，但不规则的节奏和韵律看上去似乎更富有人情味。

5.3.4　对比与统一

对比是把事物的质或量反差较大的两个元素，如大小、多少、粗细、曲直、虚实、抽象与具象等组合在一起，产生强烈的反差效果。建筑中的对比体现在建筑物各构造元素之间的差异性，有时为了强调和夸张某一部分特性而采用的一种处理方式。一般具有大小对比、轻重对比、形状对比、方向对比和色彩对比等形式。对比运用的恰当则容易产生鲜明、有力的视觉感觉，使建筑物主体形象更为突出。

统一是一种秩序的再现。统一是任何建筑形象所必须遵循的，它与对比相反，强调共同因素，追求整体协调一致。在建筑造型设计中，为了追求整体风格和效果统一，选取相同或相似的形式要素更有利于实现整体的统一感。比较常见的做法是在建筑造型处理中运用相同或相似的色彩、图案与形态。

建筑造型中的相异要素在对比关系上必须使一方占优势地位并对另一方起支配作用。这种关系体现在建筑造型各种要素之间的关系上，如明度、色彩、质地、形体等。如果对立的要素之间没有量的主从关系，就容易变成两个互不相关的事物，失去统一性。比如两个体量同大同形的建筑形体并列，各自单设出入口，相互之间没有其他形体连接，人们会称它们为两个建筑；如果将其中一个增大变成主体，另一个变小作为从体，它们之间就构成了统一的整体关系。其他造型要素之间的关系也是如此。也就是说，任何要素之间的对比关系都必须做到有主有从。

过分统一就会显得呆板，而过多的对比变化就会显得凌乱。在建筑造型设计中，为了构成统一与对比的完美建筑形式，可以选取简单的几何形体以求统一。比如说球体、正方体、长方体、圆柱体等本身容易被人识别的简单形体容易产生统一感。建筑师借用这些简单的几何形体创造出高度统一又不乏变化的优秀作品。比如古埃及吉萨金字塔群由若干个体型简单的锥体组成，通过大小不等、错落有致的排列，达到变化有序却又高度统一的效果（见图5.13）；法国建筑师保罗·安德鲁设计的国家大剧院将整个形体设置在人造水面上，简洁大方，仿佛一颗晶莹剔透的水中明珠（见图5.14）；日本建筑师黑川纪章设计的东京中银舱体大楼（见图5.15），通过建筑形体构成要素具有相似性的若干个混凝土体块堆叠起来重复出现，呈现出统一与变化的造型。

图5.13　古埃及吉萨金字塔群

图5.14　国家大剧院

图5.15　东京中银舱体大楼

对比与统一是艺术审美的普遍规律，也是形式美的法则。对比的目的是打破单调，形成重点和高潮。对比追求差异，而统一则追求协调。在建筑造型设计中，处理好统一和对比的关系很重要。建筑造型设计应该统一中有对比，对比中有统一，二者相辅相成。这样既不单调又不混乱，既有秩序又协调统一。

5.4 建筑造型设计的构成元素

构成建筑整体形态的基本单位可以分解为四个：点、线、面、体，这四个基本单位构成了建筑的基本形式。

5.4.1 点

（1）点的概念与特征

点是建筑形态构成中最小的构成元素，也是最基本的形态之一。在进行建筑造型设计时，形态对比相对小的形态，无论其形状如何都可以看作是点。从概念上来说，点没有度量和方向性，也没有上、下、左、右的连续性。它在空间中只标明一个位置。作为视觉单位，它的大小也不允许超过一定的相对限度，否则它就会失去点的性质而转化为其他要素。作为建筑设计中最简单的构成单位，点不仅支撑着建筑结构，而且点缀了建筑的形体美，使人能感觉到它具有膨胀和扩散等性格特征。因此，在建筑造型设计中，点要素具有位置效应、集中效应、方向效应和动静效应。作为一种造型元素，它的特征是在特定的环境中去实现的，不同的环境会体现出不同的特性。

点作为图在底（背景）的中间位置时，呈现单纯、宁静、稳定的特性。例如，国徽等标志在建筑中作为点，一般都处于建筑背景的中间以表示端庄、威严。当点偏离中间位置而在底的边缘时，就具有了方向感并呈动态。点有集聚性，常成为视觉中心。为使建筑的入口引人注目，在立面构图上往往设计成虚的点。中国古典园林中，墙上的月亮门，就是作为点引导人出入的。

同一空间中，如果有两个大小相同的点并相距一定的距离，那么两个点之间就会产生一种紧张感和张力。视线就会反复于两点之间，两点间似乎有线的存在，这种感觉到的线并非直觉产物，而是一种视觉心理反映。当两个点的大小不同时，大的点首先能够引起视觉的注意，但是视线会从大的点移向小的点，然后集中到小点，越小的点集聚性越强。点的排列不同、空间位置不同，就会形成不同的图像，并可引导视线的变化。

点在集聚时，排列的形式、连续的程度、大小的变化能表现出不同的情感。等大的点等距排列时，表现出安定均衡感；依大小顺序排列时，有方向进深感；大小参差且不等距排列时，有跳动和不规则感。点在组织中所反映的韵律、均衡、动势、自由、时空等特点，正是点的造型特性。

（2）点在建筑造型中的应用

抽象的形态要素“点”的概念与建筑造型相关联时，将其称为点状形态则更为贴切。因为它总是与具有一定空间量度的具体建筑构件相关联，所以可以理解为建筑形态中最小的形式单位。“点”在实际建筑造型中的含义与表现极其丰富，可在造型构图中发挥多种作用。

1）城市规划中的点。城市设计和总体规划布局中，在考虑整体空间构图时，往往把平面尺度相对很小的独立楼栋视作点的形状来考虑，从而产生视觉焦点。城市设计中通常以城市广场的主题建筑构成广场的视觉中心，主题建筑与广场空间的关系形成点与场的视觉力象与视觉力场的关系。场作为“点”存在的空间环境，也是“点”的视觉力场控制和影响的范围。例如，贝聿铭设计的卢浮宫扩建工程中的玻璃金字塔（见图5.16），印证了在一个场所中脱颖而出的建筑具有焦点的效果。场所是“点”得以生存的环境，同时也是“点”得以显示的必要条件。宽阔的卢浮宫广场有利于玻璃金字塔的个性表达，同时玻璃金字塔的出现也使卢浮宫得到了全新的展示。很多城市广场中都建造了适当的建筑，突出了建筑的焦点地位，并加强了建筑与广场的关系，从而实现广场环境利于建筑个性表达的作用。

图5.16　作为城市中点的玻璃金字塔

2）建筑平面中的点。点是构成建筑形态的最小的形式单位，这里所说的小是相对的。在城市设计与规划中，当考虑建筑的布局时，需要把很大体量的建筑物看成是点。建筑平面图中墙体呈现为沿着长向延展的各种线形，而与墙体相比，平面尺寸相对较小的柱子则呈现为点的形状。柱子是上部结构的支撑点，当柱子成排布置时，可以形成开敞性的室内外空间边界，这意味着边界两侧的空间具有相互流动性。

对于平面整体构图中相对独立的组成单元，其独具特色的平面形状往往可以看作点要素，它标示着有别于其余空间的特殊场所，往往扮演着形体空间中的重要角色，或形成平面整体构图的主题，或形成能调节构图形式的视觉活跃元素。例如，幼儿园中的多功能厅。

3）建筑界面上的点。建筑立面上与建筑整体外墙尺度相比尺度相对较小的构件，通常在建筑立面中呈现出点的形状效果。立面上的点要素具有强调重点、装饰点缀和活跃视觉感官的作用，在建筑整体造型构图中发挥表情、呼应、调节与平衡等多种作用，使建筑形象趋于完美。建筑物上的窗洞、阳台、雨棚、入口以及界面上其他凸起、凹入的小型构件和孔洞等，在界面上通常显示点的效果。

窗洞是建筑立面上最富表现力的部位，建筑立面图中常利用改变窗洞的分布和形式表现不同的造型效果。例如，沿着直线或曲线排列的窗洞，既可以有线的方向感，又可以有点的节奏感和韵律感；立面上大面积密集布置的点状窗洞，可以呈现出立面的质感与肌理。小开间建筑的窗洞大多规则排列，在大片实墙中开少量小窗有引导视线的作用。当窗洞开到墙轮廓边缘时，外形便发生了质的变化，视觉会凝聚于缺口。

4）建筑装饰中的点。在建筑造型中，点的应用有功能性与装饰性之分，装饰性的点有的是为了形式的需要而设计的，有的是作为符号在解释说明。例如我国古代建筑中的门钉、瓦当、滴水就是由功能性演变为装饰性的点构件（见图5.17）；而墙面上的徽章、标志是符号性的点。

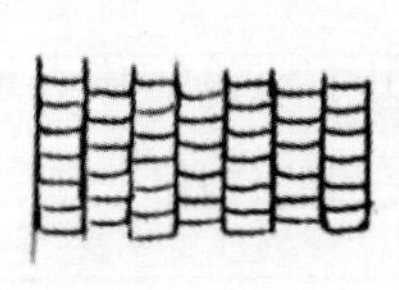
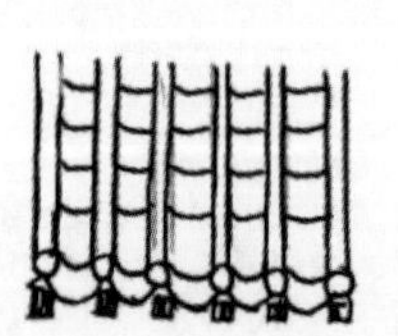
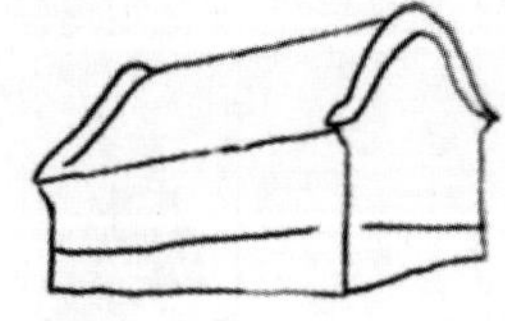

图5.17　建筑中的点要素

在建筑造型设计中，需要精心组织“点”的大小和位置的聚散关系，使“点”这一要素在建筑中成为一种重要的表达形式的语言。

5.4.2 线

（1）线的概念与特征

线是点的移动轨迹。建筑造型中的线有一定的长度和方向，可以是具体物象的抽象形式。

各种线型的长短、粗细、曲直、色彩与质地的视觉属性，都可以引起人们不同的联想和情感反应，表现出不同的视觉语言。线按性质可分为两种：直线和曲线。直线包括水平线、垂直线、斜线等形式。直线具有刚直、坚实、明确、简洁的感觉，同时还有静止的感觉。与之相对应的曲线则具有优雅、柔和、轻盈和富于变化的美感，同时还具有很强的运动感。自由曲线富于变化，追求与自然的融合，几何曲线富有节奏性、比例性、精确性、规整性等特点，并富有某种现代感的审美意味。

粗线具有重量感和紧张感，豪放有力，给人印象深刻；细线具有纤细、轻松、精致和敏锐感。长线具有持续性、速度和时间性；短线具有迟缓、动感特性。

水平线带有稳定、安全、永久、平和的意味，垂直线带有崇高、权威、纪念、庄重的意味。高层建筑通常以水平裙房表现整体的稳定，纪念碑用垂直形体表现其崇高和庄重。斜线是介于水平线与垂直线之间的形态，具有不安定和动态感，其方向性较强。墙面中出现斜线或使结构构件倾斜，则具有动感。

（2）线在建筑造型中的应用

线要素在建筑造型中作用显著，甚至可以说建筑造型离不开线要素的存在和表现。实际上建筑造型不但离不开线要素的视觉表现效果，而且离不开线要素在造型形式结构中发挥的组织建构作用。线要素在建筑造型中的存在形式有直观视觉表象的实存线和无直观视觉表象的虚拟线两种形态，它们在构图中发挥着截然不同的作用。

1）实存线。建筑造型中的实存线无处不在，一切相对细长的形态都具有“线”的视觉效果。例如一根根柱廊、一圈圈的拱券、一榀榀的屋架，以及建筑设备中各个系统的工程管道，都是由实际存在的线形构成的。建筑中的线要素一般都是立体的，可称为线体。

在总平面规划图中，与点状塔式建筑相比，平面单向尺寸相对较长的条形建筑可以看成线形态的构图要素。在建筑平面图上一道道墙体呈现线形投影。建筑立面中的线形元素包括建筑形体的天际轮廓线、体和面相交的分界线、体型转折处的棱角线和建筑细部的装饰线等。这些线形元素在塑造立面形象时起到了非常重要的作用。

建筑构件通常具有使用功能，或起着建筑构造的作用，造型构图中可以从审美角度对其加以利用和改造，使建筑构件（例如立柱、梁架、过梁，窗台、窗套、窗间墙、檐口等）在立面的线形构图中发挥重要作用，使结构构件表现出力度感。以扎哈·哈迪德的建筑设计作品为例，“流动感”在她的许多设计方案中表现得十分强烈，而“流动感”的设计手法即为一种线的造型表达。扎哈·哈迪德在格拉斯哥河岸交通博物馆的设计中，就是用线的流动感体现出建筑的优雅（见图5.18）。

图5.18　格拉斯哥河岸交通博物馆

2）虚拟线。这类在造型中具有规范性意义的辅助线，只存在造型构图的构思过程中，或是审美观赏的视觉思维中，没有相应的直观建筑表象，因此称为虚拟线。它们虽然隐藏在造型视觉形态背后，没有直观的视觉表现效果，但却能在造型过程中发挥重要的构图作用。这类具有重要构图作用的控制线包括：城市规划控制线（用地边界线、道路红线、景观轴线等）、几何关系线（中心线、对位线等）、形式关联线和构图解析线等。它们都对相应的建筑表象的形式美产生重要的组织和控制作用。

5.4.3　面

（1）面的概念与特征

线的有序排列就形成了面，面的特点是它具有长度与宽度，有时也具有一点点厚度，是有形体的面积。无论形体是规则的形还是不规则的形，它在视觉冲击上总显得比点和线更有表现力。面是线的移动轨迹，线移动的方向和角度不同，因而所形成的面就不同。平面是直线运动的轨迹形成的，在空间维度上是二元的。曲面则是曲线运动形成的，在空间维度上是三元的。曲面含蓄、优雅，在空间中常表现出律动感，曲面的运用使建筑造型别具魅力。面又可以分为几何形和自由形。几何形又可分为直线几何形和曲线几何形，自由形也可分为曲面任意形和偶然形。几何形与自由形的面相比，在视觉上显示出明显的秩序感，正是这种有序性吸引人们视线，给人一种井然有序、完整平静的视觉心理感受。而自由形显得别有张力，视觉冲击性强。

面的不同形状会给人以不同的心理感受。方形呈现安定的秩序感，具有简洁、男性的性格；曲线线形柔软；几何曲线有数理秩序感，自由中显露规整；自由曲线不具有几何秩序性，具有幽邃、魅力和人情味及女性的象征。

面的范围对面的表达有很大影响。在一般可观测范围内，面的形状、色彩、质地等均可得到一定的表达。但是，当面的范围较大，面的轮廓被忽视或不可见时，面的性质主要表现为面表层的视觉属性——质地、色彩等。反之，如果面的范围较小，轮廓趋近视野中心时，形状感会增强。

（2）面在建筑造型中的应用

面按其在建筑造型构图中的作用，可以分成实存面和虚拟面两种存在形式。

1）实存面。实存面是指可以视觉直观的面，对应一定的建筑表象。其主要特征是有很强的幅度感。在建筑造型中，给面加上一定的维度，称为“面体”，即有幅度的平面感很强的立体。实存面在建筑造型上的意义主要体现在两个方面：一种是建筑形体与空间的表面形态，其中包括建筑的屋面、墙面、楼地面、顶棚面以及构件设备装饰和家具等的表面形态；另一种是面状建筑形体的整体形态，指外形扁平、呈现为薄片状的建筑构件，如建筑造型中的板式构件，像挑出的雨篷、板式的柱子等，在视觉上具有幅度大而厚度小的特征，在造型表现上具有宽展轻盈的感觉。

建筑中的墙面、顶棚等大范围的面通常是起背景作用的。在设计过程中，主要是从色彩和质地方面考虑它们的衬托效果。作为重点表现的小块装饰面，因其具有图形的性质，所以应从形状、尺度等视觉属性的各个方面进行推敲。

面有搭接、穿插、交接、叠加、对比等不同的组合形式，在建筑外观设计中都具有表达个性的意义。面依其存在和组合方式的差异可以构成不同形式的内部或外部空间。在建筑中，地面与屋顶的高低起伏、墙面的曲直开合，都影响着建筑空间的性质和形态。

密斯·凡·德罗的代表作品巴塞罗那国际博览会德国馆，整个建筑形态主要由平面组合构成。它建立在一个基座之上，主厅用 8 根金属柱子支撑一片钢筋混凝土的平屋顶，墙面由大理石和玻璃构成，因不承重而可以自由布置。它们纵横交错，形成既分割又连通，既简单又复杂的空间序列（见图5.19）。这个建筑作品就是将面作为构成形体空间的基本要素，其存在和组合的不同方式构成了不同形式的内部或外部空间。

图5.19 巴塞罗那国际博览会德国馆

2）虚拟面。虚拟面则指由视觉心理可意识到的面，如点的双向运动或线的面化产生的面，不具有一定的建筑表象，只具有一定的构图意义。

5.4.4 体

（1）体的概念与特征

体为面的移动轨迹，具有三个空间维度，并占有实际的空间量。它与面的区别是不具有面的平薄感，而具有很强的三维性，具有重量感、稳实感和空间感。除了具有上述特征外，体还有一些不同于二维造型艺术的特征。一是体的光影感，所有立体的形态只有在特定的光源下才能观赏到，而有光就有立体形态丰富的明暗变化，也就会产生阴影。这是平面形体所不具有的特性。二是时空性，人们在观赏体的造型时，尤其是大体量的造型全貌，必须在移动中进行，从不同的角度去观察，这就增加了时间和空间的维度，所以常称建筑造型为四维空间造型。三是体与绘画一样的平面造型不同，是不受画框这样的有形边界限制的，而是受环境空间的制约，因而它的构图规律与平面构图体系大不相同。

在立体形态中，正方体由于各向相等，无方向性，既是直线系形体的原型，又具有一定的体量感，所以具有朴实、大方、坚实、稳重的性格。圆球体由于界面与球心呈等距离关系，也无方向性，而具有饱满、丰富之感。正三棱椎体为斜线性格的立体，又属于直线立体形式，它的性格挺拔、坚实、向上而稳重。

（2）体在建筑造型中的应用

与点、线、面相比，体具有长度、宽度和深度的三维立体空间形态，有充实的体量感和重量感，其造型方法与建筑造型关系十分密切，建筑造型的本质就是体的造型。要处理好建筑造型，就必须熟悉和掌握立体构成的基本原则、规律和方法。

建筑形体通常采用最简单的几何形体，这是因为建筑工程需要就地施工，自然希望建筑形态尽可能规则，基本形体具有单纯、精确、规范、易于操控实施的优点，并且在视觉上也具有各自明显不同的特征和丰富的表现力，因而容易被人感知和理解，在长期实践中作为一般建筑造型的基本形体单元被广泛应用。任何复杂的建筑形体皆可由基本几何形体的组合和变化衍生而来，可以说迄今为止的绝大多数建筑形态都可以看作是由基本欧式几何形体组合而成的。

建筑造型中最常用的基本几何形体有立方体、棱柱体、角锥体、圆柱体和球体，它们所对应的建筑表象，在建筑造型上均具有其本身几何形体特征相关联的视觉表现性格。最为广泛采用的是立方体，由于它便于度量、有明确的体量感、相同的直角形转角和轮廓，赋予立方体严整、肯定与规则的表达性格，在形体组合时也便于相互连接；圆柱体和球体都是在一定体积容量下外形最小的形态，造型具有向心集中的包容感、表面连续的整体感以及柔和感；角锥体和棱柱体与立方体相比，在造型上更显丰富，并有较多的变化，其棱角最具表情意义，其中正三角形锥体是形体造型中最有安定感的形态。例如，埃及金字塔以其单纯的正方锥体，在广阔的沙漠中，表现出高大、稳定、沉重又简洁的形象。

建筑造型上千姿百态的外观设计都是由基本形体依不同的方法构成的，若将若干块体按照造型艺术的形式美法则进行处理，则可以创造各种各样的建筑空间造型。常用的体造型方法有组合、分割、切削、变形，这些方法都能呈现出千变万化的建筑形态。建筑体块造型不仅有规则的几何体，也有特异的形态，不同的形式所表达的建筑内容和呈现的效果具有很大的差异。垂直方向的形体具有高洁、庄重、向上、雄伟的感觉；水平方向的形体具有平静、坚实、稳重的感觉；倾斜性形体则具有生动、活泼的感觉。

弗兰克·盖里设计的西班牙毕尔巴鄂市古根海姆艺术博物馆，是美国纽约古根海姆博物馆的分馆之一。它的横空出世以其特异的造型和崭新的材料举世瞩目。博物馆的建筑材料使用了玻璃、钢和石灰岩，部分表面还包覆钛金属；而建筑外观设计是有很多个向各个方向弯曲的曲面，每个曲面构成一个特异的体块，它们相互组合，形成了一个完整的建筑形态，具有很强的体量感。

建筑设计从平面布局到立面审美，再到空间围合和细部处理，点、线、面、体的造型艺术成为横穿其中的线索，成为将建筑形态、质感、光影的对立统一关系彻底贯彻至建筑每个生动细节的载体，给建筑师在进行创造时提供了统一、均衡、节奏、韵律等形式美法则。这些要素合理搭配应用，既传达了文化内涵，又创造了新的建筑造型。许多建筑师喜欢将构成艺术中的作品渗透到各个设计领域中去，以求创造出全新的视觉形态。

5.4.5 色彩

（1）色彩的特征

1）色彩的三要素。色彩的三要素指色相、明度、纯度。色相是指色彩的相貌，如红、黄、蓝是不同的色相。明度是指色彩的明暗程度。明度有两种情况，一种是同一色彩的明度变化，另一种是不同色相的明度变化。黄色明度较高，蓝、紫色明度最低，以白色为最高极限，以黑色为最低极限。纯度是指色彩的鲜明程度，它代表某一色彩所有成分的比例，比例越大，纯度越高，反之越低。光谱中各单色光是最纯的颜色，一般加白、黑、灰、互补色或其他颜色均可使纯度降低，同时也会改变它们的明度。

2）色彩的情感效应。色彩能引起人们生理和心理上的各种反应，这是由于人们根据生活经验，常把色彩与相应的事物加以联想，从而形成一种共同经验性的生理或心理反应，也影响着人们对建筑形象和周围空间环境的感知。这种由色彩产生的情感效应，具体表现在以下几方面：

a.冷暖感。色彩根据在光谱中的波长可以分为冷色系和暖色系。长波中的红、黄、橙色给人温暖感，使人联想到太阳、火焰，所以属于暖色系。而短波中的蓝、绿色容易使人联想到冰冷的河水、绿荫，给人寒冷感，所以属于冷色系。色彩冷暖与色彩的明度和纯度变化有关，比如黑色比白色显得温暖，纯度高的色彩比纯度低的色彩有增温的感觉。

b.空间感。色彩的冷暖还有使空间产生扩张或收缩的属性。具有高明度色彩的物体往往具有扩大尺度的感觉，而具有低明度的深色物体相比之下会有缩小尺度的感觉。明亮、鲜艳、高纯度的暖色调，使空间的距离感相对拉近，反之，柔和、灰暗、低纯度的冷色调可使空间的距离感相对推远。因此，暖色和亮色系可产生前进的空间感，而冷色和暗色系则产生后退的空间感。

c.重量感。明亮的色彩会使人感觉观赏对象较为轻盈，而深暗的色彩让人感觉沉着、稳重。不同的色彩可在心理上产生不同的重量感，例如淡蓝色天空，给人飘逸轻快的感觉，而深灰色的混凝土墙给人厚重沉稳的感觉。

d.情绪变化。色彩可对人的情绪产生不同的心理作用，诸如兴奋与沉静、紧张与松弛、舒适与困扰等。一般认为，暖色系色彩容易引起人的兴奋情绪，产生外向性心理反应，促进社会交往活动的开展，而冷色系色彩容易使人安静，引人沉思，产生内向性的心理反应，有助于人们集中注意力。黑色或对比度与纯度较高的色彩，可使人兴奋与紧张，而白色或对比度与纯度较低的色彩，容易让人沉静和放松。

e.象征作用。对于不同民族、不同地区、具有不同历史文化背景的群体而言，色彩的象征意义有较大差异。一般而言，红色通常被称为火与血的颜色，它既象征热情、喜气和活力，也可以产生恐怖和动乱的联想；黄色是所有色相中明度最高的颜色，它可以表达光明、希望、明朗欢快的情感；橙色是红色和黄色的混合色，兼具红、黄两色的性格特点，具有活泼和甜美的象征意义；绿色常常使人联想到植物，象征着春天和生命，可赋予事物清新、宁静、平和的性格；浅蓝色给人高洁、冷静、深远、幽雅的感觉，而深蓝色会让人产生冷漠、死寂、阴郁的感受；紫色常常和夜空、阴影相联系，因此具有一定的神秘感，同时也可以给人优雅、高贵、庄重的感觉；大面积低纯度的紫色可让人产生郁闷、沉痛和不安的情绪；白色具有暗示纯洁、朴素、神圣的情感意义，也可给人以空虚单调的感觉；黑色则容易让人产生阴暗、忧郁的联想，同时也可以产生庄重、高贵、肃穆的感受，可以起到反衬其他色彩效果的作用；灰色介乎于黑白之间，具有安静、柔和、质朴大方等象征性意味，但当大面积单独使用时，会产生刻板、单调、乏味的感觉；金色与银色均属于具有金属光泽的色彩，可给人质地坚硬、富贵华丽、高雅脱俗的感受，同时也具有奢侈和豪华的象征，若大面积使用会呈现羡富、媚俗的效果。

当组合两种以上的色彩时，应力求色彩的和谐，追求色彩的类似与色彩对比的平衡。所谓类似是指色相、明度、纯度的相互联系和接近，所谓对比，就是指色相、明度、纯度的相互对照和区别。在组合色彩时，类似性过强，即色彩间的联系过强，就会使色彩显得单调，反之，若对比过强，又会使色彩产生不统一、不协调的效果。因此在组合色彩时，对这两者要给予全面的综合考虑，做到统一而不乏味，对比而不杂乱。

（2）色彩在造型中的应用

在建筑造型设计中，色彩与其他造型要素相比，具有独特的作用和效果。从色彩的实验中可以得到证明：一般情况下人们在观察物体时，首先引起视觉反映的就是色彩，其次才是形体。而且，建筑的具体造型在实际操作过程中由于受到建筑功能、经济等方面限制，往往不能完全地表现出人们的设计创意或审美要求。色彩在建筑中的应用就显得相对自由，它可以恰当地表达设计创意，渲染文化气息，因而色彩的运用是建筑造型中特别重要的手段。色彩在建筑造型设计中的运用有以下三种：

1）运用色彩的强化作用。在建筑造型设计中，通常可利用色彩的冷暖和明度对比关系来增强建筑形体的立体感和空间感，从而达到加强形体和造型主体表现力的目的。在建筑形体中需要重点表现的部分（比如凸出的阳台、壁柱和门窗套等）提高色彩的明度对比度，在其余部分降低明度或对比度，同时还可配合色调的冷暖变化，使需要凸出部分的色调趋于暖色，凹入部分的色调相对趋冷，从而达到强化建筑重点部位或主体造型的作用。例如，我国古建筑屋顶的琉璃瓦为暖黄色，背光檐口的部分为丰富的冷绿和蓝色调。这就加强了建筑空间的阴阳和虚实效果，进而增强了建筑造型的性格和表现力。再如，建筑中的阳台与墙面的关系是一进一退的空间关系，造型有利于表现建筑的立体感。这时，色彩应加强这种效果，可将墙面处理成冷灰色使之有后退感，阳台可用高明度的暖色，使之有前进的外凸感，从而加强建筑造型的表现力。

2）运用色彩的调节作用。由于受到经济技术和使用功能等多种客观条件制约，设计中常有对造型难以满意或考虑不周的情况，致使建筑造型过于简单、刻板、呆滞，显现出某些明显的造型缺陷。此时利用色彩在视觉上的调节作用，弥补形体造型上的不足和缺陷，就是最为经济有效的办法。通过色彩处理对形体造型上某些明显缺陷特征进行视觉改造或隐化处理，可以改善整体造型设计的缺陷。例如，当造型上的大面积实墙面对整体效果和环境氛围产生不利影响时，如果对墙面采用适当的色彩装饰或壁画图案处理，可以有效改变其原有的沉闷、压抑的视觉感，使整体造型变得轻松活泼（见图5.20）。再如勒·柯布西耶设计的马赛公寓，由于内部居住机能的制约，立面造型显得有些单调，与居住建筑性格不大协调，于是采用了色彩手段，大胆地将凹廊的侧壁涂以高纯度的色块，给这座造型单调、表面粗糙的建筑增色不少（见图5.21）。

图5.20　某住宅立面（彩）

3）运用色彩的组织作用。由于受基地条件、功能关系和其他客观条件的制约，建筑形体和群体关系会出现过于复杂、凌乱的情况，此时为增强建筑整体统一的造型效果，经常利用色彩的视觉组织作用，将显得复杂松散的形体关系有效地转变为简洁统一的构图关系。在建筑形体上采取单纯统一的表面色彩处理，这是发挥色彩在视觉上组织作用最为简单有效的处理办法。例如著名的现代建筑大师理查德·迈耶的白色派作品盖蒂艺术中心，尽管其建筑形体较为复杂，立面构件形式多变，但单纯、统一的白色外表发挥了有效的视觉组织作用，使建筑造型表现出极强的整体统一感（见图5.22）。

图5.21 马赛公寓（彩）

图5.22 盖蒂艺术中心

色彩在建筑造型中是最易营造气氛和传达情感的要素，但是在造型设计过程中，色彩必须服从形体的构成关系，也就是说，它只能加强形体，而不能喧宾夺主地孤立地表现色彩。因此，色彩与造型必须相辅相成、融为一体，共同为创造完美的造型效果服务。色彩的运用一定要有整体感，与周边环境协调，符合建筑特色，做到多样统一，这样的配色才是成功的。

建筑色彩在实际运用的时候还必须考虑到建筑材料所能表达的色彩范围和施工技术条件等。如法国蓬皮杜艺术中心将所有管线设备暴露在外，并使用多种色彩分别代表着不同的功能。可见，建筑作为一种造型艺术，始终离不开色彩应用，完美的色彩处理效果能为建筑形体增添无穷的魅力。

建筑物的色彩对于人的感受影响很大，在设计中必须给予足够的重视。建筑造型的色彩处理除本身必须和谐统一外，还必须和建筑物的性格相一致，此外还应充分考虑民族文化传统的影响，最终满足人们的心理认知以及美学意象，使建筑艺术形象具有较强的视觉表现力和冲击力。

5.5 建筑造型设计的材料因素

材料是建筑造型设计重要的影响因素，不同的材料赋予建筑不同的表面感观。选用恰当材料达到建筑外观预想效果，是造型设计至关重要的一步。不同的材料可以让建筑外表皮传达不同的感受，只有熟悉材料性能，才能创造耐人寻味的造型。

建筑外表皮材料发展迅速。作为初学者很难了解并掌握每一种材料的特性，只能将材料分类，弄清材料的基本性能和共同特点。建筑造型材料一般按材质构成分为木材、砖材、石材、混凝土、金属、玻璃、塑料、涂料等，这是最常见的分类方法；可以按材料在建筑中所起到的作用划分，如结构材料、围护材料和装饰材料等；可以按照材料在建筑的应用位置进行划分，如墙体材料、饰面材料、门窗材料等；可以按照材料的形态划分，如线材、板材和块材等；还可以根据材料的来源分成天然材料、人工材料和半天然半人工材料，如木材、石材属于天然材料，而玻璃、金属是人工材料，砖和混凝土介于二者之间，属于半天然和半人工材料。建筑设计师要充分考虑材料特性，以及建筑物位置、功能、经济情况的实际需要，在琳琅满目的材料中进行合理选择。

在研究建筑造型的材料因素时，还要关注材料的质感和肌理，只有结合这两方面才能完整地表述建筑材料的形态特征。质感和肌理是材料的两个相关联的形态特性，其中质感是指材料自然属性产生的表面效果，可以由视觉和触觉直接感知，如粗糙的毛石、光滑的大理石、适度的木材质感等；肌理就是材料的自然纹理和人工制造过程中产生的工艺纹理，使质感增加了装饰美的效果。质感表现的形式美主要为静态、质朴和自然的意义，肌理表现的形式美则具有动态的、装饰的和理性的特征。

材料质感可以分为两大类：发光的和不发光的，或者称为光、麻两类。它们又分为粗、中、细三种质感形式。所有建筑材料的质感都可看作是相对关系，举例来说，如果用毛石、水泥玉光抹面和大理石三种材料构成建筑表面装饰材料，水泥玉光抹面相对于毛石就是细质感，但与大理石相比就是粗质感，可以说大理石是细质感，毛石是粗质感，水泥玉光抹面则是中性质感。

一般室外的公共构筑物工程常采用粗质感，以显示其耐候、耐腐蚀的坚固性能；公共和民用建筑的室外装修多数为中性质感，室内装修多数为细质感。各种质感都具有不同的表情，其中粗质感材料性格粗放，显得粗犷有力，表情倾向庄重、朴实、稳重，细质感材料性格细腻、柔美，显得精细、华贵、轻快和活泼，中性质感性格中庸，是两者的中间状态，但表情丰富、耐人寻味。

造型材料的选择还要考虑到材质的耐腐蚀性，如酸、碱等化学物质能够腐蚀材料，影响光泽度，这样的材料就需要设计师慎重选择。最后要考虑到材料的易洁性，有些造型材料由于本身原因易积灰、自洁性差，给后期清理维护留下隐患，不适用于造型的使用。

5.5.1 砖、石

砖、石都是古老的建筑材料。砖是一种砌块儿材料，它可分为烧结砖（主要指黏土砖）和非烧结砖（如土坯砖、粉煤灰砖等）。黏土砖在我国曾被大量使用，它以黏土为主要原料，经泥料处理成型、干燥和焙烧而成。砖的颜色受其组成成分和加工方式影响而不同，黄砖含有更多的石灰，如果含铁高，砖会变红。红砖是砖坯自然冷却的产物，如果砖坯烧成后，浇水冷却便会得到青砖。因为破坏土地资源，黏土砖在我国已被混凝土砌块广泛替代。

石材需要加工成较为方正的砌块，才便于运输和建造。在框架结构作为主导结构的当代，自重较大的传统石材显然不如新型高强度材料对结构有利，但是材料加工技术的发展、加工工艺的革新，使得石材比以往具有更多的表现潜力，比如说大理石可以加工得更薄、更透光，在光的透射下，建筑表皮就会呈现出柔和温暖的效果。

黏土砖和石材都具有很好的抗压性、耐久性、防潮性和防水性，因此被广泛用于砌筑建筑的基础和承重墙。由于受拉、受弯性能较差，因此在古典建筑中由砖石砌筑的建筑墙体，通常无法设置较宽的洞口，洞口之上需要依靠将垂直荷载传递给沿砌块方向的拱券来支撑。新建材出现后，洞口才开始使用钢筋混凝土过梁。在钢和钢筋混凝土出现后，砖石结构的建筑逐渐减少，但在一些小型建筑中砖石材料仍是受欢迎的建筑材料。

从材料的表现力来看，首先，砖石材料体现了天然质感，砌筑体块的尺度亲切宜人，质感或粗犷或细腻，因此砖石建筑在质感上更加容易获得亲切感；其次，作为一种砌筑材料，砖石的砌筑拼接有多种方式，会在建筑的立面上表现出与建造方式相联系的丰富纹样。例如，不同的墙体厚度与砌筑方式下，传统的黏土砖会呈现不同的纹理和立体空间变化效果，显现出较强的视觉冲击力和光影效果。许多留存至今的古老建筑都是石材建筑，和其他材料相比，砖石材料更能体现建筑的永恒性。

2010年上海世博会第四展馆建筑外观将砖的砌筑图案发挥到极致。建筑所处基地原本是20世纪70年代的一座旧船坞，工厂设计考虑重新利用此建筑传达可持续城市的理念，沿用了原有建筑结构和材料。在具体实施过程中，拆除了原有墙体，利用废弃回收的砖进行图案拼接。砖挑出或退入墙表面，形成浅浮雕式图案，使失去生机的建筑又充满活力，艺术感强烈（见图5.23）。

图5.23　2010年上海世博会第四展馆（彩）

建筑师马里奥·博塔喜欢用一色的清水砖砌筑，与众不同的是博塔将砖砌筑出了精雕细刻的效果。例如，他设计的法国艾弗利天主教堂，充分表现了砖砌块的艺术魅力（见图5.24）。教堂的内外两张皮是清一色的红棕色砖，令人赞叹的是砖的砌法是经过精心设计的。在砖身的内外皮上，以两排立砖无竖缝砌筑水平窄腰带，每个一条窗高间距，以连续卧砖和间隔丁砖隔行交替砌筑，形成密集方格纹理的宽腰带。由于砌筑方法不同，远看宽窄腰带的肌理有粗糙与平滑之分，色彩有深浅之别。建筑形体虽然简单，但表皮因不同的砖砌图案效果，特别是在阳光照射下砖砌筑的光影关系与肌理变化显得十分丰富和精美。

图5.24　法国艾弗利天主教堂

由赫尔佐格与德梅隆设计的位于美国加州的多米诺斯酿酒厂，根据各层室内采光、通风要求，采用规格、大小不等的当地石头分装在上、中、下三层金属框网中作为表皮。这样不但对建筑起到围护、通风作用，而且利用石材的蓄热性能对传热周期起到了有效的延迟，降低了地域气候昼夜温差大而可能增加的建筑能耗。在外观上，设计者以一种更加简朴的方法重新诠释了金属和石头两种材料的新型组合表现出来的材料的光辉（见图5.25）。

图5.25　多米诺斯酿酒厂

5.5.2　混凝土

混凝土在工程上常被简称为砼，它是指由胶凝材料将骨料胶结成整体的工程复合材料的统称。自古罗马时期开始，用火山灰作为胶凝材料的天然混凝土就被用于建筑，现在所使用的混凝土通常是指水泥作胶凝材料，砂、石作基料，与水按一定比例混合搅拌而得到的水泥混凝土，也称为普通混凝土。它可以借助模板，经过固化从而被塑造成任何形状，也能够根据需要按不同配比进行混合，形成不同的强度。混凝土从本质上说是一种廉价的、可塑人造石材，其力学性能与石材相似，抗压性能好，但抗拉性能较差。从19世纪中后期起，人们开始在混凝土中加入钢筋，大大改善了混凝土的力学性能。因此，经济、可塑、力学性能好的钢筋混凝土，成为20世纪以来使用最为广泛的建筑材料。

混凝土可以在工厂里浇筑预制件，然后在施工现场迅速组装建造，也可以在施工现场浇筑从而创造各种形状。这种灵活性使得许多新的建筑空间与造型得以实现。混凝土一度被认为是工业的、粗糙的、野性的建筑材料，只适合用在建筑结构上，然而建造观念的改变揭示出钢筋混凝土本身的材料质感极具艺术表现力。这种表现力来源于两个方面，一方面是它所使用的基料本身颗粒的大小、质感和颜色；另一方面是混凝土浇筑时使用的模具，模具本身的形状、尺寸、材质会直接影响所浇筑的混凝土表面的纹理和花纹，比如可以浇筑出带有木纹、印花或者丝绸般光滑的混凝土；此外混凝土表面也可以进一步加工，凿刻形成特定的纹理，比如斩假石。

由于混凝土具有理想的可塑性和丰富的表现力，历史上许多建筑大师都是借此材料发挥自己丰富的想象力和独特的思想。一些建筑师追求混凝土自然粗犷的力度美感，更加注重其真实性的表现，不惜保留施工后的痕迹，甚至瑕疵，主要靠建筑整体显现效果。例如柯布西耶设计的马赛公寓，木质模板压条在预制的混凝土墙上形成了一幅精心设计的图案，该建筑因其粗犷混凝土的应用以及特殊的造型语言为大众熟知。另一些建筑师追求混凝土的精致，力争表达出混凝土精致、自然、细腻的效果，以安藤忠雄为代表。日本著名建筑师安藤忠雄，以其富有特色的光影设计、精致简练的细部设计、强烈的几何形式感、深邃的东方哲学意义，并结合精致的混凝土施工制作工艺在建筑界声名远扬，清水混凝土成为其建筑的标志性材料。例如在光之教堂建筑作品中，清水混凝土显示出机械加工般的精致、丝绸般的柔美质感，完全打破了人们印象中混凝土的粗野形象，使人们重新认识到了混凝土的魅力。还有一些建筑师，如贝聿铭将混凝土的粗犷和精致协调起来，建筑整体由于体块比例的推敲显得精致无比，接近建筑时，混凝土墙面又显现出粗犷的力度。因其经典的空间比例和精良的施工，体现了现代主义建筑的优雅。1968年建成的伊弗森美术馆的清水混凝土墙因其锤击加工显现出粗条绒布纹的质感。美国大气研究中心由于采用附近采石场的石料作为混凝土外墙的骨料，然后加以剁斧处理，使得建筑物的色彩和质感与其山岩背景极为协调（见图5.26）。

图5.26　美国大气研究中心（彩）

随着科技不断发展，现在已经出现了可透光的混凝土，即透明水泥。这种可透光的混凝土由大量的光学纤维和精致混凝土组合而成，透光厚度可以达15m，而在这种混凝土中，光纤占的体积其实很小，混凝土的力学性能基本不受影响，与普通混凝土一样结实牢固，完全可以用作建筑材料。2010年上海世博会意大利馆建筑外墙面就使用了透光混凝土预制板，白天阳光可以透过墙壁照射到馆内，晚上室外可以看到室内的灯光，甚至可以折射出馆内人们的身影（见图5.27）。

图5.27　2010年上海世博会意大利馆（彩）

5.5.3　金属

金属材料易于加工维护、表面精致、使用寿命长，这些优点使得金属材料越来越广泛地应用在建筑外立面上。金属材料从点缀延伸到赋予建筑奇特的效果，其轻盈、精致、细腻的特点表达了新时代的美学观点。金属一般分为有色金属和黑金属。建筑外观设计中常用铝、钢、锌、不锈钢等材料，不同的金属具有不同的特性和表现形式。金属具有不同于其他材料的细腻、光洁，其表面质感有亮光和亚光之分。金属的精确加工性能和任意塑形的特点也为建筑的表现力创造了得天独厚的条件。弗兰克·盖里设计的毕尔巴鄂古根海姆博物馆，其建筑主体支撑结构与围护结构分离，采用易于加工成曲线的钢架作为外墙龙骨的支撑，外表面覆盖一层薄的钛合金层。钛金属板不会生锈，容易加工造型，被固定在金属框架上，由于墙面的曲率在不断发生变化，所以阳光下闪着金属光泽的墙体，也在不断变化着亮度和色彩，是娴熟使用金属做表皮的典型案例（见图5.28）。再如英国格拉斯哥的苏格兰会展中心，采用一组变跨度拱形网架结构，外部覆盖抛光镜面不锈钢片的建筑造型，即展现了新材料、新结构之美。贝尔法斯特泰坦尼克号博物馆是为了纪念泰坦尼克号沉没100周年，在2012年时建立的。整座建筑高约34.7m，和泰坦尼克号一样高。外墙由反光铝板镶嵌，远看像一座冰川（见图5.29）。

图5.28　毕尔巴鄂古根海姆博物馆（彩）

图5.29　贝尔法斯特泰坦尼克号博物馆（彩）

现代技术可以制造出各种颜色的金属板材、金属复合板，特别是金属编织材料的出现，使金属材料产生新的肌理。由保罗·安德鲁和华东建筑设计院联合设计的苏州科技文化艺术中心，以金属网作为整个建筑的外表皮，纹理蕴含了苏州传统文化特色的花格窗、青花瓷纹样，形成细腻而富有韵律变化的机理，而隐藏其背后的LED灯，在夜晚变幻不同的色彩、图形，使建筑表皮白天和夜晚呈现出不同的景象（见图5.30）。

图5.30　苏州科技文化艺术中心（彩）

5.5.4　玻璃

玻璃是一种坚硬易碎的透明或半透明物质，由熔化的二氧化硅制成，熔化时玻璃可以被吹大、拉长、弯卷、挤压成许多不同的形状。玻璃具有视线清晰又防风防雨的性能。通常玻璃易碎，但是掺和其他成分可以使其强化、防碎；在两层玻璃中加入真空密封层，可以使之具有绝热性能。玻璃用途广泛，包括用于大面积无折光的平板玻璃，经过热处理的强化玻璃，增强防火性能的嵌丝玻璃，用于减轻太阳辐射的吸热玻璃，可以减少热能损失的保温玻璃，用于装饰室内隔断的波纹玻璃，以及用于金属反射面上的镜子玻璃。实践中，玻璃结构常和钢结构结合起来运用，使建筑外立面摆脱了沉重的砖石和混凝土的束缚，而呈现出晶莹剔透、极具现代气息的崭新面貌。玻璃还可以通过酸蚀刻、喷砂等产生半透明的立面效果。利用点状、线状或半熔玻璃进行丝网印刷可以生成各种图案。为了强调外立面晶莹剔透的效果，建筑师经常会运用有色或反射玻璃，而且反射玻璃可使建筑产生如晶体般熠熠生辉的效果。赫尔佐格和德梅隆设计的东京普拉达旗舰店，通过对玻璃砌筑体进行创造性组织，使建筑呈现晶莹剔透的效果，是对玻璃反射性、透射性的独特运用；西萨佩里设计的蓝鲸系列作品，成为利用玻璃反射性创造极端效果的优秀范例；拉斯维加斯某酒店通体采用玻璃幕墙，使得建筑像水晶一般晶莹剔透。（见图5.31）。

图5.31　拉斯维加斯某酒店的玻璃幕墙（彩）

支撑体系对玻璃的透明度表现影响最大。玻璃幕墙的支撑体系不断发展完善，总体说来是向着表层完全玻璃化的方向发展，从框式玻璃幕墙、玻璃肋幕墙、隐框玻璃幕墙、点支式玻璃幕墙到无孔点支玻璃幕墙等，其透明性和整体性依次增强。玻璃幕墙的保温和隔热性能较差，有很大的能耗。但随着节能技术的发展，节能型玻璃出现了，例如中空玻璃、LOW-E玻璃等，可以实现建筑节能。从材料角度讲，玻璃的强度极高，且经过硬化处理后，其抗压性能可以与许多石材相媲美。这有助于建筑师对全玻璃结构的追求，即整个建筑只用玻璃和黏胶，使表皮几近虚无。

技术的发展，使得玻璃的透明度可以按照设计的意愿或外界环境的变化而改变，如变色玻璃、液态水晶玻璃、光致变色玻璃、全息图像玻璃等，成为透明度可控的玻璃。这些玻璃在建筑表皮上呈现出丰富多彩的效果。此外，玻璃砖也在建筑外立面中应用广泛，与普通玻璃最大的不同是，它具有自承重能力。玻璃砖以方形和矩形为主，同时有多种颜色和尺寸，以及各种图案和花纹，本身就有很好的装饰效果。

让·努维尔设计的阿拉伯世界文化研究中心的建筑外墙由近百个相机光圈构造的窗格组成，将阿拉伯文化符号巧妙融入建筑语境中。这种肌理既展现了阿拉伯文化特征，又展现了玻璃幕墙自动调光技术构造的形式，实现了技术构造与艺术效果在表皮肌理上的高度统一。

5.5.5 其他复合材料

除了传统的建筑材料之外，各种合成材料也层出不穷，乙烯-四氟乙烯共聚物（ETFE）是最具代表性的材料，已成为当代流行建材。由澳大利亚PTW建筑事务所和中建国际设计顾问有限公司联合设计的国家游泳中心“水立方”的表皮就是采用了ETFE超稳定有机薄膜。中间充气形成气囊，边界固定在铝合金边框上，再固定在多边形结构构件上，形成类似水泡的表皮外观。白天馆内可以获得明亮柔和的光线，夜晚通过内外灯光照射，使得建筑通体晶莹朦胧。

当代，计算机技术正在引发建筑材料的革命。人类对物质世界的计算和操作能力，已经深入到无法想象的微观世界，不断发明和创造出各种新的材料。纳米技术的应用会改变建筑的未来，而智能合成材料意味着材料设计的巨大变革，同时一些非常规的建材，诸如电子屏幕、图像印刷等在建筑中得以尝试和应用。随着电子通信和声像媒体技术的进一步发展，建筑的表皮日益平面化、图像化，这也是数字时代在建筑上的反映。由赫尔佐格与德梅隆设计的德国慕尼黑安联球场，正是利用表皮作为信息传达的媒介。面积约4200m^{2}的巨大曲面形体由1056块菱形半透明的ETFE充气嵌板包裹，总数达2160组的板内嵌发光装置，可以发出白色、蓝色、红色或者浅蓝色的光。同时发光强度、闪烁频率、持续时间都可以通过仪器来控制，这样的表皮就像一个巨大的LED屏，以不同色彩组合向球迷反映比赛的主场队伍，营造着场内的比赛氛围，即使远离比赛点的区域也可以感受到热烈的气氛（见图5.32）。

图5.32　德国慕尼黑安联球场（彩）

英国伯明翰塞尔福里奇商店的建筑外表面在垂直和水平两个方向上的区域同时发生变化，建筑师用15 000个经过氧化处理的铝盘覆盖整个表面，光鲜亮丽的外表不仅保护了墙面，同时也装饰了建筑表面。从远处看，鱼鳞状的表皮在灰砖形成的城市环境中独树一帜（见图5.33）。

图5.33　英国伯明翰塞尔福里奇商店（彩）

由此看来，设计者不再把表皮作为功能空间的一个围护和界定材料，反而赋予其更多的时尚意义和社会意义。如同19世纪钢筋混泥土、玻璃和钢的应用为建筑带来了革命性的变革，21世纪各类新型材料的出现也必然会深刻改变未来建筑的形象。传统建筑材料作为表皮的表现力不断推陈出新，层出不穷、令人眼花缭乱的新材料，甚至非常规建筑材料和建筑表皮的介入为设计者开拓建筑造型拓展了思路。但是作为造型的构思，旨在对传统材料不拘泥于固定思维方式运用创新，只有了解材料的性能，材料的加工工艺、施工方法，才能跳出单一的方式和使用材料的僵化思路，积极探索运用材料的多种可能性。尽管在创造建筑表皮方面存在着各种诱人的设计和技术可能，而且表皮与功能空间严格的对应关系在信息时代已失去了以往的意义，我们在建筑创作中可以不讲风格、不讲条件地随心所欲，但表皮材料毕竟是物质的，要受到有限的自然资源的约束，如何以生态可持续的观念选择表皮材料是我们在形态构思中需要关注的。

建筑作为文化的一种表现形式，经济、政治、文化等社会要素直接影响到建筑艺术形态。它的造型手法无法摆脱点、线、面、体等基本构成元素，无法脱离材、质、色的表达。这些因素在当代建筑设计中直接或间接地影响着建筑形态和审美。建筑的表皮材料不仅仅是单纯艺术表现意义上的表皮，而是赋予了更多本质意义的建筑皮肤。它已成为建筑空间与外界环境进行物质能量交换的界面，由传统的注重视觉效果的表皮，转变为具有皮肤般深层构造和自我调节功能的有机组织。当代建筑正是基于这种新的认识，力求使建筑表皮材料成为艺术表现与技术构造的有效结合点，实现了艺术效果和功能技术的有机整合，极大丰富了建筑造型表现力。应该说，材料技术只是手段，对体验主体的关注才是材料多样表现力的真正源泉。

5.6 建筑造型设计的手法

在了解了建筑造型的规律和原则、掌握了各种形式美的法则后，初学者还要掌握正确处理建筑造型的方法。对建筑造型来说，形体和立面是相互联系、不可分割的两个方面。建筑形体反映了建筑外形总的体量、比例、尺度等空间效果，而立面处理则是建筑形体的进一步深化。下面将从这两个方面分析建筑造型设计的方法。

5.6.1 建筑形体的造型设计

要研究单体建筑的建筑形体，首先要从群体空间来看。在建筑群的空间构图中，各建筑之间应有机连结、相互协调，而不能各自为政、自行其是，破坏建筑群的完整和统一。在群体空间或自然环境中，建筑物的体量、体型是很重要的，设计时必须分析建造地段的环境特点，仔细推敲研究。不仅要考虑单体建筑形体的完整性，同时还要考虑建筑与周围环境的协调及外部空间的整体性。建筑形体的产生脱离不了物质技术内容，每一幢建筑的功能要求、施工条件不同，建筑空间形式的处理就产生了多种可能性。因此设计一定要根据具体条件来考虑。

建筑师在设计实践中创造一种成功的建筑形体设计新方法，会给建筑形象带来引人注目的新鲜感，在一定时期，可能起着引领设计新潮流的作用。任何一种方法都有是否使用得当的问题，必须根据具体情况，注意方法的表达效果，不能不顾环境条件随意套用、滥用。当一种成功的新方法广泛应用时，也就逐渐失去了新鲜感。建筑形体造型设计常用方法有加法和减法、重复法、变异法与仿生法。

（1）加法和减法

在完整的建筑形体上添加一个附属的、小的形体，对整体效果有丰富补充的作用，从而产生抽象而又丰富的立面形式，称为“加法”；在整体的形体上按照形式构成规律进行消减、切割，挖掉一部分，使之成为新的形态，称为“减法”。

加法是一种添加造型的方法，是现代建筑师最常用的造型手法。这种手法是将基本几何形体（如球体、圆柱体，棱柱、长方体等）进行各种组合，从而产生抽象而又丰富的造型形式。采用加法的手法组织建筑形体是把建筑局部看作重点元素，整个建筑就是把若干个单元和局部加在一起。在进行加法设计时一般要注意，添加形体不应改变或干扰原型的基本造型特征，添加体与原型的关系是一种从属关系，同时要注意添加体与母体之间在比例、质感、色彩方面的有机联系。加法的目的是补充，不是画蛇添足。若添加适当，则可以烘托建筑的造型，并与其融为一个整体。在造型中运用加法，有意识增加空间层次变化来丰富建筑形象，不仅增强了建筑物的体积感，也能产生强烈的光影效果。这种光影效果可以在建筑形体上形成美妙的图案。

建筑设计中运用加法的造型方法有很多，如弗兰克·盖里设计的迪斯尼音乐厅（见图5.34），沿主要建筑形体空间周边附加小的形体，可以使主体形象富有变化，同时保持在整体建筑中的主导地位。这样的方法使建筑造型变得轻松自由，有助于活跃建筑造型的气氛，并形成新颖的空间造型。又如矶崎新设计的洛杉矶现代艺术博物馆，该建筑综合运用了方形、圆形、锥形等多种基本几何形体，用加法手法将体块组织在一起，形成了丰富多变的建筑形象。

图5.34　迪斯尼音乐厅

减法在当代建筑造型设计中也被广泛应用。从建筑造型的意义上讲，从一个完整的形中切掉一部分或多部分既可以保持原有的形体特征，又产生了切削后的变异性。切削后所产生的切削面就是新的造型元素，从而增加了形态的独特性和趣味性，容易引人联想，给整个建筑造型带来生机。减法必须遵循从整体到局部的设计原则，原型部分要占绝对的优势比例，减去的部分要遵循一定的规律，相对来说比例要小而集中。减法有强调局部的作用，减法造成的缺损部分总是有特殊感，容易引起视觉注意。使用减法不仅可以创造别具一格的形状，洞口还可以引导人们进入另一空间层次。减法在我国传统建筑中应用普遍，园林建筑的入口常常用围墙挖洞的形式，而洞口形状各异，非常具有表现力。

由于减法这种造型形态具有一定的体量感，在风格上趋于稳定和厚重，因而适合表现庄严和严肃的气氛。入口设在转角处的建筑常利用减法，避免棱角处的咄咄逼人，代之以舒展的水平面，向人展示出欢迎的姿态（见图5.35）。如图5.36所示，由贝聿铭设计的美国华盛顿国家美术馆东馆就是运用减法形成的造型，建筑的整体立面既对称又不完全对称，形成有表现力的造型，具有很强的雕塑感。如图5.37所示的博塔设计的马里奥·博塔之家，在圆柱体的基础上进行切削加工，打破规则几何形体的平静稳定，给整个建筑造型带来生机。又如西萨·佩里设计的太平洋设计中心二期工程，建筑师使用减法将建筑主体去掉一部分，切削造成的缺损部分极易吸引人们的视线（见图5.38）。

图5.35　日本福冈银行

图5.36　美国华盛顿国家美术馆东馆

图5.37　马里奥·博塔之家

在运用加法和减法造型时，若与虚实关系结合在一起，不仅可借形体增减的处理手法来丰富建筑形体的变化，还可以借虚实对比增强建筑的体积感。图5.39所示为桢文彦设计的螺旋大厦，建筑师将正方体、圆柱，圆锥、球体和网格等元素灵活拼接在一起，通过空间的凹凸处理，使建筑造型呈现出丰富的虚实变化。

图5.38 太平洋设计中心二期

图5.39 螺旋大厦

（2）重复法

将有个性的单体转化为肌理或单元再按照一定规律进行复制称为重复法。造型处理中，重复法也可以称为母题法，即以某同一要素作为主题，经过反复的变化，取得造型形式统一的手法。重复是通过不同角度，以不同的组合方式表现同样的形状，将单体变为组合体，使单体的表征得到进一步强化，通过每一个单体的相互作用，造成群体的综合效果的。建筑设计中将相同或相似的形体构件进行排列，这种重复的过程可以使建筑造型产生强烈的韵律感和秩序感。

在建筑中，既有完全相同的细部运用，又有相似细部，如大小、形状、材质的使用。重复使单体变为组合体，使有个性的单体性格特征进一步加强。重复不仅强化了个体的性质，而且通过它们的相互作用，造成群体的综合效果。这种组合方式表现通常有两种，一种是平接，另一种是咬合。平接时，连接关系明确，各单位具有相对性。这样的建筑形体，表情明快、富有节奏。完全相同的细部排列，很容易给人以秩序井然的感觉，并且利用了各种材料和细部节点，给人们留下了深刻的印象。如欧洲古典建筑中的柱矩阵或者教堂建筑中结构构件的排列，外露壁柱和尖券窗的重复就给人严谨、庄严之感。现代建筑中由于采用了工业化生产，因而更容易形成构件的重复和由此产生的韵律。造成重复细部的原因大致可以分为下面三种：其一是标准化的预制构件产生了相同的细部。这些构件可以是最小尺度上的，也可以是更大一些的构件。例如，图5.40所示为巴伦西亚科学城，圣地亚哥·卡拉特拉瓦将构件的繁复作为追求结构美感的手段，将建筑物的构件重复运用，构件之间互相咬合，形成建筑的韵律感。这种纯粹的结构重复比许多其他设计手法更能打动人心。其二是充分利用建筑的面宽和高度。现代建筑中采用了相同的柱网、相同的开间和层高，自然而然就产生了相同的开窗尺寸，形成了强烈的横向韵律。例如，德国包豪斯档案馆采用重复的圆角形天窗形成的屋顶轮廓线，产生了特有的建筑形式母题，建筑风格独特（见图5.41）。其三就是建筑采用了相同的功能单元，比如住宅、办公、学校建筑。例如，加拿大建筑师摩西·赛福迪设计的哈毕坦住宅楼，是一个由354个标准单元构成的158套住宅建筑，整体造型以方盒子为形式母题，再结合地形相互连接叠加而成，表现出强烈的韵律感（见图5.42）。

图5.40　巴伦西亚科学城

图5.41　德国包豪斯档案馆

图5.42　哈毕坦住宅楼

在使用重复法时，也要遵循主从原则，包括形体大小的主从关系、形体方向的主从关系和形体质感的主从关系等。

（3）变异法

变异原指生物遗传学中同一起源的个体之间的性态差异。在建筑造型中，变异的造型处理是指在建筑形式的几何关系上，采用了对传统几何构图进行变形处理的方法，利用多种图形复合与转换的技巧使原本相对简单而明确的几何关系变得较为复杂和含糊，导致建筑形态几何关系的畸变，从而生成陌生而新奇的几何造型。运用变异法可以实现创新建筑造型的目的。自由几何体一般由简单几何体变形而来，变形及改变事物原型的某些因素，瓦解原形的同时保留其某些特征，使人们仍然能够感受到事物原型的某些痕迹，这是格式塔心理学中的变调性。常见的建筑造型中的变异有弯曲、倾斜、旋转、错位、断裂、穿插、拉伸等方式。对形态进行操作的过程中，建筑师除了对建筑形体进行常见的加减法处理，越来越多地采用变异法，因此产生了耳目一新的建筑形式。变异法与常规的加减法改变空间有所不同，它是形体非常规的变化，对建筑形态的线面体进行弯曲、扭曲、旋转、折叠、挤压、膨胀、分解、错位、叠加、断裂等各种操作使之发生变化，通过形体的运动感、流动性、可塑性、弹性、张力和无规律的变化体现物质特性，追求不平衡感和视觉刺激，给人强烈的视觉冲击，让人在视觉上产生紧张感。形体的变异是将传统的几何形体弱化或消解成自由和有机的形体，表现出弹性、塑性和张力。单一的几何形态转变为以变量为主导的不定形态，在建筑造型上进行变异来体现个性化，并激发人的注意力，摆脱理性教条主义的束缚，打破和谐统一的建筑美学法则，在形态中引入偶然、随机等理性所排斥的东西。由单一的几何形态走向以环境参数和变量为主导的不定形态，通过偶然、无定向、移植等非常规的方式，表现更为接近真实自然的原生态已成为当代建筑设计的趋势。传统的几何形体是一种对抗垂直力系的表现，往往缺乏生气，而应对非垂直力系的建筑形态显得更灵活多变。结构技术的发展，为丰富创新建筑形态表现提供了物质基础。与建筑的秩序性、永恒性等特点背道而驰，变异着重表现材料的偶然性、临时性、不定性、无向度和异质性等特性。传统建筑中厚重的外墙成为建筑师进行变异的目标，一些当代建筑师对表皮进行了轻、薄、透的处理，使建筑有消隐感。采用人为的怪异图案和特殊材料装饰表皮，强调表皮的表现力，或使质感成为建筑形态重要的表现对象，强化人对建筑的触觉感知。

建筑造型中的变异在一定程度上激发了设计的活力，是在对现代主义的批判中出现的一种建筑造型设计手法，其开放性的设计理念对避免建筑教条僵化将起到一定的积极作用。值得注意的是，建筑形体变异一定要考虑功能要求和技术条件的限制。不能为了变异而变异，为了打破常规或追求奇异的视觉效果而进行变异，应意识到建筑形态变异对个性的强调和脱离背景的创造，虽然能带来一时的新奇，但是在具体操作时应注意把握分寸。只有结合时代的发展，不过远偏离大多数人的审美观，历经时间的筛选，才能获得永恒的美感。

图5.43所示为赫尔佐格和德梅隆事务所设计的加州笛洋美术博物馆，就是简单几何形体的倾斜扭转和有节制的变形。

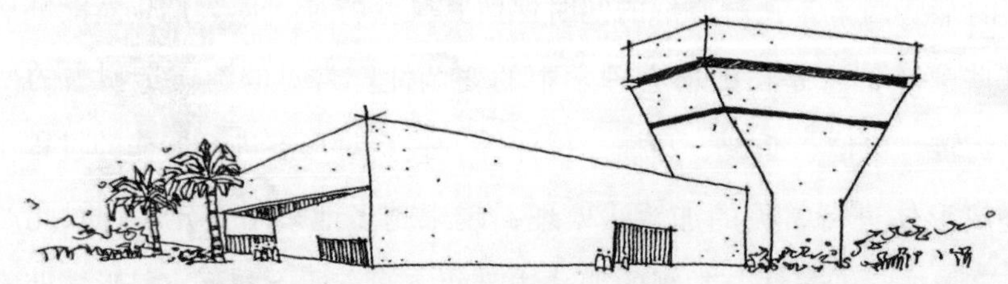

图5.43　加州笛洋美术博物馆

如图5.44所示，里伯斯金设计的柏林犹太人博物馆以弯曲折线形，表达犹太人在德国的艰辛历程。

图5.44　柏林犹太人博物馆

1）旋转和叠合。旋转是将平面图形的几何轴线围绕原定几何中心位置旋转一定方位角，并将旋转后的图形与原图形叠合，形成新的平面图形的造型方法。旋转是一个或几个部分围绕一个中心运动的概念性过程，所有旋转部分可能有同一个旋转中心，但也不一定是同一个，但是造型设计中用旋转的方法可以改变空间的方向，以适应不同的环境对应关系，并以此为契机构成形体空间的变化。旋转不改变原形的表面连续性，在弯曲、变形和折叠的基础上，引发了视觉对肌理产生变化而呈现出柔软状态，甚至产生一种动感。同样，运用改变高宽比、斜扭、环形扭曲、不同方位的轴旋转弯曲、扭动等手法，既可以丰富空间想象，又适应现代人审美情趣的转化与新的时尚追求。旋转手法可以丰富建筑形式的几何关系，改变刻板单调的几何造型效果。例如圣地亚哥·卡拉特拉瓦设计的瑞典马尔默市旋转大厦，该建筑极具特色（见图5.45）。大楼共53层，高190.3m，建筑外形由9个立方体组成，每个立方体按顺时针扭转一定角度，整幢大楼一共旋转90°，犹如一枚螺丝钉，造型别致、前卫。卡拉特拉瓦旋转设计的独特灵感来自于一座扭动身体形态的人体雕塑，所以大厦看上去如人体扭动之优雅姿态。马岩松设计的位于加拿大密西沙加市中心的“梦露大厦”（见图5.46）就是通过对整个形体进行连轴扭曲自然完美地展现了女性纤细的体态，成为当地地标性的豪华公寓大楼。德国斯图加特的梅赛德斯·奔驰博物馆以三叶草形为平面格局，在空间上采用双螺旋结构，三叶草的叶片围绕一个三角形的空间盘旋缠绕，形成六处横向延伸的平台，交替占据着单双数的楼层，使多平台之斜坡在其间沟通，形成了以展览、公共活动以及服务的复杂整体（见图5.47）。西北工业大学长安校区图书馆采用旋转造型，层层悬挑并旋转，不仅创造了大胆新颖的造型，而且使室内空间形态变得更为丰富有趣，表现出了特别的视觉和空间效果（见图5.48）。

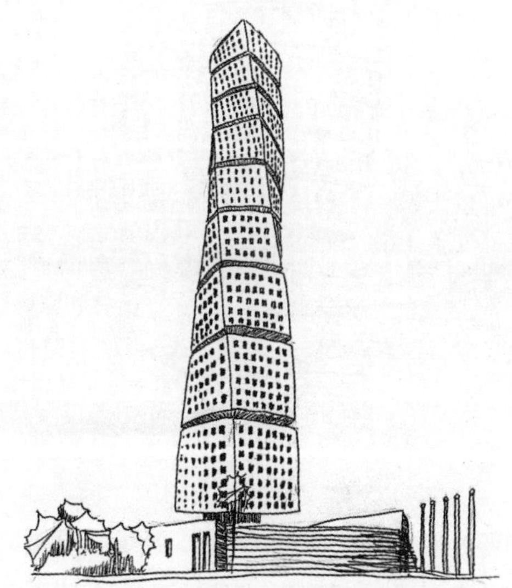

图5.45　瑞典马尔默市旋转大厦

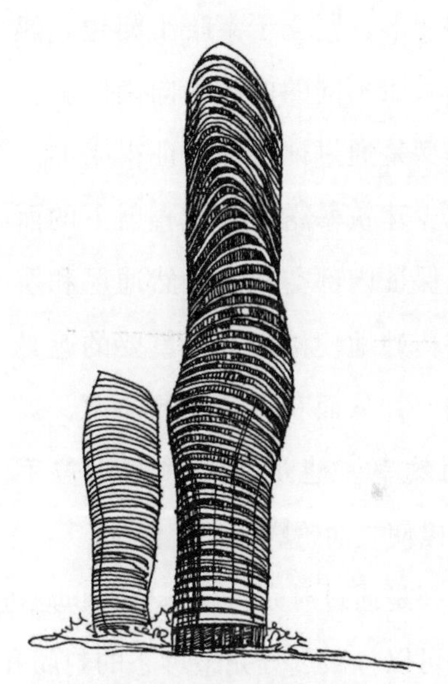

图5.46　梦露大厦

图5.47　斯图加特奔驰博物馆

图5.48　西北工业大学长安校区图书馆

2）错位和断裂。错位就是两个部分之间相互移动，和旋转不同，移动时方向保持不变。这是一种简单易行的造型手法，具有多种造型功能，可以改变建筑的比例和尺度，改变建筑的平衡和稳定。错位所带来的矛盾能吸引人的注意力，是一种不对称的、错位的、非规律性的对比关系所给予的强烈视觉冲击。新的造型效果借助审美机制中“完形心理”的作用，仍能启发联想起部分原形的形式特征和意向，使人们容易理解构图生成的新的造型形象。错位可以形成阶梯状的轮廓线，增加建筑的层次，还可以制造多元的运动变化状态。如图5.49所示，诺曼·福斯特设计的英国伦敦市政厅建筑采用比较独特的体系，没有常规意义上的正面和背面外观，犹如一个斜置的卵形，竖立于泰晤士河边。建筑平面采用不同的椭圆并向南倾斜，这种体型是通过计算和验证得来的。尽量减少建筑暴露在阳光直射下的面积，以保证内部空间的自然通风和换气，并巧妙地使楼板成为重要的遮光装置之一，从而获得最优的能源，提高利用效率。建筑造型采用错位手法，可以使立面轮廓富于变化。

图5.49　英国伦敦市政厅

断裂是通过对完整形态有意识地进行断裂破坏，激发观者的艺术参与愿望。用断裂手法可以打破过分完整形态的封闭和沉闷感，通过断裂形成的残缺美会给人留下深刻印象。断裂法虽然突破了规则，形态上却没有从根本上摧毁规则整体的秩序感，只是以局部的残损反映自由对规则的对立与抗争。断裂法的宗旨在于兼得规则的秩序感和自由变化的生动魅力。如图5.50所示，美国赛特集团设计的加州圣克拉门托市的贝斯特展销店，将一个高13m、呈锯齿状的建筑主体分开，将建筑墙角设计成建筑的入口，使人联想到地震破坏后的情形，用虚构的灾难、坍塌的形象反对古典式的完美。又如承德城市规划展示馆（见图5.51），建筑造型简洁沉稳，将承德的山区地形抽象为岩石的材质和体型，四周成组悬挂深色石材条板，通过不同宽度的间距及朝向突出建筑的体量感，与环绕在承德四周的山脉相呼应。展览馆建筑整体方正，城市规划展览体块被三块实体包围，展览馆入口为位于经断裂造型处理后的西北角的大台阶上，非常醒目。

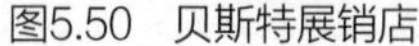
图5.50　贝斯特展销店

图5.51　承德城市规划展示馆

3）穿插与拉伸。穿插是采用两个或两个以上不同的建筑平面图形，以任意角度相互穿插与交错后叠合生成新图形的造型方法。新生成的几何形态可呈现出各图形之间的主从关系，使建筑形体表现出强烈雕塑感的造型意象。采用穿插手法，两个或者多个形体相互穿破各自的界限而交叉并置，物体相互渗透交融，完全打破了原来形体，使原本简单明了的形式变得丰富和复杂，造成一种冲突与变异的效果。穿插可以是面与体穿插、体与体穿插，可以是相同形穿插或者是异形穿插，也可以是虚实两部分的相互穿插，实体部分环绕着虚的部分，同时又在虚的部分中局部插入若干实体部分，构成和谐悦目的图案。不同的穿插方式可以形成不同的变化，从而给建筑造型设计带来更多的可能性。安藤忠雄运用几何形体穿插的方法创造了很多举世闻名的建筑作品。小筱宅的整体建筑造型由一组平行布置的混凝土方形体块和一个后来加建的半圆柱体块构成（见图5.52），这样的曲面与平面穿插的造型设计，使建筑空间富有变动感。又如扎哈·哈迪德设计的罗马国立当代艺术中心，几个建筑形体像藤蔓般交缠重叠，高低起伏，在建筑与城市空间中交融缠绕，把周围环境的方向和空间特征更好地融入当地特有的情景之中。再如西安市高新区某城市综合

图5.52　小筱邸

体的商业部分运用体块的穿插旋转处理，创造了雕塑感强烈的造型（见图5.53）。

拉伸是从整体中拉出一部分的造型手法。拉出去的部分有吸引注意力的作用，容易成为视焦点。拉伸部分由于处理方式不同，会形成有表现力的造型和特异空间。拉伸出去的部分与整体之间形成的开口也是富有表现力的部位。例如，扎哈·哈迪德设计的美国辛辛那提当代艺术中心（见图5.54），在建筑立面边缘处拉伸出的一个黑色长方体块，成为建筑的视觉中心。设计师通过几何形体的冲突碰撞、色彩对比等手法赋予建筑更强的表现力。

图5.53　西安市高新区某城市综合体

图5.54　美国辛辛那提当代艺术中心

（4）仿生法

仿生法是指模仿生物或植物形态来设计建筑造型。它是吸收动物、植物的自然生长规律，并结合建筑的自身特点，适应新环境的一种造型创作方法。造型语言原型来自于形态丰富的大自然，因而是具有生命力和可持续发展的。仿生并不是单纯地模仿、照抄自然界的生物形态，它可以表现生命形态的生机和活力，有利于融洽人、建筑与自然的关系，因此仿生法也成为近些年比较流行的一种造型方法。

仿生法可以从建筑的功能形式、结构、材料等多方面模仿自然界的某种生物特征，可以分为形态仿生、结构仿生等多种设计手法。建筑大师小沙里宁采用形态仿生设计了美国环球航空公司候机楼，其造型犹如展翅欲飞的大鸟，打破了稳定概念，体现力感和动感，形成了鲜明轻盈的外观。西班牙著名建筑师圣地亚哥·卡拉特拉瓦尤其擅长创作结构仿生物形态的建筑造型，他常常以大自然作为设计时启发灵感的源泉，通过对生物的观察将其结构逻辑化，并重组为金属与混凝土结构的建筑物，给人以强烈的震撼力。例如，在巴伦西亚科学城天文馆的设计中，他把眼睛的意象和功能表现得淋漓尽致，天文馆的半球体如同悬浮在半空中的“眼球”，由长110m、宽55.5m的混凝土和玻璃支架覆盖，其中可开合的“眼帘”部分由透明的点式玻璃幕墙构成，拱形混凝土盖的两个支点可以使“眼帘”和“眼球”分开，这是运用结构仿生法的优秀案例。

5.6.2 建筑立面设计

建筑立面设计，就是对附着于形式的表皮进行深入的研究。完善立面设计的任务，是在处理好建筑与环境的整体协调、建筑单体造型后，在平面、剖面约束下，构思立面个性的表达，研究立面形式的变化，选择立面材料的肌理，把握立面色彩的布局，确定立面上洞口的构成，推敲立面各部分的比例与尺度，包括门窗排列、入口及细部处理等，将立面各设计要素整合为一个统一体。在完善立面设计时，要善于运用形式美的法则，充分体现出所追求的立面意图。要综合艺术和技术手段完善立面设计，不能只做表面文章。立面不仅与要建筑设计的所有要素整合为有机整体，而且要与环境条件密切相关。在一定程度上，完善立面设计要比完善平面设计和剖面设计更需要设计者具备相应的修养和功底。

建筑立面设计因为受到平面功能、结构形式、构造做法、材质、肌理、色彩、施工技术等因素的制约，所以创作的自由度有限；同时，立面设计不像建筑功能、建筑物理环境、建筑技术研究那样有较强的逻辑及定量性评价标准，其设计成果不容易判定；此外由于立面形式涉及到美与丑的相对性、地域差异、时代特征、设计者品味以及观众的欣赏水平，所以评判标准更加具有不确定性。总体来说，建筑立面设计应遵循时代性、地域性、大众性等原则。首先，建筑立面形式不是纯符号，美观不是立面形式的全部，立面应反映时代精神、记录人类历史文化足迹、体现设计者的建筑观和艺术修养，因此要防止用极端的美观概念取代立面形式，避免建筑立面设计出现符号化和随意化的现象。其次，在设计方法上，应坚持用系统思维的方法，把完善立面设计放在方案整体之中进行研究，不能将立面设计脱离之前的设计成果，抛开环境、功能、技术经济等因素，单纯追求新、奇、怪的造型而最终陷入形式主义中。最后，还要认识到传统的形式美法则虽然是我们设计的文化底蕴，是进行建筑创作的源泉，是初学者必须掌握的设计基础，但又不能完全被传统所约束。设计者需要关注时代因经济和科技的发展引起审美趋向的嬗变，在设计中辩证地处理传统文化和当代文化的关系，在实现对传统文化的超越中追求立面形式的创新。

（1）完善立面设计的思维方法

1）立面设计需要体现建筑性格特征。建筑的首要目的是满足人的各种物质功能需要，所以建筑应以一定的空间形态容纳各种生活方式。立面是建筑的外围护界面，其个性应建立在功能与空间的基础上，并真实反映功能和空间特征。

例如，博物馆的外表皮设计一般不会采用玻璃幕墙，而多用具有雕塑感的实墙。这是因为博物馆建筑中，作为重要功能空间的陈列厅，需要尽可能多的完整墙面作为展墙，并且博物馆需要考虑空气污染、阳光直射、噪声干扰、温度变化以及安全防盗等问题，只有封闭的外形才能满足陈列的各种技术和安全需求。这样大面积实墙以及特殊的采光装置就成为体现博物馆强烈个性的特有表达语汇。而电视塔的立面个性与公共建筑风格迥异，这是因为电视塔的发射功能要求电视塔有数百米的高度，再结合旅游观光服务要求，需要在塔身和塔座设置若干瞭望厅、餐饮和文化娱乐用房，共同体现其独特的立面特征。

再如，设计交通类建筑时，需要考虑交通建筑的流线复杂，需要向水平方向分开，以避免相互交叉，而且要求进出站流线便捷，候车环境开敞明快，为旅客提供方便多样的人性化服务等。为满足这些功能要求，交通建筑的立面特征总是呈现出立面比例低矮和扁平舒展的水平感，与其他公共建筑个性表达截然不同。

建筑立面个性的表达与使用对象有密切关系。例如幼儿园建筑不但要在尺度、细部处理等方面体现幼儿特点，而且更重要的是在立面上运用幼儿熟知的形象、喜爱的装饰以及单纯明丽的色彩来创造具有活泼个性特征的、符合幼儿心理需求的建筑。

建筑立面个性的表达由建筑的使用功能决定，一些初学设计者往往不懂形式与内容有机结合的重要性，常常用某些虚假的时尚外套包装建筑的真实内容，很难准确表达立面个性。值得一提的是，即使同一功能类型建筑的立面表达，由于存在地域、场所、气候、文化、历史的差异，也不会千篇一律，更何况建筑功能也会随着时代的发展而变化，所以立面个性的表达绝不能墨守成规。

2）立面设计需要反映结构真实性。结构是构成建筑艺术形象的重要因素之一，结构本身也富有美学的表现力。为了满足建筑的坚固性，各种结构体系都是由结构构件按一定的规律组合而成的，这种规律性的构件本身就是具有美学价值的因素。立面设计要充分发挥结构的表现力，将结构形式与建筑空间的艺术融合起来。不同的结构形式都有独特的空间形态，形成相应的鲜明的立面特征。例如，中国古代木构建筑屋顶的举架勾勒出立面优美的曲线。斗栱、檐椽不但托举飞檐翼角，而且装点着华丽的檐口。这些暴露的结构构件再经过艺术加工，比如对柱身做收分处理，对斗栱端头做“卷杀”处理，以及对各种梁和枋端部的再加工，等等，充分展示了中国古代木构建筑的结构之美。西方石构建筑的立面以严密的模数关系构成柱式严谨的形制，表达了人体之美与数的和谐，体现了希腊人的审美能力。近现代的结构形式更是层出不穷，折板、筒壳结构以其连续构件单元的组合，展现出立面极强的韵律感；悬索结构则以索网自然悬挂状态表现简洁流畅的立面特征。这些不同结构形式的自然外露就形成了不同的立面形式。高层和超高层建筑的立面更是与结构有着不可分割的关系，其立面设计极为简洁，重在暴露合理的结构逻辑，以此构成建筑的立面形象。

立面必须遵循结构逻辑，顺从受力特点，真实反映合理的结构形式。不能在立面上无端附加装饰和堆砌材料，以虚假的立面包装掩盖真实的结构内涵，更不能随心所欲、违背结构逻辑追求形式主义的立面效果。

3）立面设计需要表里如一。立面毕竟是附着在建筑骨架之上的表皮，就如同穿在人身上的衣服一样，表皮可以换来换去，但一定要得体。建筑立面可以有不同的艺术处理，但一定要受到内部房间划分、结构体系、使用要求、人的心理等因素制约。例如，绝大多数建筑的内部房间划分，以及相应结构体系所确定的开间、层高都是有规律的，也是有尺寸限定的，因此立面上窗的大小及其组织必须与此相适应。只能在限定的网格中寻求窗的形式或组合的变化，不能突破网格的限制，造成立面形式与内部房间划分或结构体系相矛盾。

有时也要考虑立面处理是否能满足人的精神需求，最成功的案例就是朗香教堂。为了营造室内宗教氛围，让教徒在此通过心灵与上帝对话，立面以可以阻挡大量自然光进入的实墙为主，采用断面呈漏斗状的窗洞，洞口安装彩色玻璃过滤自然光，营造出室内幽暗又光怪陆离的光影效果。

4）立面设计需要注意洞口的虚实关系。立面形式的美与丑、繁与简是相对的，也是辩证的，设计者需要适度把握。既要避免那种毫无审美意识、简单机械地在立面上开挖门窗洞口，苍白无力地表达立面形式美的做法，也要避免在立面上画蛇添足地堆砌符号、滥用手法，过度表达立面形式美的做法。从设计方法而言，要先从整体出发把握墙面与门窗洞口的虚实关系，注意虚实配置、构成等问题，最终确定是以大片玻璃幕墙突出虚的通透、轻盈，还是以大面积的墙面表达实的厚重、沉稳。

门窗洞口在立面上占据重要地位，需要从美学角度关注立面上洞口形式及组织。洞口在实墙面中，共同构成了实中有虚、虚中有实、彼此依存、相互交织的关系。需精心组织使立面上这些洞口成为统一中有变化的有机整体。

（2）完善立面设计的方法

1）用透视图推敲立面效果。在设计中，不能将立面看成一个单纯的面，而应将其放在建筑体量中进行研究。设计时，应从整个建筑的高低、前后、左右、大小，把不同方向的面统一组合起来考虑，注意不同立面之间的统一性，同时又要有适当变化。

建筑造型是由几个立面构成的，但立面的效果在现实中是不存在的，它是无穷远的投影。当站在建筑前某一点透视的视角观看建筑时，总是要看到两个或三个相邻的立面，而且由于透视关系，这几个立面的形状、尺寸都发生了变化，即使站在某一个立面的中央正前方也是一点透视的效果，因此不能把立面当作二维平面孤立地进行研究设计，而应以三维空间的概念从透视角度完善立面设计。作为研究方法，可以按照人的正常透视视角，通过徒手勾画两个立面连接的局部小透视来审视立面的效果，从整体上把握透视中的造型效果。这样可以避免只研究单一立面，而忽视与其他面的衔接关系。

立面的外轮廓，特别是天际线的轮廓往往给人突出的印象，这也是设计者刻意追求立面变化的部位。值得注意的是，我们不但要推敲正立面外轮廓的起伏变化，还要通过勾画透视推敲立面上形体的变化对立面外轮廓线的影响。例如，有些建筑立面设计的天际轮廓线变化十分丰富，可是实际上只是一片装饰构架，显得非常单薄，缺乏立体感，具有欺骗性。因此，一个好的立面轮廓总是要与立面上形体的凸凹变化取得和谐一致的，而且这种形体变化最好是有功能性的。例如，住宅建筑的转角阳台、博览建筑的特殊采光装置、宾馆建筑的旋转餐厅、商业建筑的广告设施、交通建筑的塔楼、电信建筑的天线接收器等等，许多公共建筑利用楼梯间和电梯间突出屋顶以此来丰富天际轮廓线，这些都是结合功能需求、以局部的体量变化丰富整体造型轮廓的做法。这种通过附加小体量处理来丰富立面外轮廓是运用加法造型，若利用装饰构件则可以看作是使用减法设计立面轮廓。例如，应用框架装饰构件可以看作是从立面整体形象中挖出一部分形成的，并产生内轮廓变化的一种韵味。这种立面不能简单地观察外部轮廓，而应该把透空的内轮廓变化与外轮廓边界共同看作是建筑的另一种轮廓。有时外轮廓虽然简单平直，但是内轮廓的透视却富有变化，同样可以产生优美的造型效果。应用框架丰富建筑立面的做法应该适度，不能为装饰而装饰成为多余的附加物，如果能与功能、结构、造价结合起来综合考虑，则可以取得最佳效果。

此外，当立面有前后体量重叠时，我们不能将天际轮廓线作为整个立面的外轮廓线，因为前后体量的各自立面不在一个层面上。当从远距离透视观看建筑物全貌时，立面整体轮廓固然重要，但从近距离透视上看，前面体量的立面轮廓也很重要，而后面体量的立面轮廓却退居次要地位。从两点透视角度观看，建筑是前后两个体量的立面，并不像正立面一样简单重叠在一起，而是随着视点不同而产生立面轮廓的变化。因此在完善立面设计时，前后体量的立面轮廓要分别进行精心推敲。

立面设计还应结合平面形式。例如一个平面是锯齿形小建筑，虽然立面的天际轮廓线太平直，但实际上从透视的角度审视它，这条在立面上单调而平直的天际轮廓线其实是富于韵律感的。

立面比例反映立面各构成要素之间以及它与建筑整体之间的度量关系，需要指出的是，这种立面比例的研究不能仅停留在二维平面上。特别是当立面是由若干前后层次变化的几个面组成时，更要从透视效果上充分考虑几个面由于相互遮挡出现比例失真、变形的后果，以便在完善立面设计时，预先考虑这种因素，给予适当的比例矫正。例如，北京民族文化宫立面，由于塔顶是后缩进去的，在透视上就会被塔身体量遮挡一部分，塔顶高度出现变形。为了在透视上比例不失真，设计者在立面推敲中特意加高了塔顶的尺寸，从而矫正了透视效果中的立面比例关系。

2）推敲立面的细部设计。立面上各个构成要素，如墙、垛、窗、洞、装饰、色彩、材质等等，如何有秩序、有变化、有规律地组织成一个统一和谐有机的整体，除了需要设计者以美学修养、艺术眼光进行精雕细琢外，还需要运用系统思维，综合处理好立面形式美的构图规律及其他制约因素。

立面装饰是综合运用材料、色彩、装饰等因素，从整体艺术效果上对其进行完善设计的必要手段。合理地选用装修材料最为重要，但并非一定要用最昂贵的材料，而是要善于将各种材料合理有机地组织在一起，从而达到和谐美的效果。在具体装饰处理上，以大面积的普通材质为基础，在重点部位适当选用较高档次的材料加以突出。有时为了强调立面上下秩序的变化，底层可用与上部不同质感的材料，以加强基座的稳定性。或者在女儿墙、檐口处以不同颜色的材料作为立面收边处理。总之，立面用料要有章法，切忌过分堆砌。

立面上的色彩最好由材料本身的颜色来体现，而不是用涂料，这和设计文本中的效果图完全是两码事。因此，在选用材料时一定要考虑其显色效果，甚至要考虑材料不同的加工方法或者在不同方位由于光线产生的色差。一般而言，建筑立面色彩效果总是以某一种色调为主，再配以相近的协调色或适量点缀对比色，使立面色彩效果在统一中产生微妙变化。立面色彩如果过杂、过重，色彩搭配比例失调，就会有损于立面的整体形象。

立面装饰可以起到点缀的作用，或突出重点部位，或强调趣味中心，或丰富立面效果，但不能到处滥用。同时，装饰细部应隶属于立面整体，共同构成完整的建筑物，而不能游离于整体之外，成为可有可无的附加物。在立面推敲中，还要从视点远近的效果出发，掌握好装饰细部的尺度、刻画精细程度、组合疏密关系等因素，这样才能恰如其分，远近皆有可赏之处。图案和划分线是打破实墙面单调感的有效方法。对于大面积实墙，根据不同情况可采用雕刻、壁画、装饰砌块等加以处理，实现变化丰富的效果。划分线是装饰墙面最简单的处理方式，这种处理方式是在各层窗间上下加水平引条，感觉上比较轻巧，但要注意和窗口的对位关系。这样可以使立面形成隐形网格，将分散的窗口组合到一个统一网格体系中，从而加强立面的整体感。

主入口的门是立面上另一类虚的洞口形式，推敲时要把握尺度，使形式突出，可以采用凹入式、雨棚式、门廊式、架空层式，以强调立面的重点部位。一方面主入口往往处于构图平衡中心的位置，另一方面从建筑功能方面来看，入口处是人流必经之处，所以它是建筑造型的天然重点，一般均应做适当的装饰处理。在处理建筑主入口时，除要求形象鲜明、生动突出外，还要求加工细致、耐人寻味，经得起推敲和细品。另外，从建筑的空间心理上讲，也需要有一个区分内外空间的标志。只有重点突出、鲜明，才能使建筑主入口造型具有不可忽视的地位，成为通常所说的“视觉中心”。在造型形式中，起支配作用的要素并非取决于量的大小。面积大、体量大，可以是主要造型要素，却并不一定是造型的重点。造型中的重点往往不靠面积、体量、数量方面的优势，而常常靠其强度和位置的优势统领全局，主宰其他元素。

在建筑立面设计时，楼梯间的处理往往是难点。因为楼梯平台的开窗位置和房间的开窗位置很难一致，处理方法一般可采取调整不同开窗位置，或把楼梯间窗做成大面积的镂空花格窗。

建筑立面线条是立面形式美的基本要素之一，不同的线形运用，在立面上会产生不同的美的效果。垂直线条有向上的动势，是力量与强度的表现，产生崇高、庄严的感觉。垂直线条间距越小，上述感觉越明显，这种立面上的垂直线条借助于墙面上的柱或者垂直构件获得效果。水平线条具有舒展和稳定感，人们在心理上可获得亲切、平和的气氛，立面上的水平线多借助连贯的带形窗和窗下墙构成虚实相间的水平带，或者借助连通的水平遮阳及其所产生的连续水平阴影，共同强调水平线的作用。曲线具有流动、柔软、弹性的特点，它比直线更引人注目，并且人在心理上容易产生轻松、活泼的感觉，立面上的曲线常常借助于拱券和连续拱获得。

巧妙地处理立面凸凹关系，也有助于加强立面的体积感。借助于立面凸凹产生光影变化，不但可以打破平整立面的平淡感，而且可以大大丰富立面的造型效果。比如说利用凸窗、阳台、外挑檐都是在墙面上的加法处理，使得立面获得丰富感，利用凹阳台、凹廊、空透洞口，则是以墙面的减法处理打破平整立面的乏味感。需要提醒的是，墙面凸凹处理多作为立面重点处理，或作为立面韵律的结束处理，而不是随意在立面上到处点缀。设计者在处理立面虚实矛盾时，既要尊重客观美学原则，又不为之所束缚，要辩证地把两者有机结合起来。

设计建筑立面时，除了要处理好门窗、阳台等细部比例、尺度关系外，还应保持和谐统一的效果。建筑的“面”应以一种形式为主，如门窗的规格、型号应尽量少，高低拉齐。但是事物总是一分为二的，过分统一后就会感到缺乏变化，产生单调的感觉。因此，在统一的前提下，也要适当考虑立面处理上的变化。这种变化的办法可以采取对比的处理方式，如线条的对比——横线条与竖线条，虚实的对比——玻璃窗与实墙面，色彩与质感的对比——冷颜色与暖颜色，粗粒材料与细粒材料的对比，等等，但是采用对比处理要慎重，不能破坏统一的效果。

CHAPTER 6

第6章 建筑设计表达

6.1 表达工具

6.1.1 尺规

（1）建筑平面图表达

建筑平面上的协调设计即建筑平面设计，对建筑平面图进行构思、创作的过程即建筑平面图设计。那么，建筑平面图的形成是怎么样呢？假设在距离地面1.2m左右处把建筑剖开，移除切面以上的部分，下面部分正投影所得的水平剖切图形为平面图。一般情况下，建筑有几层就应该画几个平面图，并在每层图纸下方标明相应的图名。当建筑平面中的若干楼层平面布局、构造状况完全一致时，可以用一个平面图来表达相同布局的若干层，将此称作“建筑标准层平面图”或“×－×层平面图”。通常采用的比例有1：100，1：200，1：500等（见图6.1）。

底层平面图又称首层平面图或一层平面图，是指±0.000地坪所在楼层的平面图。图示该层的内部形状、室外台阶、花池、铺地等形状位置以及剖面和切剖符号，底层平面图需要标注指北针，其他平面图可以不再标注。

顶层平面图也可以用相应的楼层数命名，其图示的内容与标准的平面图内容基本相同。

屋顶平面图是在高处俯视所见的建筑顶面图，主要表达屋顶形式、排水方式和其他设施的图样。

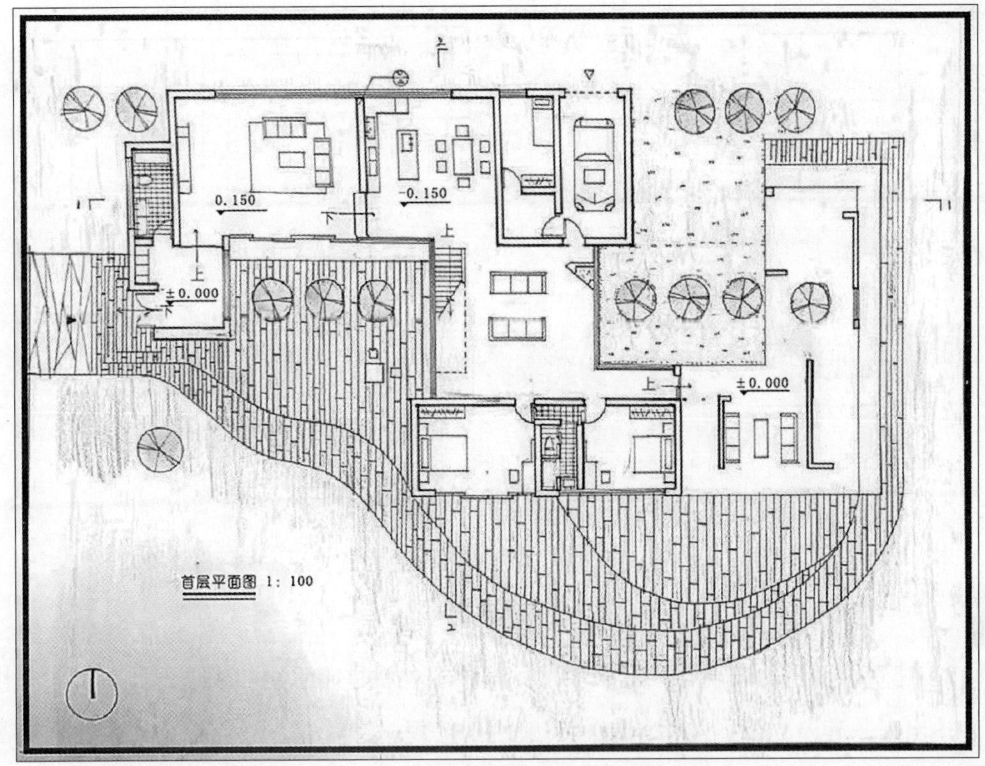

图6.1 平面图

（2）建筑立面图表达

1）建筑立面图是在与建筑立面相平行的投影面上所做的正投影图，简称立面图。建筑立面图的命名方式有三种：①用朝向命名，立面朝向哪个方向就称为某方向立面图。②用外貌特征命名，即反映主要出入口或比较显著地反映房屋外貌特征的那一面。③以立面图上首尾轴线命名。为了使立面图有层次、更清晰，我们通常用不同粗细的线条表达建筑凹凸关系。例如，用粗实线表示立面图的建筑轮廓线，而凸出墙面的雨蓬、阳台、柱子、窗台、窗楣、台阶、花池等用中粗线画出，地坪线用加粗线（粗于标准粗度的1.4倍）画出，其余如门、窗、墙面分格线、落水管等用细实线画出。每张立面图还应该标明关键标高、图名和比例。方案设计阶段通常只需要提供2～3个立面图，而主入口位于的立面也是经常选择的绘制之处。

建筑立面图的比例与平面图一致，常用1：50、1：100、1：200的比例绘制（见图6.2）。

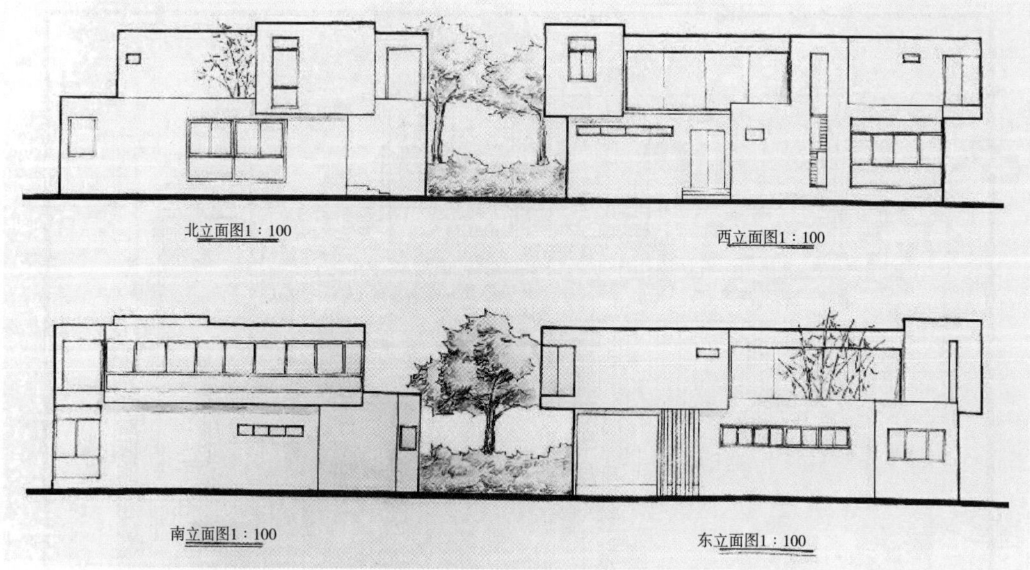

图6.2 立面图

2）建筑立面图的表现形式有很多种，其中一种就是用手绘的表现形式将其效果快速表达出来。建筑立面图的手绘制图一般用到尺规、针管笔、马克笔、彩铅、水彩等工具，这些工具的应用使画面更加丰富，可以快速表达出立面图的效果。

建筑立面图的手绘制图基础表现方式分为五类，即铅笔画、钢笔画、马克笔画、水彩画和水墨渲染等。按效果它们分为两大类，前两个属于“线条画”，后三个属于“着色画”。

● 铅笔画：用铅笔绘制建筑的立面图，优点在于方便快捷，缺点是不易保存，篇幅比较小，不反映颜色。铅笔画多用于收集资料、快速表现和绘制草图，主要技法是在建筑立面图的轮廓上用线条的疏密组织排列方式来构成黑、白、灰的明暗关系，以表示阴影和材料质感，也可略去明暗关系，只用单线来表达轮廓，则更为快捷。

● 钢笔画：用墨水笔绘制建筑立面图的优点在于效果好，便于保存和印刷，缺点是不反映色彩，钢笔画的用途广泛，可用于收集资料、快速表现。

● 彩色画：用铅笔、钢笔、马克笔、水彩相结合来表现建筑的立面图，着重强调轮廓勾画、明暗和光影的变化，克服了铅笔和钢笔不能着色的缺点，并具有制作简便、效果柔和等优点，因此得到广泛应用。

（3）制图常识

1）制图标准。工程图纸是建筑施工的技术语言，为了统一房屋建筑制图的规则，便于技术交流，建筑工程图样中的格式、画法、图例、线型、文字以及尺寸都有统一的标准，以便符合设计、施工、存档的要求。

a.图纸幅面、标题栏以及会签栏。

b.图线。工程制图中要求制图线条粗细均匀、光滑整洁、交接清楚。图纸上不同粗细、类型的线条代表着不同的意义。

c.比例。一般情况下，工程平面图、立面图、剖面图的常用比例为1∶50、1∶100、1∶200；总平面图的常用比例为1∶400、1∶500、1∶600、1∶1 000、1∶1 500、1∶2 000；局部比例为1∶1、1∶2、1∶3、1∶4、1∶5、1∶10、1∶20、1∶30。图面的比例标注采用图线的方法显得比较直观。

d.尺寸标注。尺寸标注由尺寸界线、尺寸线、尺寸起止符号、尺寸数字四部分组成。尺寸数字写在尺寸线上正中，如果尺寸线过窄可写在尺寸线下方或引出标注。按照制图标准分段，局部尺寸线在内侧，总长度的尺寸线在外侧。根据国际惯例，除标高总平面图以m为单位，其余均以mm为单位，因此设计图纸上的尺寸数字不需要注写单位。

e.指北针。指北针是用于表示建筑方位的符号，一般按照上北下南的形式。

f.剖切符号。剖面图能够深入了解建筑的内部结构、分层情况、各层高度、地面和楼面的构造等内容。剖切符号标注在平面图中剖切物的两端，由符号与编号共同表示，长线表示剖切面的位置，是与剖切对象垂直的，一般为6～10mm，短线表示观看的方向，长度为4～6mm。

g.标高符号。建筑内部的高度用标高符号来表示，由数字、符号组成。按照规定建筑首层地面为零点，表明±0.000，以米（m）为单位标注到小数点后三位，高于零点省略“+”号，低于零点需要“−”号表示。

2）手绘制图的步骤。

a.准备一张A2绘图纸及相关绘图工具，画出图框线，上、下、右各边距离绘图纸边缘线1cm，左边距离绘图纸边缘线2cm（此为装订区域）。

b.根据图纸图幅、建筑物用地总面积定出比例，然后根据比例确定图形的位置。可先简单构思草图，再根据实际尺寸、比例绘出定位轴线及轴线符号，根据定位的轴线画出墙体线，结合门窗说明定出门、窗的位置，注意门、窗的规格及种类，绘出门、窗及细部。

c.按比例和尺寸绘制出室内家具布局，再绘出尺寸线，标出尺寸数字和文字说明。

d.对整个平面图上墨线，上墨线时要注意墨线粗细的用途、含义。在细节处理上一定要保持清醒的头脑，确保准确无误。

（4）图纸的绘制

图纸是设计工作的最终成果体现，通过绘制图纸加深对工程制图的规范和要求的理解，并进一步理解二维图纸与三维建筑空间的对应关系。

1）图纸绘制的基本要求如下：

a.图面整洁，构图饱满，表达清晰、正确。

b.根据绘图比例，确定必要的表达深度。

c.线型分等级：

平面图与剖面图的图线画法是一致的，主要有两种线宽。剖断线用粗实线表示，可见线用细实线表示。根据表达的需要，剖断线的线宽又可以分为两个等级，主要建筑构造（如墙体）的剖断线最粗，次要建筑构造（如吊顶、窗框）的剖断线可稍细。可见线的线宽也可分为两个等级，表面材质的划分线可以用更细的线。剖断线与可见线的区别应十分明显。

立面图通过线条的粗细来表现建筑形体的层次关系，即体块关系、远近关系。由粗到细的顺序一般为地面线（剖断线）、外轮廓线、主要形体分层次的线、次要形体分层次的线、门窗扇划分线、表面材料划分线（见表6.1）。

表6.1　线型图例表

名称		线性	线宽	用途
实线	特粗	———	1.4b	地面线（剖断线）
	粗	———	1b	建筑立面图或室内立面图的外轮廓线
	中粗	———	0.7b	主要形体分层次的线
	中	———	0.5b	①次要形体分层次的线； ②尺寸线、尺寸界限、索引符号、标高符号等
	细	———	0.25b	门窗扇划分线、表面材料划分线
虚线	中粗	--------	0.7b	①主要形体分层次的不可见轮廓线； ②拟建、扩建建筑物轮廓线
	中	-----------	0.5b	①次要形体分层次的不可见轮廓线； ②投影线
	细	....	0.25b	门窗扇划分线、表面材料划分线
单点长划线	细	—·—·—·—	0.25b	中心线、对称线、定位轴线
折断线	细	—╲╱—	0.25b	部分省略表示时的断开界线

d.尺寸标注方式正确，文字、数字书写工整。

● 尺寸的组成：建筑图上的尺寸由尺寸界线、尺寸线、尺寸起止符号、尺寸数字等组成（见图6.3）。

● 尺寸的排列：建筑图中尺寸应标注成尺寸链。尺寸标注一般有三道，最外面一道是总尺寸，中间一道是定位尺寸，最里面是外墙的细部尺寸。

定位尺寸标注的是相邻两条定位轴线间的尺寸，外墙细部尺寸标注时要注意每个尺寸都与相邻的定位轴线发生关系（见图6.4）。

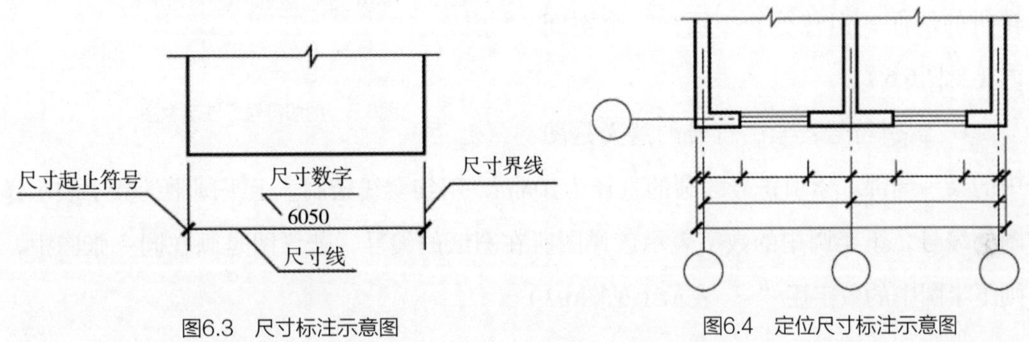

图6.3 尺寸标注示意图

图6.4 定位尺寸标注示意图

● 标高：标高符号的尖端应指至被标注的高度；尖端可向上也可向下，三角形可向左也可向右，标高数字以米（m）为单位，注写到小数点后第三位（在总平面图中可注写到第二位）。

在总平面图中标注绝对标高，即黄海标高；在其余图中标注相对标高，即为了计算方便，设定某一高度为零点标高，通常为一层楼面，标注为±0.000，其余标高均以它为基准，但是要注意，正数标高不注“+”，例如标高为1.200，负数标高应注“-”，例如标高为-0.450。标高的方式如图6.5所示。

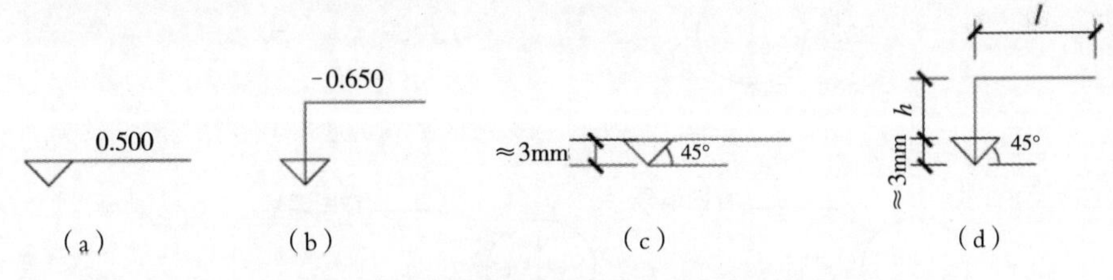

l—取适当长度注写标高数字；h—根据需要取适当高度

图6.5 标高的方式

e.剖切符号、索引号、指北针等符号标注正确。

● 剖切符号：剖面的剖切符号用来说明剖面与平面的关系。如图6.6所示，剖切位置线表示剖切的位置，剖视方向线表示观察的方向，剖切符号的编号一般注写在剖视方向线的端部，与该剖面的图名相对应。

剖面的剖切符号一般示意在一层平面图上，画在剖切位置的两端，两两对应，如1-1剖面、2-2剖面。也可画出带转折的剖面，但转折处必须在一个空间内（见图6.6）。

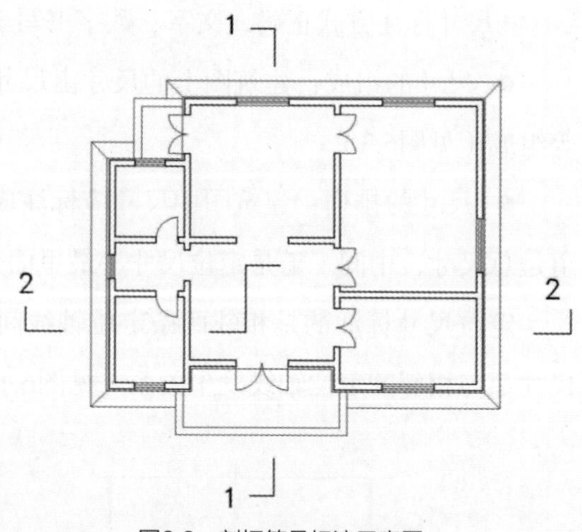

图6.6　剖切符号标注示意图

● 索引符号：索引符号的意义是图中的某一局部。索引符号的圆的直径为10mm，用细实线绘制。上半圆中的数字表示详图的编号，下半圆中的数字表示该详图所在图纸的编号，若详图是画在同一张图中，则下半圆中的数字用“-”表示（见图6.7）。

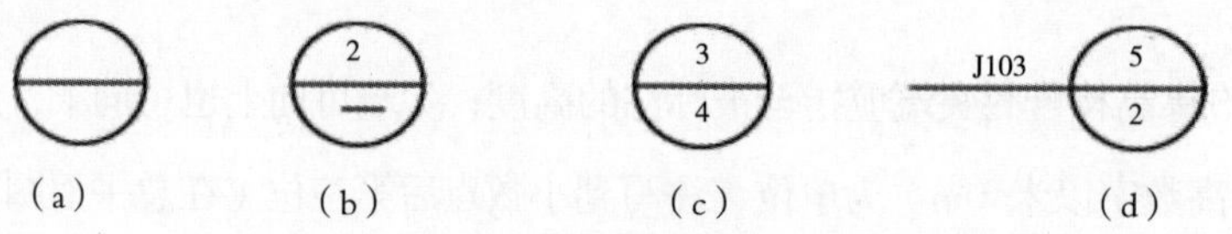

图6.7　索引符号示意图

● 详图符号：详图符号表示的是详图的编号，以粗实线绘制，详图符号的圆的直径为14mm，详图符号应与索引符号相互对应使用（见图6.8）。

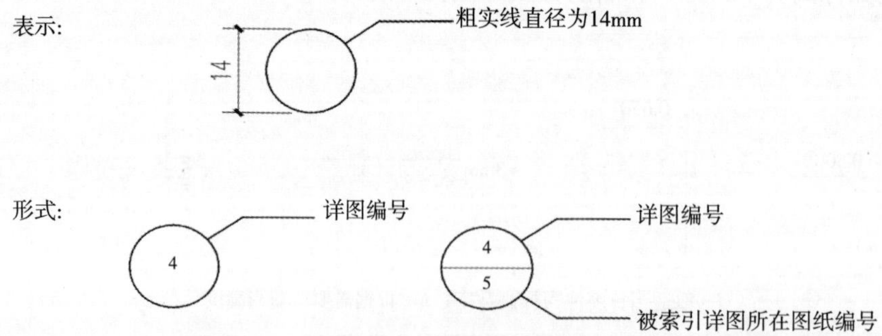

图6.8　详图符号示意图

● 指北针用细实线绘制，圆的直径为24mm，指北针尾部宽度3mm，针尖方向为北向（见图6.9）。

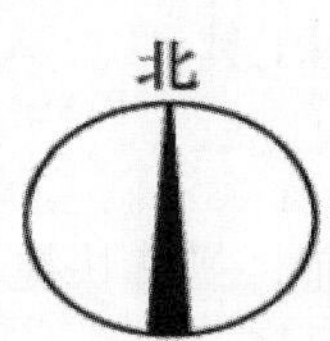

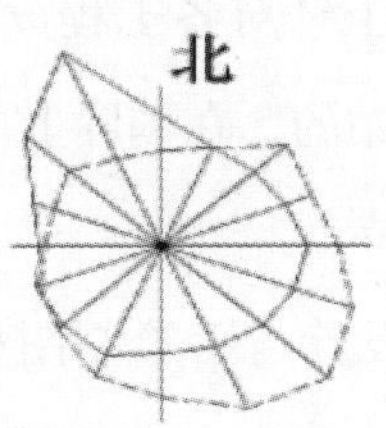

图6.9 指北针示意图

2）平、立、剖面图绘制的画法与步骤。

a.平面图的画法与步骤：①画出定位轴线；②画出全部墙、柱断面和门窗洞；③画出所有建筑构配件、卫生器具的图例或外形轮廓；④标注尺寸和符号。

b.剖面图的画法与步骤：①画出定位轴线，画出室内外地面线，再画出楼面线、楼梯平台线、屋面线、女儿墙顶面的可见轮廓线等；②画出剖切到的主要构件；③画出可见的构配件的轮廓、建筑细部；④标注尺寸、标高、定位轴线编号。

c.立面图的画法与步骤：①画出室外地面线，两端外墙的定位轴线和墙顶线；②画出室内地面线、各层楼面线、各定位轴线、外墙的墙面线；③画出凹凸墙面、门窗洞和其他圈套的建筑构配件的轮廓；④画出标高，标高符号宜排列在一条铅垂线上。

6.1.2 计算机

计算机辅助设计（CAD）在建筑界的应用始于20世纪80年代，使制图在个人计算机上运行起来成为现实，也为建筑师摆脱图板提供了可能。

随着CAD技术的不断发展、计算机辅助建筑设计（CAAD）软件的产生、建筑业内计算机所覆盖的工作领域不断扩大，建筑业全部工作中的“过程性”工作（创造性工作以外的），如绘图、文档编制和日常管理等，几乎均以计算机作为辅助工具，其中绘图包括二维绘图、三维绘图（三维模型制作）。

至于建筑师的构思设计等创造性工作，如何由计算机进行辅助，仍处于深入探讨和不断尝试之中。以下重点简介计算机绘图。

（1）二维绘图软件

AutoCAD是二维绘图的常用软件，由于可用来进行相应的配套工作，如标注尺寸、符号、文字，制作表格，计算相关数据，进行图面布置等，因而除了阶段性的建筑平、立、剖面图外，绘制施工图也是其重要功能。此外，它还具有三维绘图和图库管理等功能。

在AutoCAD基础上针对各工程设计专业进行了二次开发，使其发展成为可以广泛应用于计算机和工作站的、在国际上广为流行的绘图工具。

AutoCAD制图的特点：

1）计算机辅助设计与手绘制图相比，工具简单，操作快捷，改图轻松，保证质量。对于相似、相近的图，只需稍加改动便能重复使用成果。系统的完善使信息库可以提供多种信息及专业软件，并可进行信息、文件和图形的交流，计算机辅助设计能够做到“高速、高效、高精、高质”。

2）计算机辅助设计尚不能完全替代建筑设计。目前，计算机辅助设计主要应用于设计的表达和管理方面，对设计构思的辅助正处于探讨阶段。由于计算机不能代替思考，因此，在构思、判断、成果选择等方面均有局限性。总之，媒体的变革不断革新着设计的表达，但尚未带来设计本身的实质性变化。优秀的设计仍存在于优秀建筑师的头脑之中，而并非存在于计算机的硬盘之中。

（2）三维绘图软件

计算机辅助设计出现之前，计算机辅助建筑设计的媒介存在以下不足：①二维图形需用基本图素建模，效率偏低；②空间造型能力显弱，所能表示的复杂程度、精确程度比较有限。计算机辅助设计出现之后，克服了上述的不足，进而能提供：①数字化二维图形。图形的数字意味着能附带庞大的相关数据库，携带更多的信息。②数字化三维图形。能生成透视、模型或统计数据等。③多媒体。除了静态的文字、图形外，还能生成声音、动画等，所携带的信息种类广泛，但是制作成本较高。

制作三维图形的三维信息化设计软件，不仅造型能力强，而且具有建模与渲染合一的特点，其间不必进行模型转换，故被广泛应用于建筑设计的透视图、模型等效果表现，缺点是掌握起来难度较大。

目前，对于初学者来说，普遍使用的三维绘图软件有3dsMax、SketchUp、Rhino等，它们在三维绘图中各具特色。

3dsMax软件主要采用虚拟建模技术，设计制作建筑结构。导入CAD图后，建筑内部的构造被准确、真实、清晰地拉伸出来。制作完成的建筑结构效果精致，但所需时间较长，渲染花费精力较大。

SketchUp软件主要采用快速建模技术设计制作建筑结构。导入CAD图后，建筑内部的结构及细节被较为准确、清晰地拉伸出来。制作完成的建筑结构效果一般，但所需时间较短，无后期渲染，可滑动鼠标展示。该软件的主要功能是制作设计过程中的简易效果，以助于推敲、深入方案设计。它所制作的图形类似轴测图，上色简单，但却精确，易于操作，便于修改。该软件具备了独特的草图绘制功能，使人的思维与工具操作形成专业互动，让建筑师的创作与计算机表达有所结合，创造了一种新的工作模式。

Rhino软件早些年一直应用在工业设计专业，擅长于产品外观造型建模。随着相关插件的开发，该软件的应用范围越来越广，近些年在建筑设计领域应用得越来越广。Rhino软件配合grasshopper参数化建模插件，可以快速做出各种优美曲面的建筑造型，其简单的操作方法、可视化的操作界面深受广大设计师的欢迎。

（3）后期处理软件

AutoCAD所生成的图像需要进行后期处理，方可使用。后期处理包括效果调整、拼装组合和打印输出三个方面的工作，以便最终完成满意的作品。为此，可采用图像处理软件。

Photoshop是一个功能极其强大的图像处理软件，广泛应用于广告设计、包装设计、服装设计、建筑与室内设计等多个领域，也是建筑设计后期处理最常使用的软件。

Photoshop在建筑与室内设计中的应用主要有平立面图制作和透视效果图制作两个方面。例如室内设计平立面图及效果图、建筑设计平立面图及效果图、园林和规划设计平立面图及效果图等，如图6.10至图6.13所示。

图6.10　室内设计效果图1（彩）

图6.11　室内设计效果图2（彩）

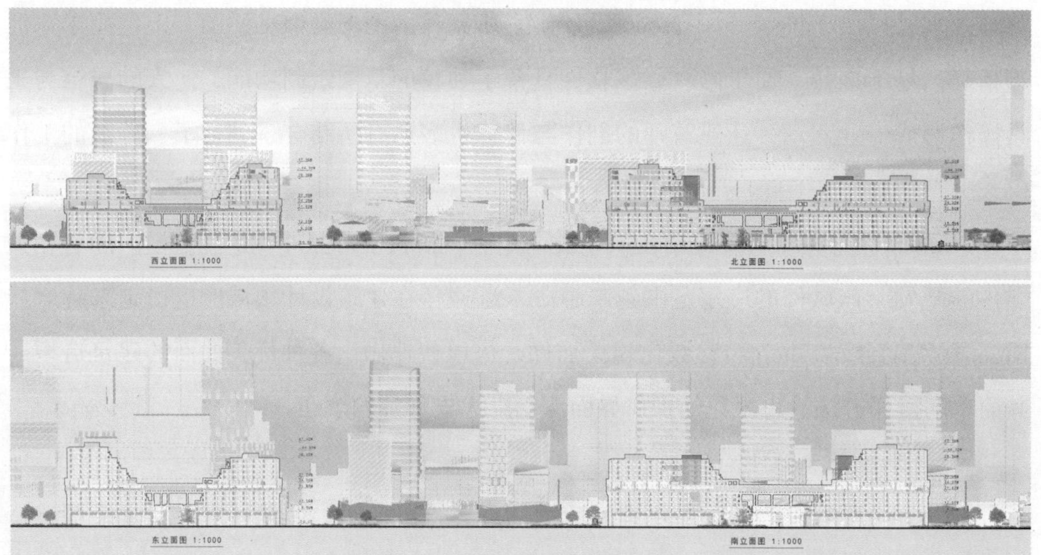

图6.12　建筑设计立面图（彩）

图6.13　建筑设计效果图（彩）

在建筑设计中，越来越多地采用彩色平立面图的形式表达空间布局。彩色平立面图在室内设计领域的应用则更为广泛。除了彩色平立面图的绘制外，Photoshop软件主要用来处理室内及建筑透视效果图。一般来说，效果图的制作需要多个软件进行配合，基本流程如下：首先采用AutoCAD制作平立面线框，接着用3dsMax进行建模及渲染输出，最后采用Photoshop进行后期处理。

Photoshop的后期处理主要是制作效果图后期配景，调整效果图的色彩、光效和材质。很多初学者的效果图制作水平不高，渲染出来的效果较差，此时Photoshop就可以起到弥补不足的作用。毫不夸张地说，只要处理得当，Photoshop对效果图可以起到神奇的修饰功效。

除了处理效果图和绘制彩色平立面图，Photoshop还可以用于平面设计、照片修改和版面设计。因此，Photoshop是建筑效果图版面设计最方便使用的软件。

6.2 表达方式

6.2.1 建筑设计草图

（1）建筑设计草图的概念与作用

1）建筑设计草图的概念。所谓设计草图，即指建筑师在创作意念的驱动下，在平日知识与经验积累的大背景中驰骋思绪，将复杂的关系抽象成相关的建筑语汇。建筑设计草图是指在建筑设计过程中，建筑师徒手绘制的有助于设计思维的研究性草图，主要包括准备阶段草图、构思阶段草图和完善阶段草图。设计草图是设计师在空间创意过程中，进行记录、方案推敲、构图筹划等工作时绘制的非“正式”图纸。它不是空间创意表现的最终目标，而是一种手段和过程。设计草图是建筑师的图形语言，是用图像这种直观的形式表达设计师的意图及理念，是反映、交流、传递设计构思的符号载体。

草图是建筑设计构思过程的开始。在建筑设计推敲构思的过程中，草图可以将头脑中模糊的、不确定的意象逐渐明朗化，将灵感和设计想法及时记录下来。正是在对草图进行不断探索、比较和思考中，建筑方案才得以渐渐成形。可以说，草图决定了建筑设计方案的基本格局，它是建筑设计构思阶段最重要的手段。草图是设计表现过程的一个小方面，设计离不开草图，草图所带来的特殊作用又是无法预见的。它起始于思想的闪现，结束于充实的方案的形成，是设计原创精神的体现。

设计草图以简洁的图形对设计构思进行概括表现，要求抓住想表达图形的基本特征，不需要很精细。从某种意义上说，草图是设计师表露心声的基本语言。草图有时是设计师精心绘制的，但更多是他们头脑中匆匆闪现的灵感，随意之间或激情之下在画面上的挥洒倾泻；有时虽然比较零乱和潦草，但它展现的是非常自然的思维过程，具有率真质朴的美感。有些草图非专业人士甚至专业初学者看不懂是很正常的。

根据绘制者个人习惯和交流的需求，绘制草图的风格多种多样，大致可分为精细和粗犷两种类型。建筑师应该主动学习和掌握手绘草图表达的手法和技巧，注重画面表达的效果，更重要的是培养内在修养，始终确立以设计构思为本的思想，强调内在思考的自然流露，不可本末倒置，片面夸大和强调技法。应该十分珍惜和保护建筑师原始的激情和质朴的表现，哪怕只是在图上随意地涂抹，也会因为它的真实性和灵动性而格外让人欣赏。如果不考虑设计本身而一味讲究草图笔法、色彩、质感等的表现力，引导人们孤立地关注草图趣味甚至炫耀和玩弄草图技巧，为画草图而画草图，就会使草图成为一件纯粹的绘图作品，而忽略草图的内涵，从而降低了设计草图的格调。

2）建筑设计草图的作用。首先，设计草图是设计师创意的集中体现。每一个好的艺术作品产生的前提，必然是艺术家“胸有成竹”“意在笔先”。在建筑空间创意过程中，设计草图便起到这样一个作用。这种设计草图很大程度集成了建筑师对空间的理解，是一种研究性质的图示语言。通过对尺度、细部、空间关系、质地、明暗层次、对比等设想，体现了设计师在理论与直觉、已知与未知、抽象与具体之间的探讨。设计草图往往是建筑设计师灵感突现时勾勒出的，可能是无序的线条，但随着设计的深入，细部构造研究也是其中的重要内容。从设计师的概念草图中，人们也往往能够发现设计者的原始意图，体会设计者灵感的火花，例如柯布西耶的线条内敛而有深度（见图6.14），路易斯·康的草图严谨而深邃（见图6.15），保罗·安德鲁的草图则豪放洒脱（见图6.16），诺曼·福斯特的草图，寥寥几笔、线条简练而清晰地反映出他的设计概念（见图6.17）。

图6.14 柯布西耶的草图（印度昌迪加尔法院形体推敲草图）

设计草图是建筑师脑、眼、手分工协作的结果，是他们设计创意的集中体现。草图表达是设计者应具备的特有专业素质。其娴熟程度，直接影响到建筑设计过程的工作效率和最终设计成果的质量。作为设计初学者，更应注意借助草图表达，逐步掌握正确的设计方法，练就扎实的基本功。

图6.15　路易斯 · 康的草图（萨尔克生物研究所）

图6.16　保罗 · 安德鲁的草图（中国国家大剧院）

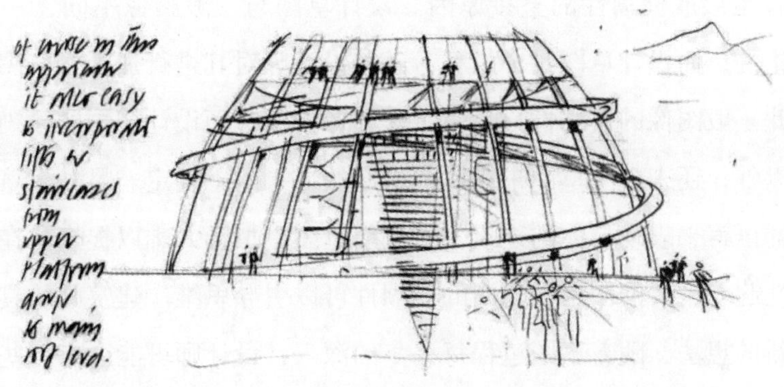

图6.17　诺曼 · 福斯特的草图（德国新国会大厦）

草图作为图示表达的一种方式，在建筑设计构思阶段起着重要的作用。建筑设计草图虽然画起来随意性很强，好似信手拈来，但它是建筑师瞬间思维状态的真实反映。它在记录和表现建筑形象的同时，也记录和表现了建筑师的思维进程。建筑设计草图以其快速、准确、生动和概括的特点，将建筑师头脑中灵感的火花呈现于图纸之上。同时，对草图的反复权衡和比较，不断激发着我们的灵感，模糊—清晰—再模糊—再清晰，设计正是在草图的不断比较、不断取舍、不断探求中逐步走向深化，并渐臻完善。

此外，草图还是进行交流的重要手段。构思的过程不仅仅是设计者进行自我脑、眼、手快速交流的过程，同时，还需要同设计伙伴、业主以及公众等进行沟通和讨论，而草图以其快速、便捷的图示表达成为交流的有力工具。

（2）建筑设计草图表达的特性

建筑设计草图的表达是建筑师设计思维快捷、真实的反映，作为建筑师思考的工具，在徒手勾画时应该充分发挥它的特性，最大限度地发挥它表达创作思维、促进创作思维的作用。建筑设计草图表达的特性有三个方面：模糊性、概括性和真实性。

1）模糊性。模糊性是设计草图的基本特性。这种模糊的、开放的特性有助于我们思考。特别是初始性的概念草图，它反映的是建筑师对设计发展方向做出的多方面、多层次的探索。此时草图表达的意向是模糊的、朦胧的和不完整的，体现的是创作思维的开放性和多种可能性。此时的草图表达应粗犷而不具体，追求整体构思的把握，对次要问题或细节问题加以忽略，并为进一步分析问题、解决问题提供思考空间。我们常常用很多含混交错的线条、浓重的重复线来表达对某一问题的怀疑和肯定。思路逐渐清晰之后，草图的不确定也逐步向确定转化。

视觉过程是形成模糊性的直接原因。设计草图与一般图像不同，一般图像是已完成的，静止的；而设计草图是个过程，随着设计师对其进行加工，草图呈现出不同的形象。因此一般图像的模糊性只是由于其图像模糊；而设计草图的模糊性除了来自于图像模糊以外，还来自于草图未完成而引起的结果的不确定。另外，草图通过手绘线面等特殊的语言来表现具体的建筑，这也使草图更加让人难以捉摸。在建筑设计过程中，模糊性起着重要的作用，草图的模糊性可以引导思维。建筑师从具有模糊性的草图中发现新的想法，随着草图过程每一步的深入，设计师可能会有一些不经意的发现，这种发现可以引导设计师进行下一步创作。在探索阶段，抽象粗糙的草图是应该被鼓励的，即使是画歪画错的线条也常常能够引导设计师的思维，使设计师产生一些意想不到的新构思（见图6.18）。

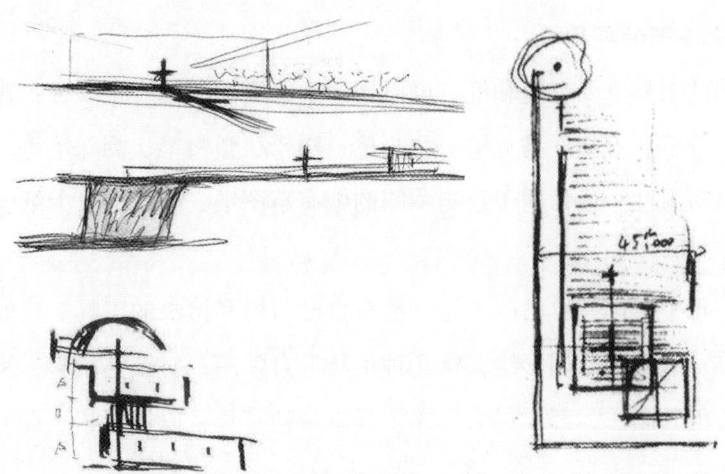

图6.18　模糊草图（安藤忠雄草图水之教堂，光之教堂，住吉的长屋）

2）概括性。设计草图抛开了许多细节和绘图工具的束缚，因此在绘图过程中，能够最大限度地捕捉脑海中的闪光点，将“思维的火花”记录下来。有了最初“思维的火花”之后，快速对各个部分进行推敲、完善，以及多个方案的对比，从而得到理想的设计方案。此外，设计草图还是参加各种现场设计竞赛和各类考试最有效的表达手段。一般在参加现场设计竞赛和设计考试时，所给时间有限，在设计构思完成后，所剩时间已经不多，这时最需要的就是将设计语言快速表达出来，因此，恰好发挥设计草图的快速性，在有限的时间里，可以完整地表达出设计者的设计意图。

设计草图是建筑设计的图示化思考。在繁杂的设计过程中，脑中的意念与形象瞬息万变，如果都将其表现出来，既不可能也不必要。所以，必须学会善于取舍、分清主次、抓住关键。此外，草图是以二维图像来表达复杂的三维形体的，就需要我们具有概括能力，能用简练的线条表达万千变化的三维世界。只有逐步提高概括能力，我们才能充分发挥设计草图的快捷特点，将构思中的灵感火花迅速捕捉并记录下来，才能以寥寥几笔勾画，就将设计的神韵囊括其中，达到准确、传神的效果。

3）真实性。设计草图不同于纯艺术的想象和再现。它要求真实反映设计中的建筑实体和空间，容不得虚假的东西掺杂其中。设计者所追求的应该是预想中的真实，一切不以真实作为基础绘制的草图都是徒劳和自欺欺人的。草图的真实不仅包括对建筑的尺度与比例、光影关系、材质刻画、透视变形等加以准确地把握，还要求在建筑环境的处理上把握好尺度，配景的选择要与设计相适应，不能为了追求画面效果加以任意修饰。将很多建筑大师的设计草稿与建成实景相对照，二者的一致性是令人敬佩和惊叹的。

（3）绘制草图的工具

绘制草图的工具主要有笔和纸。可以用于手绘草图的笔有很多种：普通铅笔、钢笔、炭笔、针管笔、毛笔、马克笔、毡头笔、彩铅、塑料笔、圆珠笔等。各种笔有自己的特点和书写习性。通常用于绘制草图的纸有草图纸、硫酸纸、卡纸、水彩纸、绘图纸等。

画草图，每个人都有自己的喜好，都有自己习惯和擅长的工具。比如有人喜用钢笔、善于素描；有人则爱用彩绘，将几种工具混合使用，对钢笔淡彩、炭笔淡彩等情有独钟。不管何种画法，都要尽力发挥工具本身的特长，以快捷和表现力强为选择的根本前提。

对于初学者来说，通常选用铅笔来画草图，这是因为铅笔有可擦可抹的优点，便于随时修改。同时，铅笔质地疏松，由于运笔时力度和方向的变化，笔触可粗可细、可轻可重，既能表现粗犷的效果，又能进行细腻的刻画。同时，由于铅笔可画出不同色阶的黑白灰调子，因此能够产生丰富多变的层次。一般画铅笔草图多用软质铅笔来表达，可根据习惯选用2B～6B铅笔，也可几种软质铅笔搭配使用，但不能使用低于B的铅芯。

画铅笔草图的纸最常用的是草图纸，也叫拷贝纸，质地薄而柔，具有半透明性。由于构思阶段需要不断推敲和反复修改，采用草图纸绘图，可以将一张草图纸蒙在另一张草图上，描出肯定部分，绘出修改部分，这样反复描绘，使设计不断深化。其他铅笔草图常用纸张还有硫酸纸和绘图纸等。硫酸纸也具有半透明性，可以覆盖描改，但相对拷贝纸而言，纸厚而面滑，对石墨的附着力弱，更适宜同钢笔、彩铅、马克笔等配合使用（见图6.19）。

图6.19 草图

（4）建筑设计草图的构成要素及应用

建筑设计草图的构成要素主要包括点、线、面、色彩、符号与文字，这些构成要素是建筑设计草图的组成部分。我们正是通过将它们合理地组合和运用，将头脑中的建筑形象、设计思考表达出来。

1）点。点在草图中既可以表达具体意义，也可以起到辅助绘图的作用。一般表达具体意义时，点可以代表实体，如柱子、石碑、云彩、草、人、树干等；也可以代表材质，如混凝土面墙的质感、石柱的质感等；还可以代表光影，依靠点的疏密来表达影子色调的黑、白、灰等细微变化（见图6.20）；起辅助绘图作用的点，还可以表示事物的空间定位，如圆心、透视图的灭点以及其他空间定位点；点也可以作为指示或强调的符号起作用。在画点的时候应注意，它所代表的物体应有一定尺度，如果尺度很小，使用点的意义就不大了。

图6.20　安藤忠雄-伊丽莎白街152号公寓（用点表示清水混凝土墙的质感）

2）线。线在草图中的应用最为广泛。画草图时的用线可以分为表达实际意义的线和辅助绘图的线。通常我们用线来表示物体的轮廓，这时用线应力求简练，寥寥几根线所描绘的形象就会跃然纸上。同时，线也是修改设计的有力手段。我们常常可以看到别人画好的草图许多地方用线描了很多遍，一方面可能表示对某一部分的强调或肯定，另一方面也体现了设计者的修改历程。确定部分被反复描绘，以至于越描越粗；不确定的地方用细线轻轻勾勒，显示出飘忽不定的特征（见图6.21）。无论线的粗与细、浓与淡，都表现出设计者的思考过程和思维重点，或犹豫徘徊，或坚决肯定。辅助绘图的线可以用来表示参考性的坐标、等高线或光影效果等。

图6.21 悉尼歌剧院草图（伍重绘制）

3）面。面在草图中表现为具有轮廓线的区域。面在代表实体时，我们常常用笔将之填充，以强调其封闭性和厚重感。在画设计草图时，有时为了快捷，我们也常常用单一的面形式表示光影区或者作为简洁的背景来画。面的填充方式多种多样，点、线的各种形式都常会根据需要填充面。这时的面会表现出不同的质感、厚度和光影感，如Ted Musho绘制的由贝聿铭主持设计的达拉斯市政厅概念草图（见图6.22）。需要注意的是，面与面之间的对比与区分也常借助于面之间的灰度对比和不同填充形式来实现，最简单的方法就是用单纯的轮廓线表示受光面，而涂黑的面表示背光面，以强调立体感。

图6.22 达拉斯市政厅草图

4）色彩。色彩在设计草图的描绘中也经常被用到。一般我们画初始草图时用黑白素描即可。随着设计的深入，为了寻找和探索建筑整体的色彩配置，往往使用彩铅、马克笔等绘出建筑的固有色和环境背景色，这样能够比较深入地表现建筑的材质特性与纹理。有时我们也会用色彩区分不同的部位，比如我们经常会在建筑总平面以及规划平面图中用绿色表示绿地、蓝色表示水面等。色彩的使用还会加深草图的表达效果，我们在快速设计时用彩铅或马克笔描绘的草图，其或浓烈或淡雅的色彩气氛会给人留下深刻的印象（见图6.23）。

图6.23　色彩在草图上的运用（彩）

5）符号与文字。

符号与文字作为辅助说明手段，在设计草图中起着不可替代的作用。符号具有分析识别、指明关系、强调重点等多种作用。比如，在概念性草图中常常用大小不同的圆圈代表不同的建筑空间，而用带线条的箭头表明不同部分的关系，用指南针符号、剖切符号、标高符号等表示特定意义（见图6.24）。为了利于交流，初学者应该掌握一些常用的、约定俗成的符号。比如，入口标识等带有特定意义的符号、在平面图中的各种分析符号等。

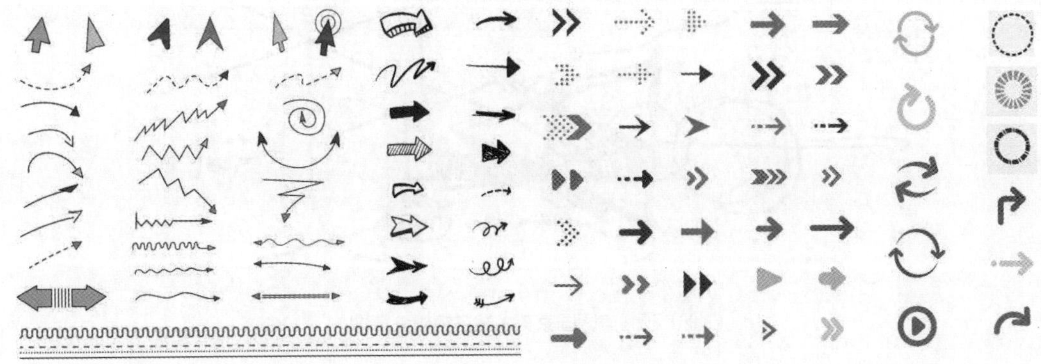

图6.24　符号的表达

简练的文字可以表达出许多图示难以表达的意思，比如，介绍一些设计的基本情况，说明空间功能和形式逻辑，标示形式含义与建筑意境，以及标注尺寸、比例等。

（5）建筑设计草图的绘制程序

建筑设计草图按设计过程可以分为准备阶段草图、构思阶段草图和完善阶段草图。这里主要介绍构思阶段草图的绘制程序。构思阶段草图可分为概念草图和构思草图。

1）概念草图。概念草图是指在建筑设计的立意构思前期，建筑师经过对设计对象要求、场地环境、功能、技术要求以及业主的需求等的认真理解和准备，在创作意念的驱动下，画出的建筑立意构思草图。概念草图反映的是对建筑的整体性思考，这一阶段草图的主要特点是开放性。

设计伊始，我们的立意思维不可过多地受到限制，更强调开启创造的心智，探寻各种不同的可能性。这时候我们的思维会异常活跃，灵感的火花不断闪现。为了捕捉这种灵感，需要我们的脑、眼、手分工协作，快速将思维的点滴变化与朦胧的意象表达出来。这时笔下的线条应奔放不羁，适宜的工具应为软质的铅笔或炭笔，这样可以使我们不拘泥于细节的刻画。概念草图所记载的意念形象是一种鲜明生动的感性形象，粗犷而不具体，不涉及细微末节，强调的是轮廓性概念，如贝聿铭手绘的美国国家美术馆东馆概念草图（见图6.25）。因此，绘制草图的时候可以随意、简洁，不必追求精确的表达和过分关注画面的效果，而应该当想法一出现就立即绘制出来。因为刚出现的意象极不稳定，转念即逝，只有抓住时机，才能及时记录下来。同时，我们要把握最关键的问题，将目标集中于建筑的整体意向，只关注于对核心问题的探索和思考。

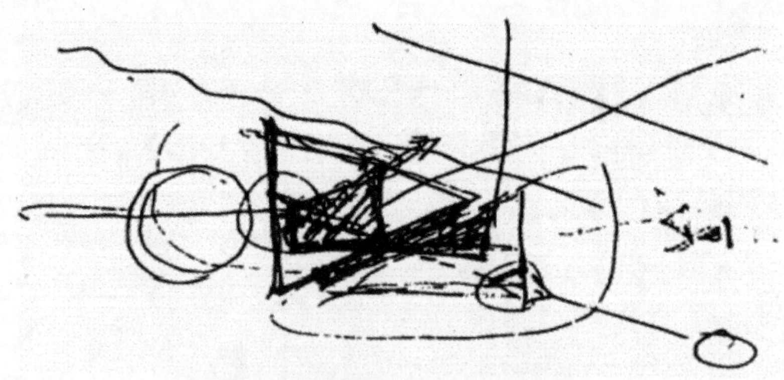

图 6.25　美国国家美术馆东馆概念草图

2）构思草图。随着概念草图的完成，设计的基本思路已经大体确定下来。这时候，大局虽定，但对问题的思考仍是粗线条的，具体问题还应继续推敲、解决。在这个过程中，每一个问题都有多种解答方式，每一次突破都存在偶然性和随机性。整个草图的绘制过程表现为以主观判断为标准的择优模式，以此推动设计向前发展。当我们提出问题，进行设计思考，并形成新的草图时，就应该及时进行判断和取舍。这既包括对问题的整体判断和取舍，也包括对局部设计草图的判断。开始时，设计者处于模糊状态，草图表现为线条含糊不定、朦胧模糊。但随着思考深入发展，草图逐渐随着思维从混沌走向清晰，从无序中找到方向。这个过程也是我们将半透明纸一遍遍地蒙在先前的草图上进行摹改的过程，有时也可以用另一张草图画出新的想法。通过反复构思、多角度比较，方案不断优化，也逐步由混乱走向有序，由片面走向完整。在绘制构思草图时，头脑时刻保持明确的目标是很重要的。这个目标就是产生一个满足设计要求、可持续发展、优中选优的设计方案。在设计时要注重设计空间的内外结构与建筑各部位的相关表达，并留有推敲余地。用笔可粗细相间，不必细致加工，更不要追求图面完整。同时，应把每一个局部问题都放在整体框架中去思考，保证方案的整体性。这样可以使每个设计环节具有正确的方向，从而使草图的绘制快速、高效，且少走弯路。

6.2.2 建筑技术性图纸

建筑技术性图纸是以投影原理为基础，按国家规定的制图标准，把设计方案中建筑的形状、大小等准确地表达在平面上，并同时标明相关尺寸以及用图例、色彩等表达所在环境的图纸。它是工程项目建设的技术依据和重要技术资料。在实际工程中，由于工程建设各个阶段的任务要求不同，各类图纸所表达的内容、深度和方式也有差别。

方案设计图主要是为征求建设单位的意见和供有关领导部门审批服务；施工图是施工单位组织施工的依据；竣工图是工程完工后按实际建造情况绘制的图样，作为技术档案保存起来，以便于需要的时候随时查阅。在设计阶段，技术性图纸主要包括建筑总平面图、建筑平面图、建筑立面图以及建筑剖面图。

（1）建筑总平面图

建筑总平面图简称总平面图，反映建筑物的位置、朝向及其与周围环境的关系。建筑总平面图的图纸内容如下：

1）单体建筑总平面图的比例一般为1：500，规模较大的建筑群可以使用1：1 000的比例，规模较小的建筑可以使用1：300的比例。

2）总平面图要求表达出场地内的区域布置。

3）标清楚场地的范围（道路红线、用地红线、建筑红线）。

4）反映场地内的环境（原有及规划的城市道路或建筑物，需保留的建筑物、古树名木、历史文化遗存，需拆除的建筑物）。

5）拟建主要建筑物的名称、出入口位置、层数与设计标高，以及地形复杂时主要道路、广场的控制标高。

6）指北针或风玫瑰图。

7）图纸名称及比例尺。

如图6.26所示，从这张1：750的总平面中我们可以读到如下信息：基地地块地势平坦，建筑的平面布局是四个L形退台式建筑，垂直交通核分布在建筑当中，建筑高度为38.3m和44.3m，沿街是若干并置的二层商业裙房。4个地块的景观功能进行了划分，包含运动片区、艺术教育、休闲娱乐以及会议商务，基地内有8个地下停车出入口，居住区设置单独出入口。

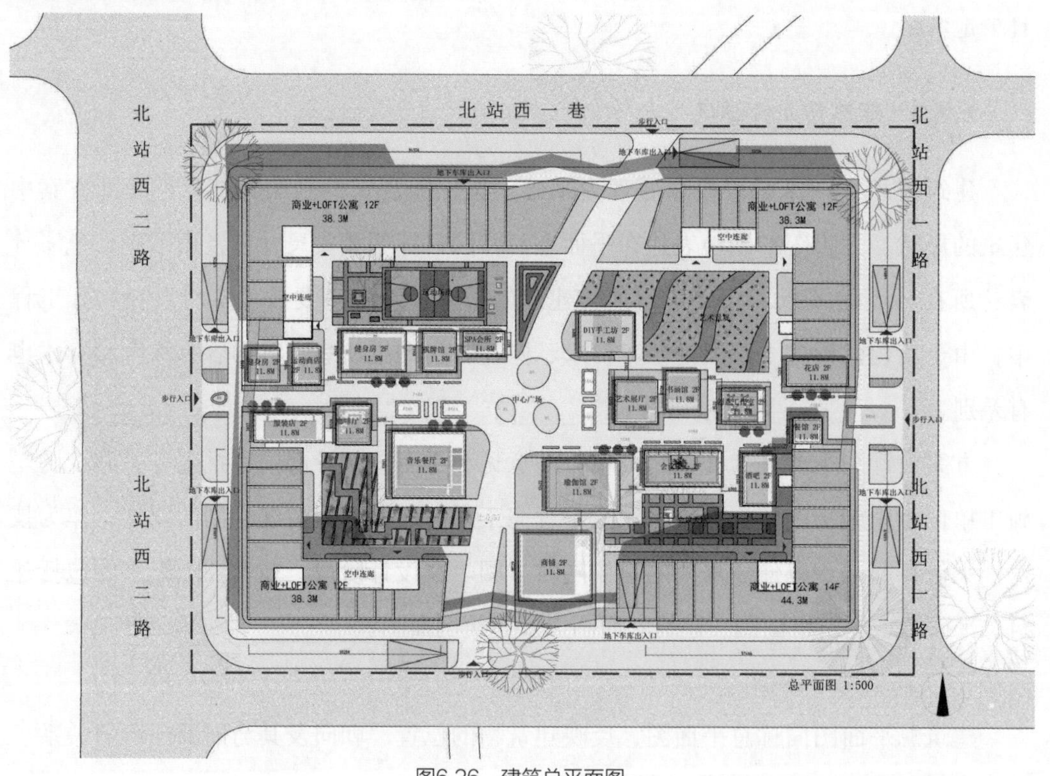

图6.26　建筑总平面图

（2）建筑平面图

建筑平面图是房屋的水平剖视图，也就是用一个假想的水平面（一般是地坪以上1.2m高度）剖开整幢房屋，移去处于剖切面上方的房屋，将留下的部分按俯视方向在水平投影面上做正投影所得到的图样，主要用来表示房屋的平面布置情况。建筑平面图应包含被剖切到的断面、可见的建筑构造，以及必要的尺寸、标高等内容（见图6.27）。

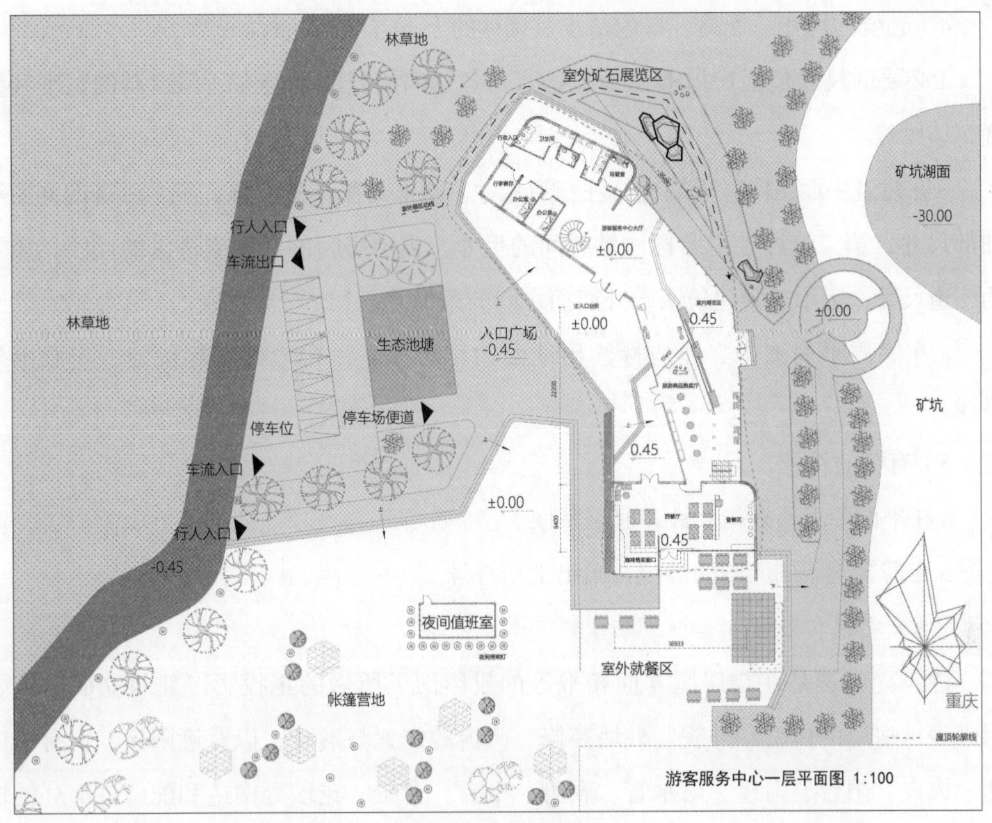

图6.27　建筑平面图

建筑平面图的图纸内容如下：

1）图名、比例、指北针。

a.设计图上的朝向一般都采用“上北—下南—左西—右东”的规则。

b.比例一般采用1：100，1：200，1：50等。

2）墙、柱的断面，门窗的图例，各房间的名称。

a.墙的断面图例。

b.柱的断面图例。

c.门的图例。

d.窗的图例。

e.各房间标注名称，或标注家具图例，或标注编号，再在说明中注明编号代表的内容。

3）其他构配件和固定设施的图例或轮廓形状。除墙、柱、门和窗外，在建筑平面图中，还应画出其他构配件和固定设施的图例或轮廓形状。如楼梯、台阶、平台、明沟、散水、雨水管等的位置和图例，厨房、卫生间内的一些固定设施和卫生间器具的图例或轮廓形状。

4）必要的尺寸、标高、室内踏步及楼梯的上下方向和级数。

a.必要的尺寸包括房屋的总长、总宽，各房间的开间、进深，门窗洞的宽度和位置，墙厚等。

b.在建筑平面图中，外墙应标注三道尺寸。最靠近图形的一道，表示外墙的开窗等细部尺寸；第二道尺寸主要标注轴线间的尺寸，表示房间的开间或进深的尺寸；最外的一道尺寸，表示这幢建筑两端外墙面之间的总尺寸。

c.在底层平面图中，还应标注出地面的相对标高，在地面有起伏处，应画出分界线。

5）有关的符号。

a.在平面图上要有指北针（底层平面）。

b.在需要绘制剖面图的部位，画出剖切符号。

（3）建筑立面图

建筑立面图是在与房屋立面相平等的投影面上所做的正投影。建筑立面图主要用来表示房屋的体型和外貌、外墙装修、门窗的位置与形状，以及遮阳板、窗台、窗套、檐口、阳台、雨篷、雨水管、勒脚、平台、台阶、花坛等构造和配件各部分的标高和必要的尺寸。

图6.28所示为建筑立面图。

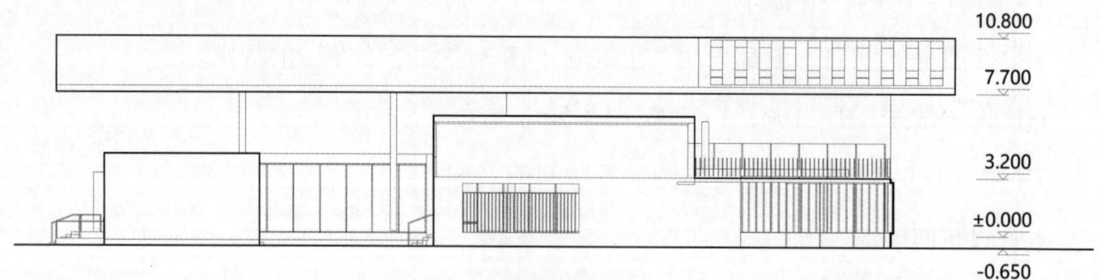

东立面图 1：300

图6.28　建筑立面图

建筑立面图的图纸内容如下：

1）图名和比例：比例一般采用1：50、1：100、1：200。

2）房屋在室外地面线以上的全貌，门窗和其他构配件的形式、位置，以及门窗的开启方向；表明外墙面、阳台、雨篷、勒脚等的面层用料、色彩和装修做法。

3）标注标高和尺寸：

a.室内地坪的标高为±0.000。

b.标高以米（m）为单位，而尺寸以毫米（mm）为单位。

c.标注室内外地面、楼面、阳台、平台、檐口、门、窗等处的标高。

（4）建筑剖面图

建筑剖面图是房屋的垂直剖视图，也就是用一个假想的平行于正立投影面或侧立投影面的竖直剖切面剖开房屋，移去剖切平面与观察者之间的房屋，将留下的部分按剖视方向投影面做正投影所得到的图样。一幢房屋要画哪几个剖面图，应根据房屋的空间复杂程度和施工中的实际需要而定。一般来说，剖面图要准确地反映建筑内部高差变化、空间变化的位置。建筑剖面图应包括被剖切到的断面和按投射方向可见的构配件，以及必要的尺寸、标高等。它主要用来表示房屋内部的分层、结构形式、构造方式、材料、做法、各部位间的联系及其高度等情况。

剖面图的图纸内容如下：

1）剖面应剖在高度和层数不同、空间关系比较复杂的部位，在底层平面图上表示相应剖切号。

2）图名、比例和定位轴线。

3）画出剖切到的建筑构配件：

a.画出室外地面的地面线、室内地面的架空板和面层线、楼板和面层。

b.画出被剖切到的外墙、内墙及这些墙面上的门、窗、窗套、过梁和圈梁等构配件的断面形状或图例，以及外墙延伸出屋面的女儿墙。

c.画出被剖切到的楼梯平台和梯段。

d.竖直方向的尺寸、标高和必要的其他尺寸。

4）按剖视方向画出未剖切到的可见构配件：

a.剖切到的外墙外侧的可见构配件。

b.室内的可见构配件。

c.屋顶上的可见构配件。

5）竖直方向的尺寸、标高和必要的其他尺寸。

如图6.29所示，从这张建筑剖面图我们能够读出这幢建筑的几个关键部分的高度，并且能够看出建筑左半部分做了一些高度上的变化。

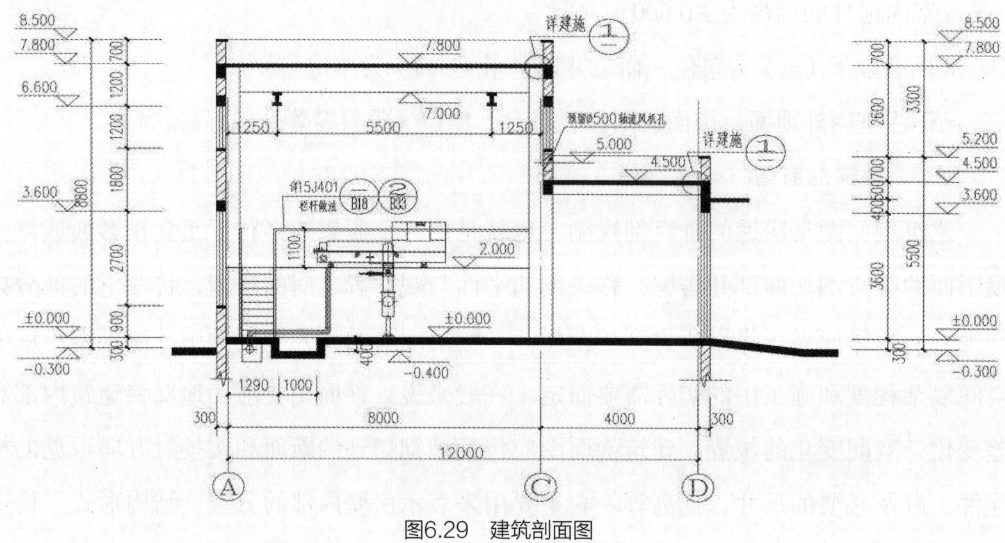

图6.29　建筑剖面图

6.2.3　建筑模型制作

对于初学者来说，完全靠二维平面设计来把握设计思维活动，对空间形体进行理解往往存在较大困难。建筑模型有助于建筑设计的推敲，可以直观地体现设计意图。建筑模型具有的三维直观的视觉特点，弥补了图纸表现上二维画面的局限。建筑模型是我们的“良师益友”，通过建筑模型的制作，我们可以将抽象思维表现为具体的形象，训练和培养三维空间想象力和动手能力。建筑模型不仅用于表现创作成果以便于同业主和决策者进行交流，更经常用在方案构思和深化设计的过程中。

通常按照设计的过程建筑模型可以分为初步模型和表现模型。前者用于推敲方案，研究方案与基地环境的关系，建筑体量、体型、空间、结构和布局的相互关系，以及进行细节推敲等。后者则为方案完成后所使用的模型，多用于同业主进行交流和向公众展示，它在材质和细部刻画上要求准确表达。我们这里主要谈的是初步模型的制作和表达。

初步模型可以按照设计者做出的构思草图为基础制作并发展，有时也可能即兴创作，再根据模型做出草图。初步模型制作简单，多用于方案构思和研究阶段，可随时修改，不做公开展示。

（1）模型的特点

模型是对设计思维最直接的三维表达，是图纸的直观体现，相较于图纸，其特点表现在以下几个方面：

1）模型可以更加概括。制作模型的过程实际上也是分析基地、分析项目的过程，其间可以有效简化一部分建筑师认为不必要的条件，突出主要问题。

2）模型更加直观和全面。经常可以看到建筑师俯下身子贴近模型模拟人眼实际角度的情景，模型给人提供全视点的图像，可以更方便地发现问题，即使是对专业知识不太了解的人也可以通过模型认识设计。

3）相对于图纸，模型更加方便之处在于可以轻易地移动体块的位置，修剪体块的形状，对设计进行迅速、直观、及时的调整。

（2）模型与材料

模型制作可以选用的材料多种多样，我们可以根据设计要求，按照不同材料的表现和制作特性加以选用。制作模型的材料多达上百种，但常用的不过有五六种，包括纸张、泡沫、塑料板、有机玻璃、石膏和油泥等（见图6.30）。

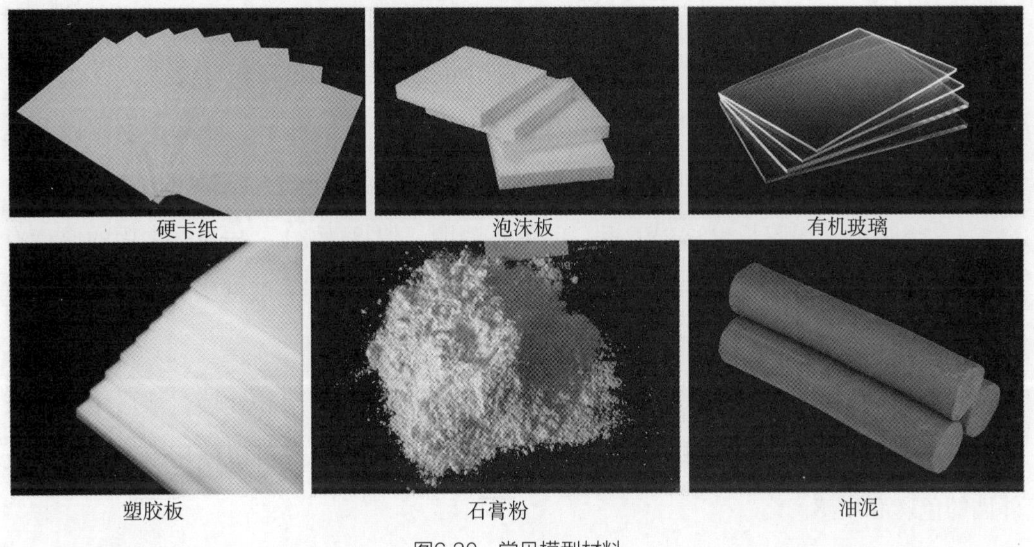

图6.30 常见模型材料

1）纸张。制作模型常用的纸张有卡纸和彩色水彩纸。卡纸是一种容易加工的材料。卡纸的规格有多种，一般平面尺寸为A2，厚度为1.5 ~ 1.8mm。我们除了直接使用市场上各种质感和色彩的纸张外，还可以对卡纸的表面做喷绘处理。

彩色水彩纸颜色丰富，一般厚度为0.5mm，正反面多分为光面和毛面，可以表现不同的质感。在模型中常用来制作建筑的形体和外表面，如墙面、屋面、地面等。另外，市场上还有一种仿石材和各种墙面的半成品纸张，选用时应注意图案比例，以免弄巧成拙。

制作卡纸模型的工具有裁纸刀、铅笔、橡皮等，黏贴材料可选用白乳胶、双面胶。卡纸模型制作简单方便，表现力强，对工作环境要求较少。但卡纸模型易受潮变型，不宜长时间保存；黏接速度慢，线角处收口和接缝相对困难。

2）泡沫。卡纸是制作模型的常用面材，而块材最常用的要数泡沫了。泡沫在市场上也很容易买到，一般平面规格为1 000mm×2 000mm，厚度为3mm、5mm、8mm、100mm、200mm不等。有时我们也可以将合适的包装泡沫板拿来用。

用泡沫制作建筑的体块模型非常方便，厚度不够可以用白乳胶粘贴加厚。切割泡沫的工具有裁纸刀、钢锯、电热切割器等。泡沫材料模型制作起来省时省力，质轻、不易受热受潮，容易切割、粘贴，易于制造大型模型，且价格低廉。其缺点是切割时白沫满天飞，切割面粗糙，相对而言不易加工细致。

3）有机玻璃。有机玻璃也叫亚克力板，常见的有透明和不透明之分。有机玻璃的厚度一般为1～8mm，其中最常用的为1～3mm厚度。有机玻璃除了板材还有管材和棒材，直径一般为4～150mm，适用于制作一些特殊形状的体形。有机玻璃是表现玻璃及幕墙的最佳材料，但它的加工过程较其他材料难，所以，它常常只用于制作玻璃或水面材料。有机玻璃易于粘贴，强度较高，制作的模型也很精美，但价格相对较高。

有机玻璃的加工工具可以选用勾刀、铲刀、切圆器、钳子、砂纸、钢锯以及电钻、砂轮机、台锯、车床、雕刻机等电动工具。黏接材料可以选用三氯四烷和丙酮。

4）塑胶板。塑胶板也称PVC板，白色不透明，厚度为0.1～4mm，常用的厚度有0.5mm、1mm、1.2～1.5mm等。它的弯曲性比有机玻璃好，用一般裁纸刀即可切割，更容易加工，黏接性好。

在制作模型时一般可选用1mm厚的塑胶板作建筑的内骨架和外墙，然后用原子灰（腻子）进行接缝处理，使其光滑、平整、没有痕迹。最后，可以使用喷漆工具完成外墙的色彩和质感。

塑胶板的加工工具可以选用裁纸刀、手术刀、砂纸等，黏接材料选用三氯四烷和丙酮。

5）石膏。石膏是制作雕塑时最为常用的材料。有时也可做大批同样规格的小型构筑物和特殊形体，如球体、壳体时使用。石膏为白色石膏粉，需要加水调和塑形。塑形模具以木模为主，分为内模和外模两种，所需工具为一般木工工具。若要改变石膏颜色，可以在加水时掺入所需颜料，但不易控制均匀。

6）油泥。油泥俗称橡皮泥，为油性泥状体。该材料具有可塑性强的特点，便于修改，可以快速将建筑形体塑造出来，并有多种颜色可供选择，但塑形后不易干燥。油泥常用于制作山地地形、概念模型、草模、灌制石膏的模具等。

（3）模型制作方法

1）卡纸模型制作。一般选用厚硬卡纸（厚度为1.2 ~ 1.8mm）作为骨架材料，预留出外墙的厚度，然后用双面胶将玻璃的材料（可选用幻灯机胶片或透明文件夹等）粘贴在骨架的表面，最后将预先刻好的窗洞、做好色彩质感的外墙粘贴上去。

将卡纸裁出所需高度，在转折线上轻划一刀，可以方便折出多边形，因其较为柔软，可弯成任意曲面，用乳白胶黏接。在制作时应考虑材料的厚度，只在断面涂胶。同时应注意转角与接缝处平整、光洁，并保持纸板表面的清洁。只选用卡纸材料做成的模型最后呈现一种单纯的白色或灰色。这种模型制作方法使用的工具简单，制作方便且价格低廉，并能够使我们的注意力更多地集中到对设计方案的推敲上，不必为单纯的表现效果和烦琐的工艺制作浪费过多时间。而在实践中，用KT板替代卡纸特别受到广大学生的青睐（见图6.31）。

图6.31　KT板模型

2）泡沫模型制作。在方案构思阶段，为了快捷地展示建筑的体量、空间和布局，推敲建筑形体和群体关系，我们常常用泡沫制作切块模型。这是一种验证、调整和激发设计构思的直观有效手段。单色的泡沫模型，不强调建筑的细节与色彩，更强调群体的空间关系和建筑形体的大比例关系，可以帮助我们从整体上把握设计构思的方向和脉络（见图6.32）。

制作泡沫模型的时候，首先要估算出模型体块的大致尺寸，用裁纸刀或单片钢锯在大张泡沫板上切割出较大的体块。如果泡沫板的厚度不够，可以用白乳胶将多张泡沫板进行贴合，贴合板的厚度应大于所需厚度。当断面粗糙时，可用砂纸打磨，使表面光滑，并易于粘贴。

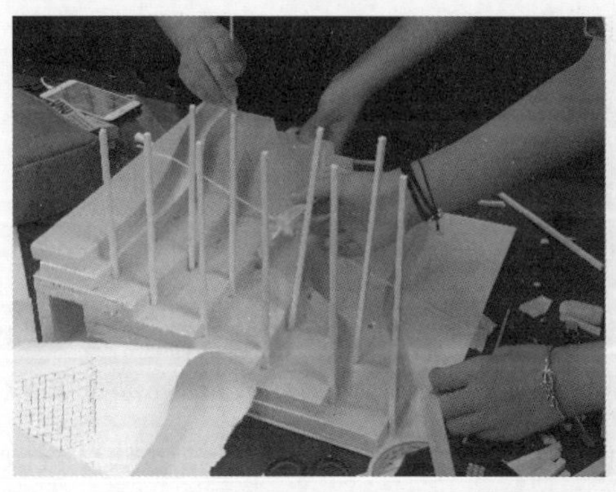

图6.32　泡沫板模型

泡沫模型的尺寸如果不规则或尺寸不易徒手控制时，可以预先用厚卡纸做模板并用大头针固定在泡沫上，然后切割制作。泡沫模型的底盘制作可以采用以简驭繁的方法，用简洁的方式表现道路、广场和绿化。

3）坡地、山地的制作。比较平缓的坡地与山地可以用厚卡纸按地形高度加支撑，再弯曲表面做出。坡度比较大的地形，可以采用层叠法和削割法来制作（见图6.33）。

所谓层叠法就是将选用的材料层层相叠，叠加出有坡度的地形。一般我们可根据模型的比例，选用与等高线高度相同厚度的材料，如厚吹塑板、厚卡纸、有机玻璃等材料，按图纸裁出每层等高线的平面形状，并层层叠加粘好，粘好后用砂纸打磨边角，使其光滑，也可喷漆加以修饰，但应注意吹塑板喷漆时易融化。

图6.33　坡地模型制作

削割法主要是使用泡沫材料，按图纸的地形取最高点，并向东南西北方向等高或等距定位，切削出所需要的坡度。大面积的坡地可用乳白胶将泡沫粘好，拼接以后再切削。

4）配景制作。建筑总是依据特定的环境条件设计出来的，周围的一景一物都与之息息相关。环境是我们构思建筑设计的依据之一，也是烘托建筑主体氛围的重要手段。因此，配景的制作在模型制作中也是非常重要的。建筑配景通常包括树木、草地、人物、车辆等。选用合适的材料、采用正确的比例尺是配景模型制作的关键。

a.树。树的做法有很多种，总的来讲可以分为两种：抽象树与具象树。抽象树的形状一般为环状、伞状或宝塔形状。抽象树一般用于小比例模型（1：500或更小的比例）中。有时为了突出建筑，强化树木，也用于较大比例模型（1：30~1：250）中。用于做树模型的材料可以选择钢珠、塑料珠、图钉、跳棋棋子等。

制作具象形态的树的材料有很多，最常用的有海绵、漆包线、干树枝、干花、海藻等。其中海绵最为常用，它既容易获取，又便于修剪，同时还可以上色，插上牙签当树干等，非常方便、适用。绿色卡纸可以裁成小条做成树叶，可以卷起来当树干，将树干与树叶粘起来，效果也不错。此外，漆包线、干树枝、干花等许多日常生活中的材料，对其再加工后都可以制成具有优美形态的树。

b.草地。制作草地的材料有色纸、绒布、锯末、草地纸等。制作草地最简单易行的方法就是用水彩、水粉、马克笔、彩铅等在卡纸上涂上绿色，或者选用适当颜色的色纸，剪成所需要的形状，用双面胶贴在底盘上。另外，也可以用喷枪将调配好颜色的喷漆喷到卡纸、有机玻璃、色纸等材料上。在喷漆中加入少许滑石粉，还可以喷出具有粗糙质感的草地。锯末屑的选用要求颗粒均匀，可以先用筛子筛选，然后着色晒干后备用。将白乳胶稀释后涂抹在绿化的界线内，洒上着色的锯末屑（或之后喷漆），用胶滚压实晾干即可。

c.人与汽车。模型人与模型汽车的制作尺度一定要准确，它们为整个模型提供了最有效的尺度参照系。

模型人可以用卡纸做。将卡纸裁剪成合适比例和高度的人形贴在底盘上即可，也可以用漆包线、铁丝等弯成人形。男士按实际身高为1.7~1.8m比例制作，女士可稍低些。

汽车模型可以用卡纸、有机玻璃等按照车顶、车身和车轮三部分裁成所需要的大小粘贴而成。还有一种更为便捷的方法是用橡皮切削而成。小汽车的实际尺寸为1.77m×4.6m左右，在模型上多取5m左右的实际长度按比例制作。

（4）初步模型

初步模型不但准确地表达了作者的思维，而且对思维的推进和深化也有着积极作用。比如，我们在分析思考基地环境时可以用环境模型，在推敲建筑形体时可以用形体组合模型，在斟酌内部空间时可以用建筑室内模型，在分析结构方案时可以用建筑构架模型等。要根据每个设计的具体要求和特点，针对不同的阶段，采用不同的模型来推进我们的构思。

通常初步模型对应整个构思设计过程，可分为三个阶段：在分析基地环境时，做环境模型；在进行建筑整体布局和形体构思时，做建筑构思模型；在进行建筑平、立、剖面设计时，做建筑方案模型等。

以外部空间环境设计为例。首先要对基地环境做深入了解，不仅做基地平面的勾绘和分析，还要以模型来表现环境关系。环境中原有的建筑、树、水、山石以及地形地势等均应反映在模型中，并借助模型促进我们对所绘环境的理解和思考。然后根据设计任务要求，进行外部空间总体布局和基本形体构思，并以构思模型来表现和研究。此时应将该模型置入环境模型中，反复推敲和修改。构思模型是个粗略的形体关系模型，它不但表达设计的意图和整体构思，而且可以从环境的角度探索构思的效果。这时我们可以做多个构思模型，均置于环境模型中进行反复比较，从而选出最契合环境并能充分体现创作意图的方案来。在基本思路确定后，进行建筑平、立、剖面设计时，我们可以用方案模型较具体地表达出来，并进行综合调整和完善。

制作初步模型的步骤并不复杂。首先我们要根据目的和用途，确定模型的最佳比例及配置，预想模型制作后的效果以及可能选用的材料和工艺。然后根据设计要求确定模型的材料、色彩及特性，运用制作工具处理材料的表面质感及细部。制模时，根据已经确定的模型比例，按照环境配置的范围大小，制作好模型的底盘。对模型的结构体型进行设计，一般制作切块模型时可直接切割，其他比较复杂的模型可以先制作一个模型的内部支撑体系，便于将表面材料粘贴上去。完成模型主体之后，将其放在底盘上，并按照建筑的风格和实际环境效果，配置环境中的树木、车辆、人群以及各类小品，烘托环境气氛，突出建筑个性。

在制作初步模型时，应考虑它同表达模型的区别。初步模型的制作，要力图反映设计内容最本质的特征，是以反映和促进创作思维为根本目的的，所以初步模型比表达模型具有更强的概括性和抽象性。制作时不要将精力过多地浪费在细部的制作上——模仿制作出许多微小的形状和装饰以及结构的细部，这样不仅浪费时间，还可能起到喧宾夺主的作用。有时忽略细部与色彩的白色模型或者简单的几个体块所构成的模型同那些经过精雕细刻的模型相比较，对于所要表达的内容及对创作思维的促进来说，会起到更大的作用。

（5）3D打印

3D打印（3DPrint）即快速成型技术的一种，又称增材制造。它是一种以数字模型文件为基础，运用粉末状金属或塑料等可黏合材料，通过逐层打印的方式来构造物体的技术。

3D打印通常采用数字技术材料打印机来实现，常在模具制造、工业设计等领域被用于制造模型，后逐渐用于一些产品的直接制造，已经有使用这种技术打印而成的零部件。该技术在建筑、工程和施工（AEC）、珠宝、鞋类、工业设计、汽车，航空航天、牙科和医疗产业、教育、地理信息系统、土木工程以及其他领域都有所应用。

3D打印最大的优点是无需机械加工或任何模具，就能直接从计算机图形数据中生成任何形状的零件，从而极大地缩短产品研制的周期，提高生产率，降低生产成本。但由于能够用于3D打印的材料很少，所以目前这项技术还没有那么方便和完美，有许多需要注意的细节。

1）3D打印有很多种类型，其中：

a）最经济、最易用的是FDM（3D打印外界混色器），使用卷装丝状PLA耗材，利用材料的热特性（加热液化），因此FDM类似高精度、自动化的热熔胶枪。成型零件有明显纹路，且对零件形状有要求。

b）光固化类，比较贵，且大尺寸机器成本极高，渠道几乎只有线上打印服务。光固化类精度很高，可以做到肉眼难以分辨纹路，但使用瓶装光敏树脂，利用材料的光敏性（激光或紫外光照射固化），成本高。白色打印件容易泛黄或泛绿，大件可能非常耗时。

c）其他类型技术接触很少，实际应用也很少。

2）单纯从零件成型的角度来说，3D打印的速度还比较慢，手指大的零件可能需要半小时到1小时成型，大于拳头的可能需要数小时，更大的可能要几天。这对打印机稳定性要求较高，因为一旦打印到一半出了问题则很难修复和继续，大多只能重新开始。

从零件设计、验证的角度来说，3D打印非常快。以往需要机床切削、制作塑料模具浇筑或手工打磨制作的零件，如果能够用3D打印件替代，则从提出概念到成型的时间可能从几天缩短至1小时。

3D打印与手工制作的一大区别在于必须有制作好的模型文件，且对模型文件有一定要求。模型文件必须为不存在裸露边缘、不存在非流型边缘的实体网格文件。有了模型文件后，还要进行切片，即把3D形状转化为打印机指令。切片的参数和学问很多，切片设置和模型文件共同从软件层面决定成品质量。

3）3D打印真正的潜力并不在于机器代替人工作，而是利用3D打印的独特原理来制作手工（或其他任何加工方法）极难制作的模型，比如有机的镂空几何体、预组装（print in place）零件等。

目前，绝大多数3D打印机只能打印单色零件。材料的颜色只能在打印结束时更换，不能在打印时更换。虽然存在FDM多色打印技术和其他彩色打印技术，但它们都有自己的难题，比如切换频率低、不能混合颜色、成本极高等，因此尚未普及。

如果用3D打印制作建筑模型，首先要看尺度和比例。小比例、小尺度、细节要求不高的模型，如城市沙盘、微缩建筑等（见图6.34），一般可以直接打印（需要有模型文件）；大比例的模型通常无法整体一次打印，需要拆分成尺寸适中、结构强度合理、悬挑和支撑结构尽可能少的零件分批次打印，再装配完成。如果不想使用黏合剂组装，还需要考虑不同零件之间的咬合结构、机器误差、组装误差等因素。在对模型表面质量要求较高时，可能需要对零件做后处理，如打磨、局部切割、抛光液浸泡抛光等。如果需要上色，则必须做后处理，因为刚成型的零件难以均匀吸附颜料、油漆等。

图6.34　3D打印模型

不是所有的建筑模型都适合3D打印制作。如果需要制作的模型结构简单、几何形状不复杂、重复构件较多、细节不丰富，且对材质没有要求，手工或其他加工方式可能更加省时、省力。

6.2.4　建筑效果图

（1）建筑效果图的概念与作用

1）建筑效果图就是把建筑环境景观用写实的手法通过图形的方式进行传递。所谓效果图就是在建筑、装饰施工之前，通过施工图纸，把施工后的实际效果用真实和直观的视图表现出来，让大家能够直接看到施工后的实际效果。

当前，建筑效果图习惯上理解为由计算机建模渲染而成的建筑设计表现图。传统上，建筑设计表现图是人工绘制的。两者的区别是绘制工具不同、表现风格不同。前者类似于照片，可以逼真地模拟建筑及其设计建成后的效果；后者除了真实表现建成效果外，更能体现设计风格和画的艺术性。

在20世纪八九十年代初期，基本上建筑效果图都是通过手绘的方法进行传达的，这是最古老最原始的方式。那时候建筑效果图的逼真程度往往是由绘画师的水平决定的，所以其效果只能靠艺术工作者的手绘技术决定。3D技术的提高使得计算机绘图逐渐代替了传统的手绘，3dsMax软件慢慢地走入设计工作者的视野。3D技术不仅可以做到精准地表达，而且可以做到高仿真，在建筑表现方面尤为出色。计算机不仅可以帮我们把设计方案中的建筑模拟出来，还可以添加人、车、树、建筑配景，甚至白天的日光和夜晚的灯光变化也能细致地模拟出来，通过这些建筑及周边环境的模拟生成的照片也称为建筑效果图。

2）建筑效果图主要是向人们展示建筑未来真实美好的效果。人们在准备建造一栋建筑或一座生活居住区之前，建筑师一般通过前期设计制作的建筑效果图，向社会大众展示建筑未来的实际效果。

a.实用作用。建筑效果图是为建筑设计工程服务的，体现出建筑工程的形状、尺度、材质等各项施工要求，具备一定“按图施工”的严密数学逻辑要求，反映出准确的构造和透视关系，注重空间的真实性，反映设计师的基本设计意图。

b.艺术作用。建筑效果图作为一种绘图的艺术表现形式，融合知觉与想象，揭示视觉思考的实质，是一种揭示三维空间的艺术语言。建筑效果图可以从建筑工程层面得以提升，同时加以美学的“神韵”，从而让这种绘图表现形式具备一定的艺术表现能力。

（2）手绘建筑效果图

手绘建筑效果图是借助不同的绘图工具（见图6.35）通过手绘画图来表现环境设计思想和设计概念的视觉传递技术。手绘技法对绘制内容的比例、尺度、体量关系、外形轮廓、虚实关系、空间构想、风格色彩、材料质感等方面都有严格要求，是科学性与艺术性相结合的具体表现。随着时代的发展，手绘效果图在设计领域发挥着越来越重要的作用。

1）建筑手绘效果图强调为设计服务，强化徒手训练，将美术技能训练和设计思维训练相结合，把美术审美融入建筑空间的各个设计层面当中。在建筑设计研究领域中，手绘效果图可以作为创意图、分析图、研究图，充分运用到建筑空间设计的每个环节。在表现方面，建筑手绘效果图有时比电脑绘图更真实、自然、艺术（见图6.36）。

（a）铅笔　（b）针管笔套装　（c）水溶性铅笔套装

（d）水溶性马克笔　（e）油性马克笔　（f）圆规、圆模型、蛇形尺

图6.35　绘图工具

（a）酒店鸟瞰手绘效果图　（b）现代别墅手绘效果图　（c）城市鸟瞰手绘效果图

（d）商业综合体透视手绘效果图　（e）图书馆手绘效果图　（f）现代博物馆手绘效果图

图6.36　建筑手绘效果图

2）室内手绘效果图是以直观的图像形式传达设计者关于室内设计意图的重要手段，是集绘画艺术与工程技术于一体的表现形式。室内手绘效果图是以设计工程图纸为主要依据，运用绘画的表现手段在纸上对所设计的内容进行形象的表达。室内手绘

效果图作为一种富有表现力的设计表达方式，在室内设计界一直被广泛运用。长期以来，它也是建筑设计从业人员必备的基本功与设计成果展示的重要手段。无论是建筑专业还是环境艺术设计专业的学生，都需要长期接受设计表现方面的严格训练，以适应市场对专业人员的素质需求，提高自身艺术修养（见图6.37）。

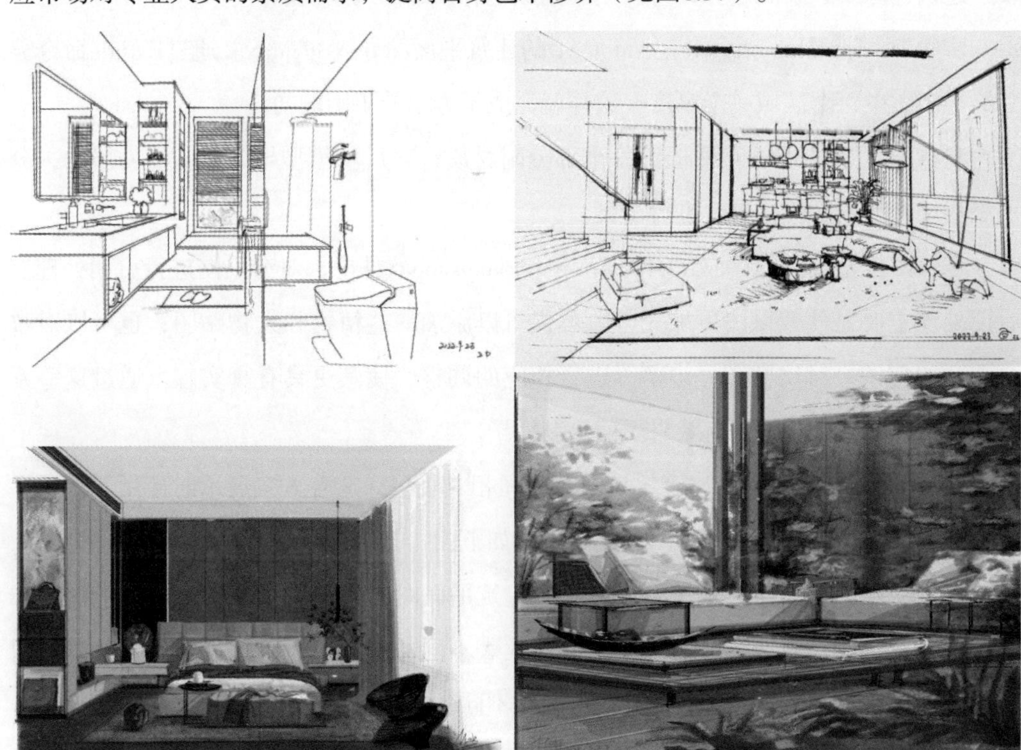

图6.37　客厅、卫生间、卧室、餐厅、阳台等室内设计手绘效果图

3）近些年，与建筑设计学科配套的景观设计也迅速发展，市场需求量逐渐加大，景观手绘效果图也受到了社会大众的喜爱。这类手绘效果图同样采用设计思维与绘画艺术相结合的表现形式，形成情景交融的美丽画卷（图6.38）。

图6.38　景观手绘效果图

（3）使用软件制作建筑效果图

运用计算机制作建筑效果图主要使用AutoCAD、3dsMax、Vray、Photoshop、SketchUp等软件。

1）使用3dsMax制作建筑效果图，步骤如下：

步骤一：在AutoCAD软件中先绘制出建筑平面图，绘制平面图时要注意图层和线型。在分层时一定要注意不同的线型代表不同的线条，比如：用地红线、道路中心线、建筑边缘线、景观线等，可以用不同颜色和粗细的线型表示。

步骤二：通过Import命令把AutoCAD的建筑平面图导入3dsMax。通过Extude命令分别给平面图中每个区域一个厚度。这样就完成了方案效果图的初模。

步骤三：通过Maps对话框给每个部分附材质，之后将模型导入Vray渲染器中，分别添加灯光和摄像机，最后进行渲染。

步骤四：把渲染图存成JPG格式，导入Photoshop软件中，对渲染图进行后期处理。后期处理主要是使效果图更加完整，不仅可以添加一些植物和人物贴图，也可以对整个图片的色调、对比度和分辨率等进行相应的调整，使其更具有真实感。通过这一系列的步骤，一张完整的建筑效果图就绘制完毕。

2）使用SketchUp制作建筑效果图，时间相对较快，适合方案展示时使用。该软件的中文名称为草图大师，也正因如此。步骤如下：

步骤一：在AutoCAD软件中先绘制出建筑平面图，在绘制平面图时要注意图层和线型。在分层时一定要区分不同的线型和代表不同类型的线条，比如：用地红线、道路中心线、建筑边缘线、景观线等，可以用不同颜色和粗细的线型表示。

步骤二：通过Import命令把AutoCAD的建筑平面图导入SketchUp。通过Push/Pull命令分别给平面图中每个区域一个厚度，完成方案效果图的初模。

步骤三：通过PaintBucket对话框给每个部分附材质，也可导入新收集的素材，丰富整座模型的效果。

步骤四：通过滑动鼠标，可以展示建筑模型各个角度的效果。

（4）版面布局

建筑设计课程最终图纸成果一般以若干张A1或A0尺寸的图版加以展现。透视效果图、技术图纸、分析图、实体模型照片等图纸都需要统一排进图版，因此版面布局也需要进行设计。

1）排版基本原则。

第一，确定图幅。要根据图版尺寸、数量、排列方向和技术图纸的深度要求来确定各类图纸的大体位置和占据的图幅。图纸的排列顺序要符合一般图纸从左向右、从上到下的阅读顺序。在考虑图形元素的布局时，将最主要的透视效果图放在起始位置，就像书的封面一样让人建立起强烈的第一印象。而后是总平面图、设计说明和分析图，使读图者建立起对方案的整体认识，之后再以技术图纸做进一步详细说明，最后是各种局部细节的图纸，如大样图、室内透视图等。版面布局要做到疏密有致、主次分明，透视效果图和技术图纸等应占据主要位置和更多的图幅（见图6.39）。

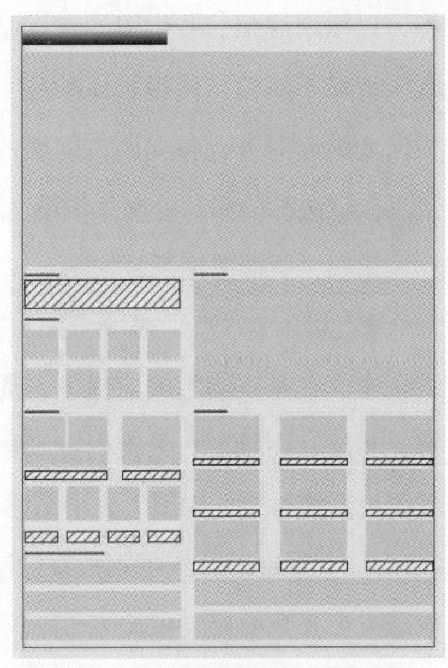

图6.39　控制线、阅读顺序、主次分明、疏密有致

第二，排版要有整体性。用统一的控制线可以更好地规范和统一排版，增强版面的秩序性和统一感。版面中的文字要素，如标题、图纸名称和比例等，是易被忽略但很有用的排版要素，除了大小和字体明确可读，还可以通过它们来控制和调整图纸的对位关系。另外，所有版面中的图、色彩要尽量统一，特别要注意尽量不使用没有意义的底色或构图符号参与排版，否则会干扰图纸信息的表达（见图6.40、图6.41）。

图6.40　竖排版

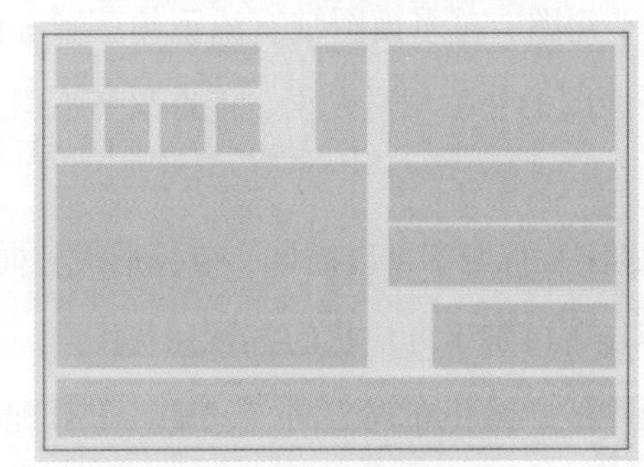

图6.41　横排版

● 四边留空：沿图纸四周向内留出相同宽度的白边，所有图形的外围起止于这条边线。留空宽度由图形密度而定，图形较密的留空要窄、图形稀疏的留空要宽，留空宽度常为3 ~ 6cm。

● 图形对位：两个以上的图形上下或左右间的位置基本接近时，最好相互完全对齐，以体现规整。若构图的意图是形成错落，则要相互明显地错开足够的距离，避免既接近又不对位，使得版面杂乱。需要图形对位的常见情形有：各平面之间的轴线或横向或纵向对齐；各立面、剖面的地平线横向对齐；各立面、剖面的某一侧（多数为接近图纸边沿的侧）外廓（端墙）纵向对齐；各图形的图名文字横向或纵向对齐。

第三，版面要饱满且均衡。

● 实角、齐边、虚中：图形首先占据四角，继而沿边线排布，尽量避免位于图纸正中。在基本均匀的前提下，周边的图形密度略大于中央，易形成方正、规整的观感；相反，图纸中央紧密则容易争抢视线成为焦点，分散甚至削弱规整周边图形的表现力度，使得整体构图失去平衡感和稳定感。

● 下重上轻：线条较密集的图显得较重，宜放在线条较稀疏的图形下方。图形外轮廓方正齐整的宜放在起伏动势较丰富的图形下方。

2）安置重点构图元素。三维效果图、总平面图和标题是排版构图中的重要构图元素，重要构图元素的安置是整幅构图的主导，可以首先将效果图设置在全图视线最佳位置的左右偏上部位，再在对角部位设置总平面图，然后根据图形轻重排布平、立、剖面图，最后调整标题字的纵横、上下，争取全图的平衡。

a.三维效果图。三维效果图本身造型突出，强调色彩和环境配景的渲染，更强化了其整体表现力，是全图夺目的焦点，左右着整幅构图的基本格局；另外，三维图形具有强烈的动势，需要足够的图幅空间提供伸展。

b.总平面图。总平面图带有浓重的落影和满铺场地，构图的重量仅次于三维效果图；总平面图的外廓相对方正，能够妥善安置在全图各个部位，可以主动地调整构图平衡。

c.标题字。标题字可以横排、竖排形成长向条带，也可以灵活组成其他图形。这种长向条带显著区别于方块状的各种建筑图形，成为一种特殊的构图元素，因而能够积极地引导视线，强化布局走向，调整轻重分配。运用标题字的构图作用，关键在于把标题视作一个整体的色块，并通过加粗线条、收缩间距、填补或衬色等方法强化整体条块的观感。

（5）建筑效果图展示

建筑效果图展示，如图6.42 ~ 图6.44所示。

（a）明月稷时·清影苑——养老社区设计

（b）教学楼前厅改造设计

（c）矿迹——游客服务中心设计

（d）工大·印——高校博物馆设计

（e）锦韵长安·俯瞰韦曲——高层建筑设计1

（f）锦韵长安·俯瞰韦曲——高层建筑设计2

图6.42　建筑效果图1（彩）

（a）The Collage Museum——十张照片摄影博物馆

图6.43　建筑效果图2（彩）

（b）NOA Hotel——高层商务酒店设计

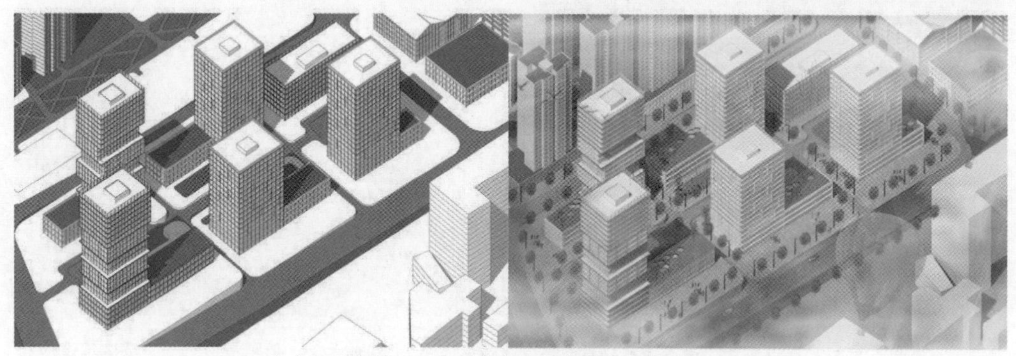

（c）日时新译——韦曲老街及周边地块城市设计

续图6.43　建筑效果图2（彩）

（a）安·乐·居——住宅设计　　（b）古桥之上——博物馆设计

图6.44　建筑效果图3（彩）

（c）城五届、宅有间——居住区设计

续图6.44　建筑效果图3（彩）

6.3 建筑设计表达的版式与构图

作为设计的重要组成部分，建筑设计表达的版式与构图既是设计内容的最终输出与呈现，也是设计的延续和升华。很多情况下，两个相似的方案，由于设计表现的版式与构图有差异，最终呈现的视觉效果往往会出现巨大差别。

作为设计者，在保证设计内容深入、有逻辑的同时，还需通过恰当的版式和美观的构图，将大量的分析图和表现图进行组织梳理，达到设计内容清晰表达的目的。好的图面效果，可以让人很快抓住设计的核心和亮点，让人更好地理解设计。版式与构图的要点如下：

1）紧凑通畅的内容结构和逻辑，即内容编排、图式组织要与设计的逻辑构思过程紧密结合。

2）内容主次分明，即明确不同板块的表达重点。

3）控制好版面的节奏，即构思内容表达图式要与效果表现图式合理搭配。

4）注重细节，即运用平面设计的美学原则，注意图形的疏密和整体色彩控制。

6.3.1 版式设计要点

在建筑设计中，版式表达是极其重要的组成部分，如果说前面讲解的图式分析与表达是内涵积累的过程，那么最终的设计版式与构图则是最终效果展现的提升阶段。对于大多数设计竞赛和项目汇报，设计师都是借助构图出色的版面形式输出自己的设计想法，并成功地说服评委和业主接受自己的方案。设计师既要创造合理有趣的图形图式，又要构思具有形式美感的版面，才能让读者把注意力留在自己的设计之中，并透过图纸表现与设计师的思想进行深入沟通。

在很多重要的设计投标或竞赛评比中，面对几十张几百幅设计图纸，在有限的时间内，评委要迅速做出判断，肯定不会细看每一张图，尤其在前期评判，他们站在图版前面几米远，一目数图地去扫视。此时，方案表现和排版构图出色的作品往往会受到青睐，然后再拼内在功力。经过一轮筛选后，作品的数量减少了，这时候评委才会细品剩下作品的内容。版式设计在方案表现时很重要，大家审美的角度不同，也很难找到标准范式去遵循，但仍然希望大家在形式、色彩和细节处理方面能够了解并掌握一定的原则。

首先，版式与构图形式要和设计概念、构思特点及图式表现形式有机结合，要整体考虑，既要彰显个性特色，又要便于读者理解设计作品。技术类的设计图式，如平、立、剖面图都有相对固定的表现形式，而其他类型的图式，例如概念表达图、形态生成图等，都能够以更为灵动自由的形式进行排版。尤其是一些构思新颖、理念独特的设计案例，其版式风格多呈现出简洁的线条和清爽的图面效果，摒弃了繁杂的修饰和艳丽的色彩，能够与建筑设计风格充分呼应，突出概念构思特点。

其次，整体版面要依据各类图式信息的层级，合理分配位置和数量。排版布局之前，对所要表达的图式和文字信息应了然于心，通过计算版面比例、图形大小等，形成疏密有致、和谐统一的画面。“密”的图式实体部分作为填充图面的重要元素，要安排合理、比例适当，与实体之外的“疏松”留白之处形成对比，相映成趣，产生整体图面的节奏感和韵律。

6.3.2 版式与构图原则

建筑图纸的排版过程，本质上是将制作的设计图式、文字信息等内容按照既定的设计逻辑和结构，有组织地进行阐释和展现的过程。对于如今诸多的设计竞赛和课程作业而言，最为重要的成果提交方式便是大尺寸的设计图版表现（常为A1或A0尺寸，少数为规定的特殊尺码）。好的版式与构图不仅有助于更加清晰地组织和阐释设计过程，而且在表现效果上能为优秀的设计方案锦上添花，使之在众多方案中脱颖而出。

作为整体设计的一部分，构图排版的过程也是以叙事的方式讲述设计从无到有的过程，最终目的是要让一个事前对项目一无所知的人，在浏览设计图版之后，能够清晰地了解设计概念构思、思考过程及最终的设计表现成果。由于作为视觉语言的图式本身具有快捷直观的信息传递特性，因此配合辅助的文字说明、精心组织设计的版式与构图，可以有效地提升设计表现质量，甚至能够弥补设计中的某些瑕疵，收到事半功倍的效果。作为一个设计师，不仅要保证设计过程的完整出色，更需实现图纸最终表达的清晰有序。建筑设计的版式与构图，不仅是一个平面设计问题，也涉及设计内容表达的合理性。通过合理布局各类型设计图式去清晰讲述生动的“设计故事”，需要大家重视并遵循一定的原则。

（1）内容饱满

“巧妇难为无米之炊”。建筑设计的版式与构图毕竟不是作家写书似的疯狂码字，也不是平面设计师那样借助大量的图形和色彩在美学层面上进行构成拼贴。设计者需要先准备充足的设计图式素材。因为对于大多数建筑设计图纸而言，排版其实是对已有的设计图式进行组织排列的过程。设计师先要保证绘制足够数量的能够表达设计过程和成果的图式，而且表达主要设计成果的图式（设计理念、形态生成、效果表现图等）尽量不要借助文字等非图形化语言进行替代。剩下的工作就是如何将素材按照设计逻辑顺序归类分组，再按照一定的视觉美学原则进行组织，以形成内容饱满的版面布局。

（2）结构有序

这里的结构包含两方面内容：一是图面的视觉逻辑，指图式在图面空间上的对位关系；二是内容的组织逻辑，即表述不同内容的图式，要区分其出场的先后顺序。

对于图面的视觉逻辑而言，面对丰富的设计分析图和表现内容，图面的版式却杂乱无章，满满的设计内容更像是各种图式的“堆砌”，让人无从观起，表达效果大打折扣。何为杂乱无章，具体说来，便是布局没有重心，无中心或轴对称、没有对齐、缺乏空间留白等。很多时候，有些看似放松的自由式图面布局，其实隐含着构图的方法。

在此，参考罗宾·威廉姆斯的《写给大家看的设计书》（人民邮电出版社，2009）中关于图面构成的四点原则，这对建筑设计的构图表现同样受用（见图6.45）。

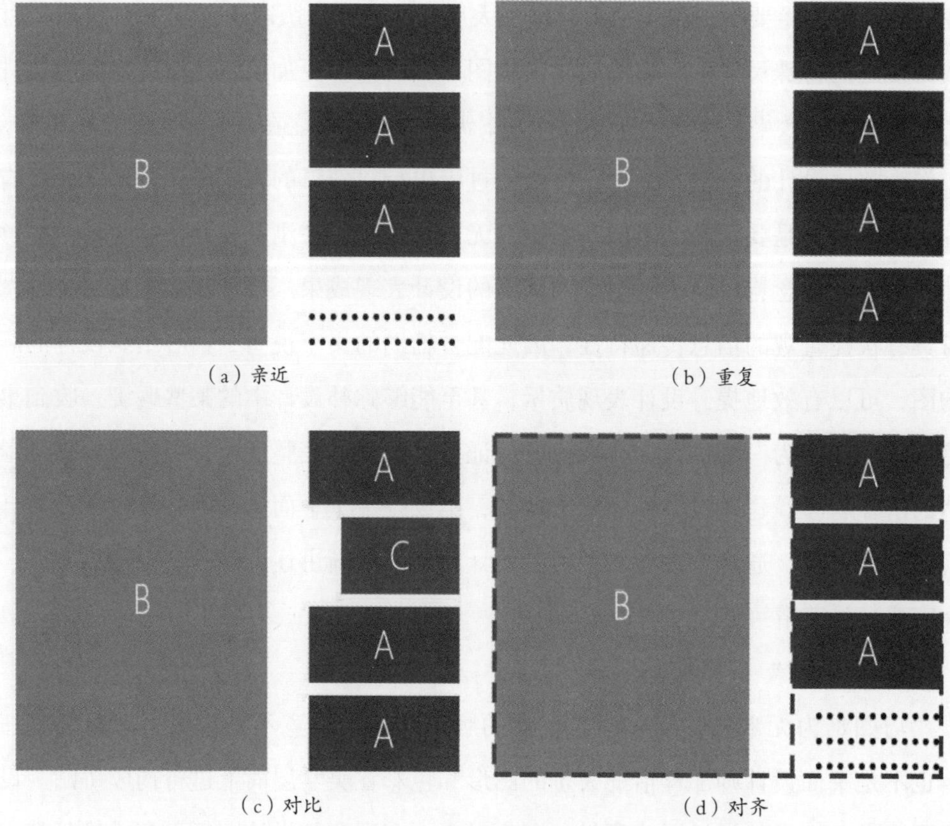

图6.45　版面构成的四点原则

第一，亲近。内容存在逻辑联系的同类图式需靠近，没有联系或者关系不强的图式远离彼此，包括图和字的关系。例如表达建筑形体生成过程时，通过图形元素和颜色都相近的轴测图或二维平面图对其进行展示，且通过边界对齐等方式靠近彼此，形成“隐性”的表达区域，方便读者迅速识别该组图式的表达内容和主题。

第二，重复。根据视觉心理学的原理，人眼会对相似的事物或图形产生积极的反应。相同的形状、色彩和文字的重复组合运用，也可以起到突出重点、吸引读者关注的作用。

第三，对比。表达的内容需要区分层次，而层次的体现是通过对比实现的，比如比例大小或者相互关系的远近，用于吸引读者的注意力。通过对比区分图式信息的表达层级，实现对于重点图形信息的强调，让图式更有层次，其实现方式可以是形状、位置、大小、色彩和样式。一般来说，在一组相似或均质的图形信息中，重点要素信息需要通过变化形成视觉焦点，以主导整体版面。

第四，对齐。对齐是通过图形边界彼此之间所形成的明暗边际线的对位关系而实现的。明确这一点很重要，图式或图形的对齐是实现亲近的基本方式，会让整体版面具有秩序感，便于组织和构建视觉路线。

综合以上几点，需要先建立版面结构，确定基本元素的布局原则，确保图式内容在逻辑关系上的合理性。

做到结构有序，需要做好结构化设计。较好的方式便是在图版上建立网格系统，事先确定网格的基本尺寸，使图片与文字等内容相匹配。网格系统是20世纪50年代在欧洲出现并流行的版面设计类型，如今被广泛应用于设计内容的版面编排上，较好地体现了秩序感、比例感、准确性及严密性。网格系统作为版面构图的基本结构框架，有利于塑造连贯、清晰、有序的图形文字信息表达关系，结合人的视觉读取习惯，可以形成某种内在亲和力。可以借助Adobe InDesign软件进行排版构图，通过“创建参考线”命令建立网格，页面被纵向或横向划分为若干相等的模块单元，最小的图式或图形限定于其中的一个基本单元模块（见图6.46）。通常情况下，简单的网格设置比复杂的网格效果好，数量过多的网格看似提供了更多的布局可能性，但却毫无用处，且网格太小，读者很多时候难以辨认结构。

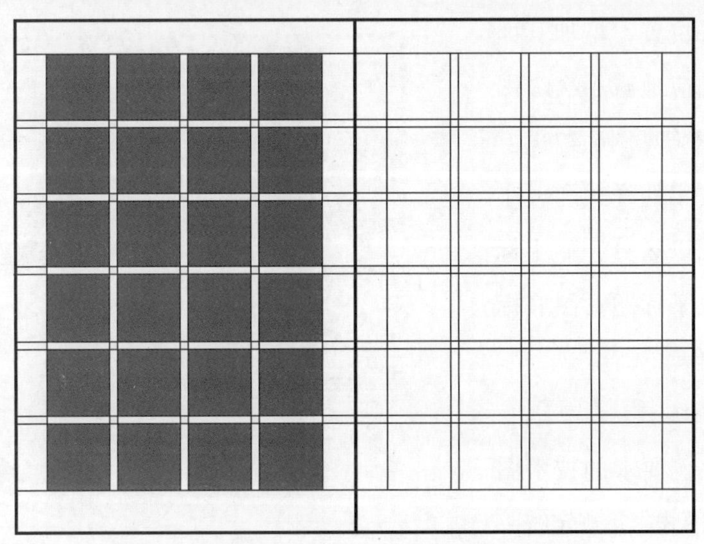

图6.46　在Adobe InDesign中对版面进行网格划分

对于组织内容应遵循一定的逻辑。人们观察版面如同读书，也是按照一定的习惯自上而下或者自左而右去“阅读”，这种“阅读”的惯性便要求设计者在排列图纸内容的时候充分考虑读图习惯。这个时候，设计者需要结合设计展示的逻辑（例如，基地调研—问题思考—设计策略—设计理念—形体生成—技术图纸），将归类后的各种图纸按照设计逻辑进行排列组合，据此对图纸的结构进行分割，并使总体结构和局部结构遵从一定的秩序，即可在视觉上达到一目了然的效果。

一般而言，介绍项目背景（项目区位、人文历史）和表述设计理念的图式是最早出现的内容，然后是展示设计内容的总平面及一层平面图，其他平面图也可以同时出现。当所有平面同时出现时，需要将各层平面按照自下而上的顺序进行排列，方便平面信息的阅读。在总平面和一层平面之后，需要根据建筑的设计特点，将表达空间关系、形态生成、场地景观、交通组织等方案过程构思和成果分析图式依次呈现。对于提升图面表现力的效果图，建议选取最能展现空间特色的2～3张人视点透视图、鸟瞰图或轴测图进行放大展示，这类效果图式往往决定观者对整体图面质量的第一印象。

（3）突出重点，风格统一

单个图式表达要做到内容简明、要点突出，掌握一图一事的原则，而同一主题下的多个图式则需要在统一风格的前提下，突出表达重点并分清主次。首先，在同一个设计的组合版式中，不同表达板块所展示的内容虽然各不相同，但各类图式（包括字体）的绘制风格和样式需要协调统一，使得读者能够根据图式的“相似性”原则去理解设计者的整体表达结构和构思立意。其次，可以将表达重要信息的核心图式居于版面的视觉重要位置，增加其面积比重，并相应地减小次级图式信息的面积（见图6.47）。最后，借助文字的样式和大小将图式等级加以区分，如主标题、副标题、子标题、图底标题和正文说明等。

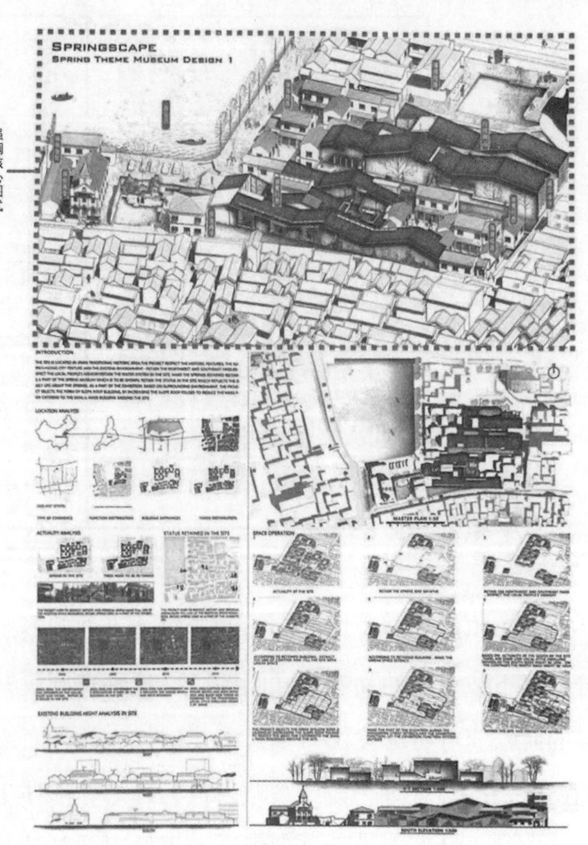

图6.47 调整位置和大小，强调核心图式

（4）比例统一

对于有比例要求的技术图式，相同类型图式尽量规定统一的比例，如1：500的建筑总平面图可以基本表达出场地环境和建筑布局关系，各层平面图采用1：200，剖面图采用1：250等。同类图式采用过多的不同比例尺（有时候可能是出于图

面空间布局的原因），如3个平面图分别采用1：200、1：250、1：300的比例尺，不仅影响整体的图面美观，还会妨碍设计信息阅读的连贯和流畅。因此，在不影响图面排版观感的前提下，请勿随意设定图形比例。

（5）图像为主，文字为辅

对于建筑设计方案，不但要达到文字和图片之间的整体统一、相互协调和视觉互补，而且要以图式为主，文字或其他说明性的符号信息为辅。建筑设计的版式内容首先是图形图式语言的表达展示，对于文字标题和辅助性的文字说明，也需要有“形”的概念——通过选择恰当的字体字号，将文字组团形成线性或者矩形的“图块”。有时候，也可以将文字“图块”集中起来简化设计，减少形的类型数量。但在实际操作过程中，常会出现文多图少、图式图形信息不足、缺乏易读凝练的设计图形等图文比例失调的状况。因此，需要注意以下几点：设计版面的表达，要坚持文字配合图式的原则，不可喧宾夺主；字体种类不宜过多且需统一，主、副标题与大段的说明性文字可以进行区分，以引导读者的读图顺序；非特殊要求，尽量使用软件默认的字体属性设置；根据图面背景及图面的表达需求，选择恰当的字体颜色。

图6.48为课程设计的教案版面，包含繁杂的图像且文字的颜色较多。这就需要运用“形”的思想，结合前面讲述的某些原则，尽量将版面上所有内容归纳为“图形”，这样做可以使版面内容布局有序，阅读简便。

（6）疏密有致

在满足版面内容饱满丰富的前提下，各类图式不应排列得过于紧凑，彼此之间留有一定空间。中国书法中有“计白当黑”的说法，即指字的结构和通篇布局需有疏密虚实，方能获得良好的

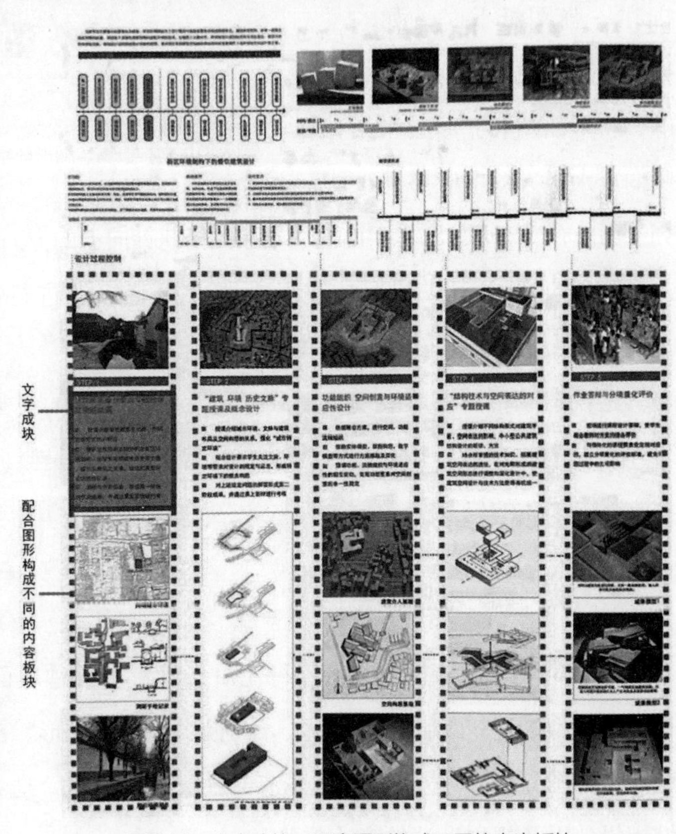

图6.48　文字成块，配合图形构成不同的内容板块

艺术效果。一张图纸中，不同尺寸风格样式和颜色的图式及文字混合在一起，除了描述相同问题的图式分类外，不同图式组团之间需要保持一定的空间节奏，通过留白或填充文字说明的方式，提高信息阅读的舒适度。

此外，对于图面版式，也需要注意一些图式排列的细节问题，如图6.49所示，现总结如下：

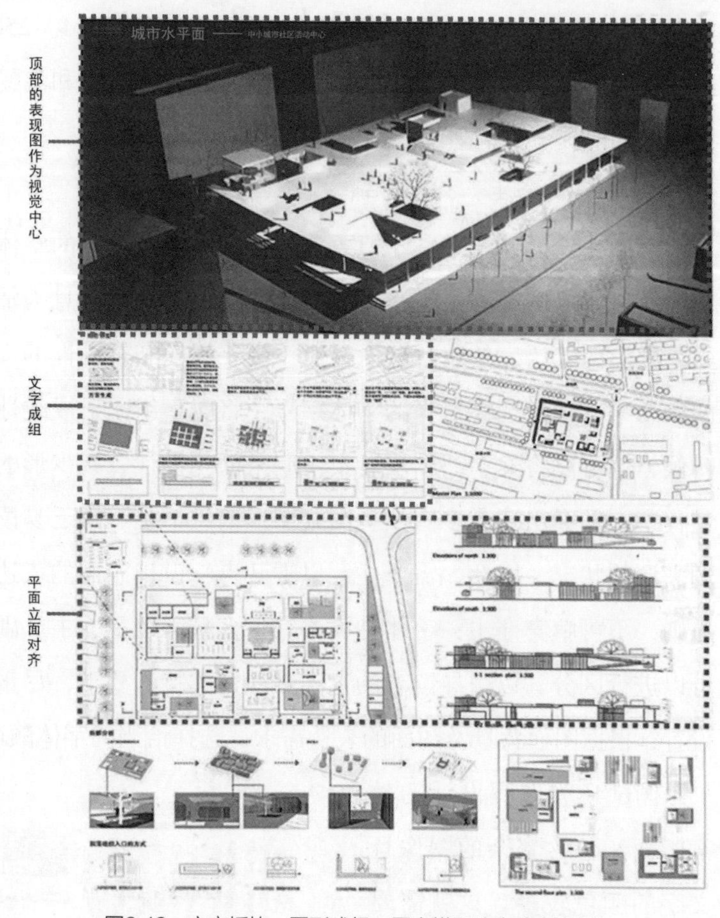

图6.49　文字板块、图形成组、图文搭配注意疏密比例

当平面图和立面图排在一张图纸上时，如果图纸宽度或高度空间足够，将平面图和立面图在竖向或水平方向上对齐排列。如没有特殊要求，总平面图尽量按照指北针向上的方向绘制，平面图也需与其一致。

说明性的文字或图形标注，需要成组有序地进行排列布置，并与关联图式相靠近。

透视图或轴测图等表现类图式，通常是版面中的视觉核心图形，按照自上而下或自左向右的顺序进行排列，因为无论是横向版式还是竖向版式，左侧及上侧区域都是视觉优先关注的位置。

6.3.3　版面类型

经过对大量设计排版案例进行比对研读，有五种版面分割方式被高频次采用，用于一般类型的建筑设计方案表达，分别是工字形、C形、夹心式、上下式及左右对称式版面（见图6.50）。这几类版式既有共性又各具特点，适合不同风格样式的建筑设计、城市设计以及规划设计的表达需要。

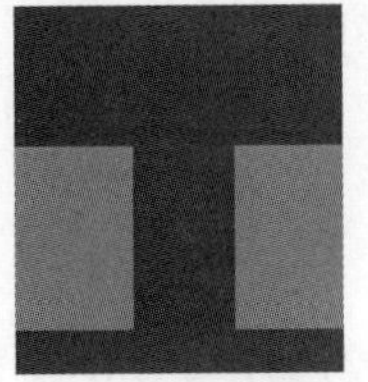
（a）工字形版面

（b）C形版面

（c）夹心式版面

（d）上下式版面

（e）左右对称式版面

图6.50　五种版面

（1）工字形版面

如果图纸中需摆放大面积且形状规则的效果图或总平图时（矩形或者方形尺寸），工字形版面不失为一种好的版式类型。除了主题板块内容居于顶部、重要表现组图位于中部之外，其他部分的分割及所占比例，可根据所需摆放图片的大小和内容进行灵活调整。

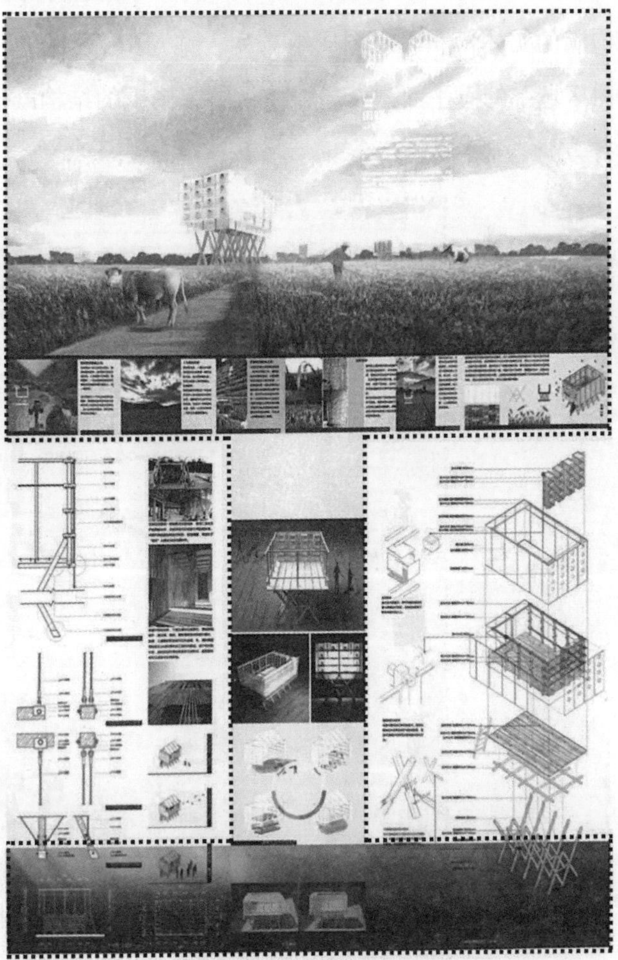

图6.51　工字型版面示例

工字形版面的排布方式不仅适用于摆放形状规律的图式内容，其两侧及下部也适用于不规则图式的摆放。如图6.51所示，具有核心表现力的效果图色调强烈，位于版面顶部，多张手工模型表现图成组结合，灰色条带居于中部，同时分割图纸为左、右两部分。其他图式，如展现结构的爆炸图、平立剖面图及节点图式则均匀填充空白部分。

在此需要注意两点：一是在保持各区块主题明确与统一性的同时，需保证重要的单张图形或者组合图式位于版面上部及中间位置，且色调较重或者对比强烈以突出设计主题；二是其他次要的表达或表现图式相对均匀地布置在版面的中间两侧部位，且内容有序、色调淡雅，避免与顶部及底部区域争夺视觉核心，否则整张图纸将显得杂乱无章且主题模糊。

（2）C形版面

对于效果图和实体模型图较多，以效果表现为主题内容的版面，较适用于C形版面。此类形式的优点在于可以将多个同类表现图式横向或竖向线性排列布局，整体图面结构紧凑、充实饱满。

图6.52所示的建筑群体设计图纸，巧妙地利用了C形的总体结构划分方式，将画面饱满的实体模型表现图成组排列，并与C形区域的“上下”部分结合，围绕右侧“留白区域”的总平面图布局，使得整张图纸的结构既清晰又连贯，图面虚实相间、表现有力。

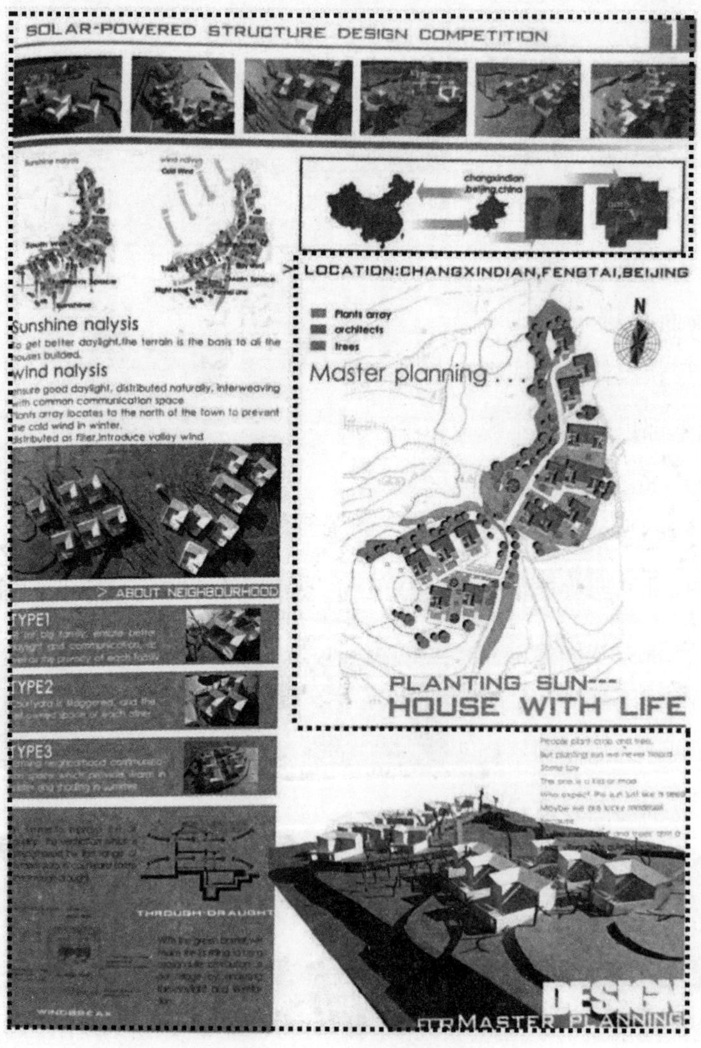

图6.52　C形版面示例

C形版面同样适用于城市设计表达，特别是长条形的公共区域设计。上下两条窄长的区域不仅为街景效果图和大面积的总平面图提供了对等的空间，也在色调上形成呼应，使得整张图纸产生一种视觉上的联系。

（3）夹心式版面

图面的上下两端形成分量较重的图形表现区域，而将大部分次要或者侧重说明的分析性图式置于中部的做法，称作“夹心式”（见图6.53）。当重要的单个图式（透视表现图、轴测图等）进行强调表达时，经常将其放大并放置于图版的顶部或底部进行重点展示，形成上下两端分量较重的图式或色区边界。另外，为了保持图纸版面的整体结构平衡，在建筑设计表达中，此类版面排列方式有利于强调效果图的表现力，并能较好地体现整体的设计色彩及风格。

图6.53　夹心式版面示例

（4）上下式版面

相较于夹心式版面，上下式版面的分隔方式较为简洁，内容分类也较为清晰，主要适用于竖向构图（见图6.54）。一般来说，这类版式主要用于突出设计场景的表现效果，将大尺寸的人视图或鸟瞰图置于版面上部或下部，作为整个版面的视觉核心，并确定整体布局的色调风格。在确定好主要表现图位置和尺寸后，版面的剩余空间按照设计的逻辑顺序自上而下、自左向右地用于放置各类成组的分析和表现图式，其布局形式可以相对自由。除主要表现图外，其他图式尽量以小图为主，尺寸不宜过大，色调也不要过重，以免破坏整体版面的布局比例。

（a）

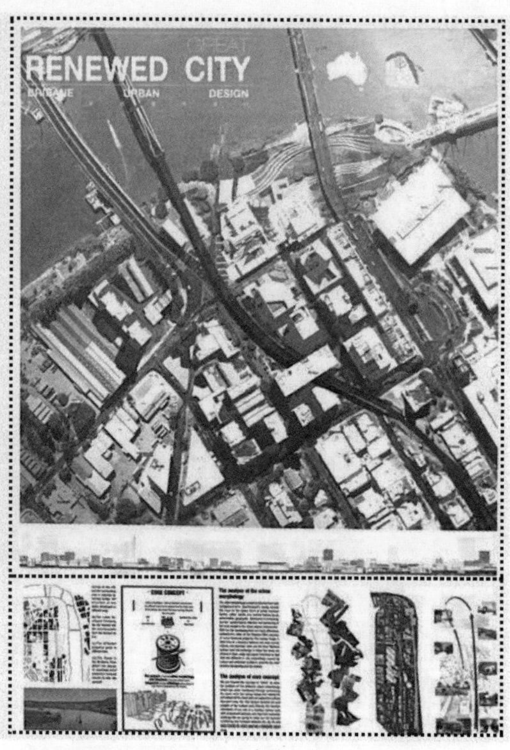

（b）

图6.54　上下式版面示例

（5）左右对称式版面

左右对称式版面常用于横向版面，横向划分的左右两个版面比例大致相同，既强化了整体结构的延展性，又避免了横向版式中水平内容过长而造成的阅读不便（见图6.55）。一般而言，左右两部分在表达内容上有所区分，一侧可以放置大比例的效果表现图或总平面图，另一侧则可以布局成组的各类分析图式，两侧内容可以互为对应补充。需要注意的是，两侧的布局需要疏密有致、张弛有度，避免两侧内容都过于拥挤或过于松散，否则难以形成较好的节奏感和韵律。

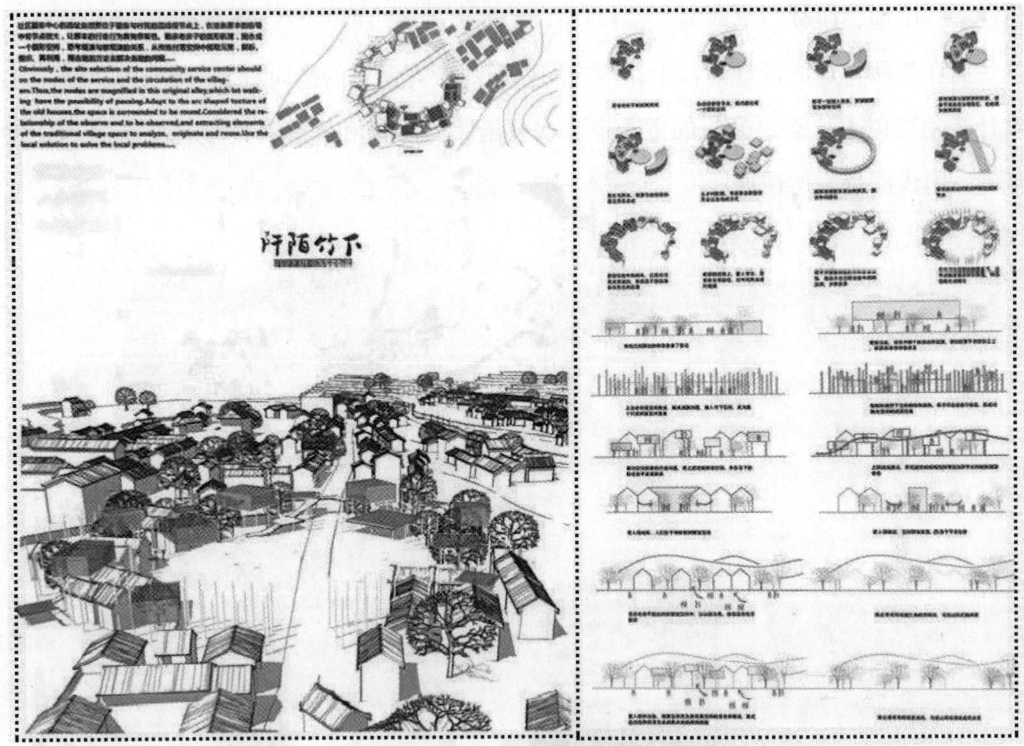

图6.55　左右对称式版面示例

6.3.4　色彩设计

市面上已经有大量专业图书针对建筑设计、城市规划、平面设计中的色彩设计进行科普，因此，这里就不再赘述色彩美学的基本知识，主要介绍有助于设计图式表达和表现的一些色彩案例。结合相关设计案例进行解读和剖析，便于读者在实践中灵活运用，迅速提高图式表达和版面表现效果。

（1）色彩与图式表达

除了在绘画艺术和平面设计中强调色相、明度等基本的色彩知识和运用常识外，设计图式中的色彩运用亦常常与设计者的设计意图关联——图式中常常隐含设计者关于设计意图的主观阐释。例如，表现水体景观或者生态系统中水循环的图式常采用饱和度不一的蓝色，表达绿地系统或自然环境常常使用绿色，而有关能源的图式惯用红色或橙色等前进感较强的颜色予以表述。图式语言对于特定对象的表述与大众潜意识下的色彩认知相关联，增强了图式信息的表达效果。

例如，图6.56中对于空间绿地植被系统的表达，主导视觉版面的绿色用来表现主题，而饱和度不同的深浅绿色及叠加的纹理，则是在大的主题下细致区分对象的不同属性——田地、树林、草地等。

而在某些特定的设计语言中，图式的色彩则带有强烈的指向意义。如图6.57所示，设计者用橙色表达需要分析的主干道和次要道路，用饱和度较高的橙色扇形表达视野范围，用浅橙色表达视点。

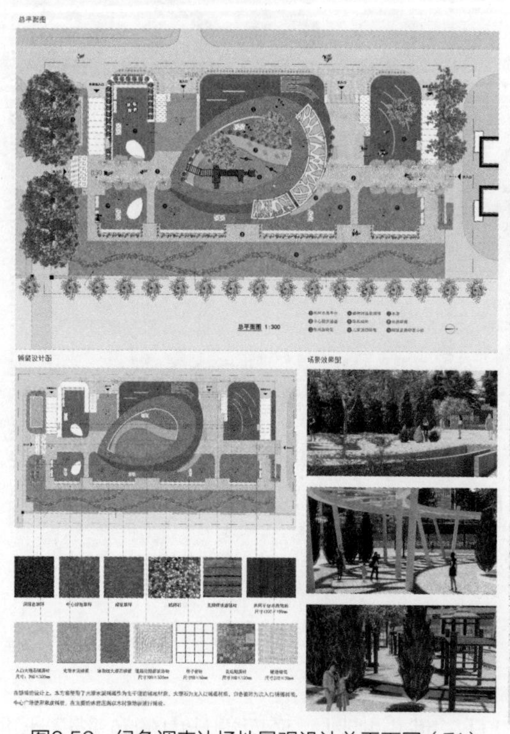
图6.56　绿色调表达场地景观设计总平面图（彩）

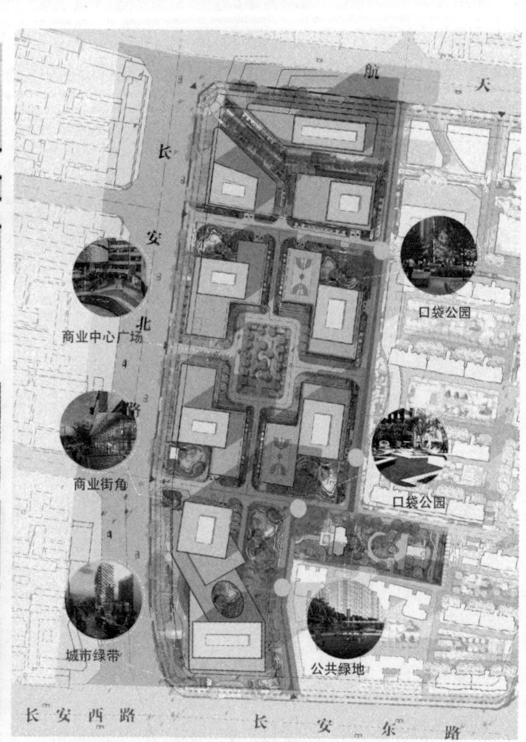

图6.57　城市公共空间设计总平面图（彩）

（2）色彩与图面表现

配合设计的内容主题，将色彩进行合理搭配，可以迅速提升整张图纸意境的表达，取得事半功倍的效果。类似于前面所讲的设计图式的绘制及运用，色彩在建筑设计中的使用亦分为两大类：冷色调、暖色调。如果效果图更倾向于材质的表达，冷色调或者黑白灰的图面氛围不失为良好的选择。而暖色调则更倾向于氛围的营造及特定主题下的设计意图表达，例如生态建筑设计中常用绿及黄绿色作为主体色彩。

1）冷色系。冷灰色系作为整体的色彩基调，不仅使得整个设计作品具有了金属质感，还增添了几分时尚和神秘感，整个画面的风格也较容易协调统一。无论是整幅图面的表达，还是单张图式的表现，运用深浅不一的冷灰色调，相对容易掌握和控制，而且可以明确地表达出设计对象的明暗关系与轮廓。所以，当你对色彩的应用不是那么得心应手且时间有限的情况下，冷灰色调的表现方式不失为一种好的选择。

如图6.58所示，在室内设计中选用冷色调表达家具的节点构造和咖啡区的效果图。如图6.59所示，用深浅不一的灰色调作分析图，表达家具摆放和灯具选择。

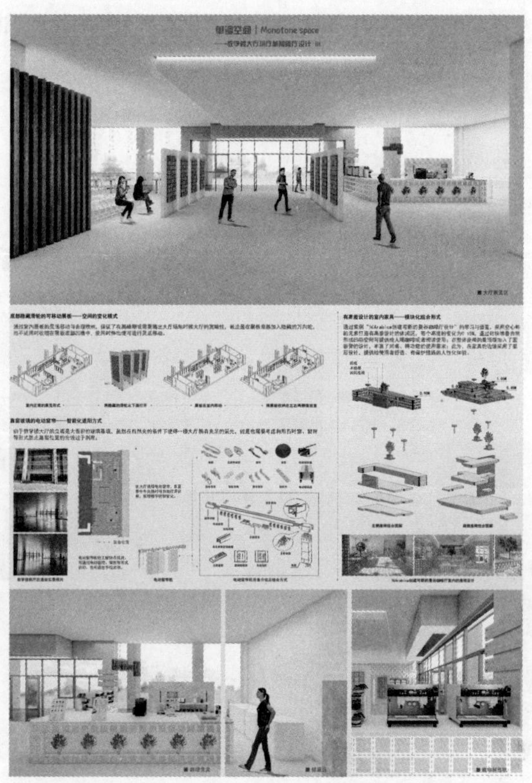

图6.58　教学楼前厅兼咖啡厅设计1（彩）

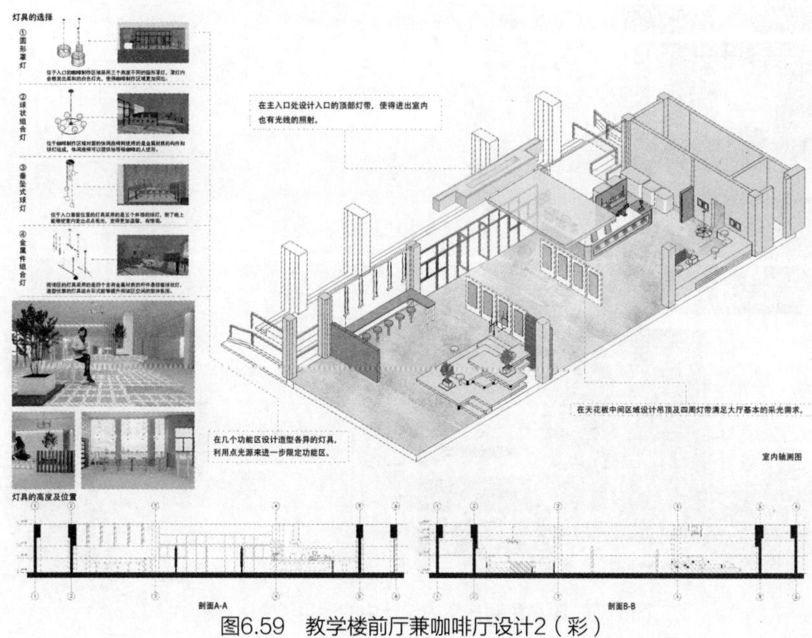

图6.59　教学楼前厅兼咖啡厅设计2（彩）

2）暖色系。暖色系的绘制较冷色系来讲更为细致且多用于营造氛围，相比冷色系而言，暖色系因色调明快，在单图表现和图面排版应用方面都较难上手，但若使用得当，是用来表达设计理念与抒发内心情感的不二选择。

图6.60所示的室内设计立面图以及材质分析图均采用暖金色和木质原色以表现温馨感。图6.61所示的总平面图以中灰色调作为环境背景，亮黄色则更好地表达出设计地块的高差、道路等信息。

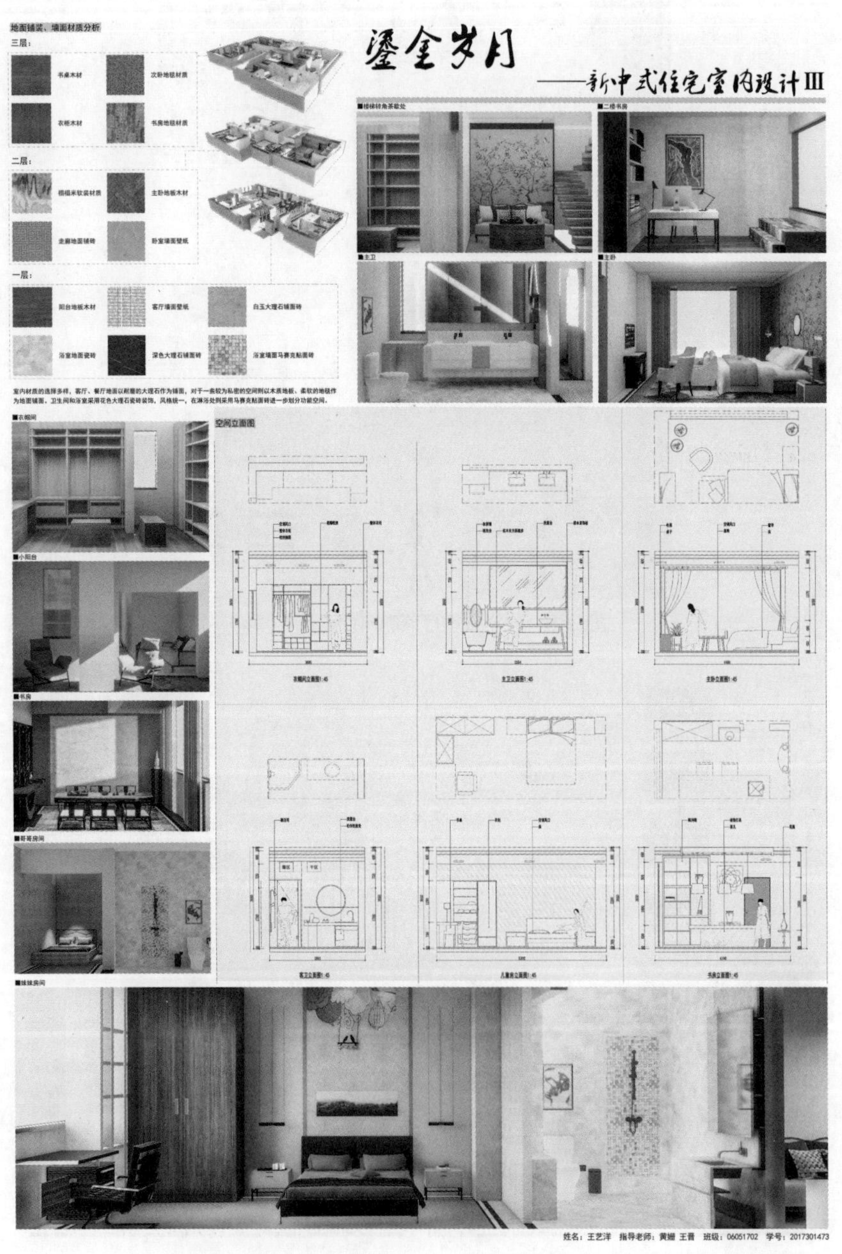

图6.60 暖黄色调在室内设计中的运用与表达（彩）

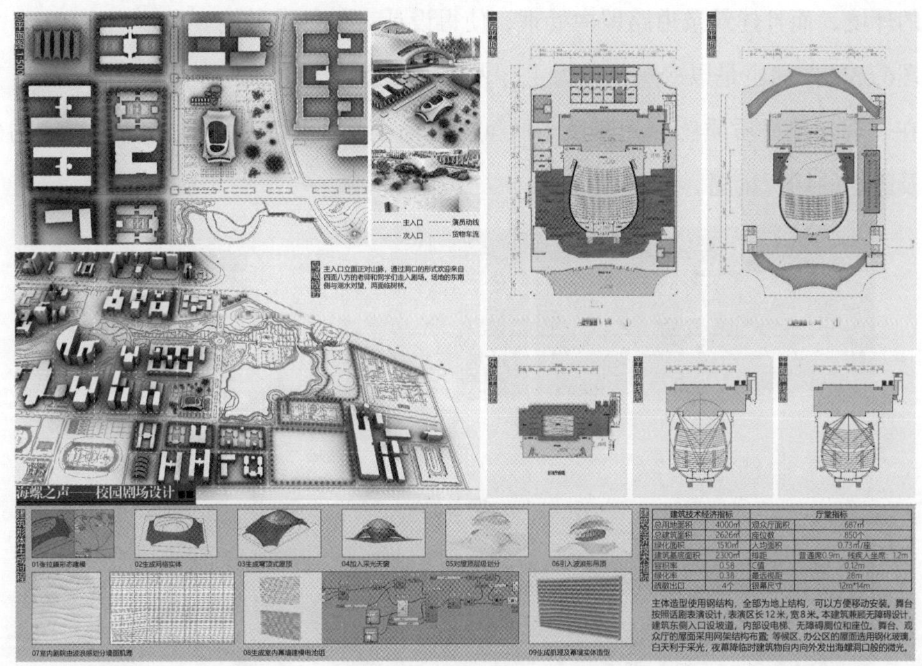

图6.61　亮黄色表现场地高度差、道路信息（彩）

3）单色系（黑白灰）。黑白灰的单色风格设定，是对彩色视觉明度关系的抽象与概括表达。受色彩类型所限（黑白灰三种色调），表达同样的设计信息，对设计的内容编排和图式绘制有着更高的要求。很多情况下，该色系的表达风格常与特定的建筑类型设计关联，如博物馆、图书馆、艺术馆、美术馆和历史街区的城市设计等文化类的设计表达，其平和沉静的色彩风格利于传达文化类建筑稳重、深邃、富有内涵的建筑特性。

在图式绘制和版面设定之前，设计者需要明确表达对象的核心内容，用尽量简洁的设计图形，通过黑色与留白的强烈对比以及不同明度灰色的组合运用，传递设计信息。尤其注意黑色与白色的运用，在浅色背景里适当加入黑色或于大面积的深色图面中巧妙运用白色，能够产生锐利、力度十足且耐人寻味的效果。

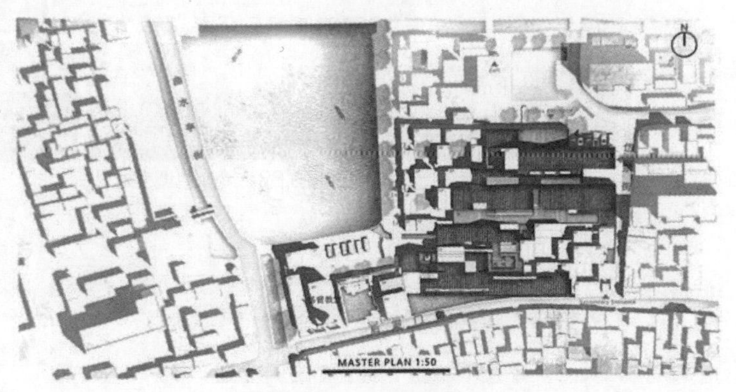

图6.62　冷灰色调表达1

图6.62运用冷灰色调表达位于某历史街区中博物馆的总平面信息，该色调较好地表现了中式建筑风格，并呼应了

周边的环境，而且建筑及道路留白处理，使得设计对象得以强调。

图6.63的图面也是以冷灰色调为主，表现位于公园内的小型博物馆建筑设计，黑白灰色在表现建筑材质质感、光影及场所氛围方面别具风格，很好地表达了素雅的建筑风格及静谧的场所氛围。

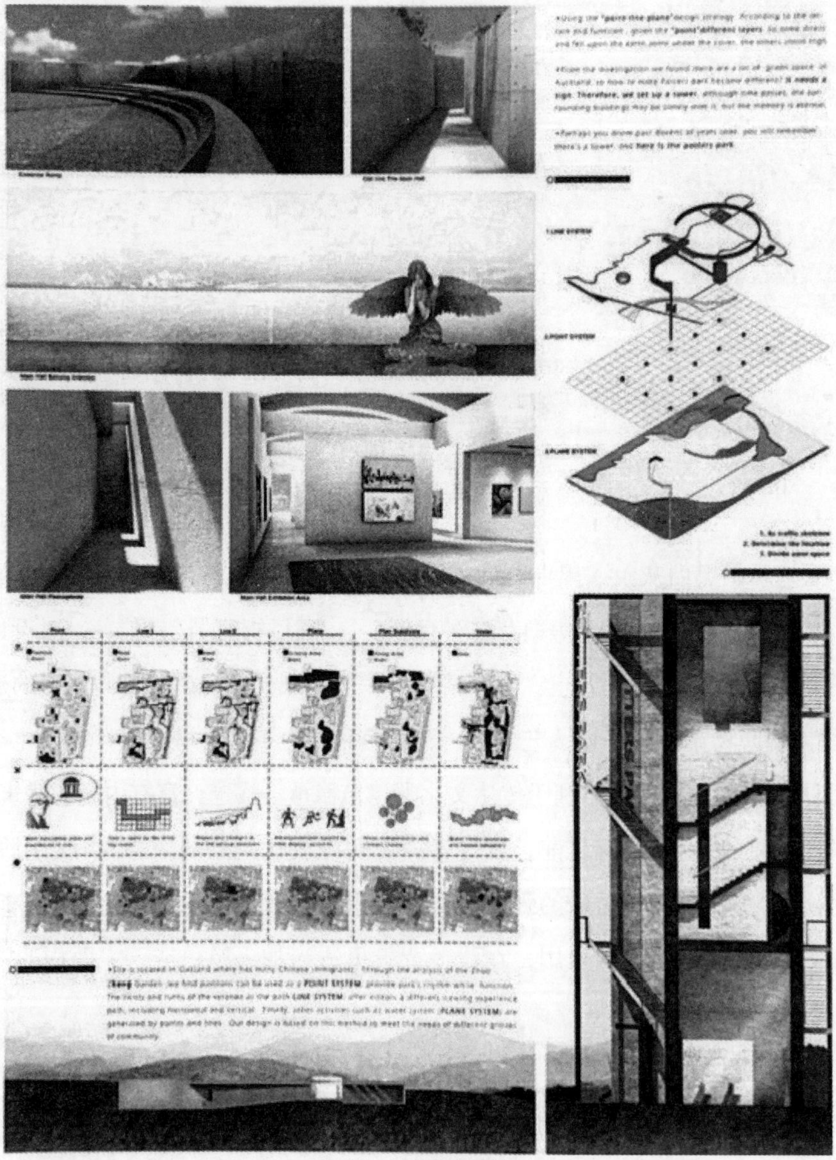

图6.63　冷灰色调表达2

第7章 别墅建筑设计

7.1 别墅建筑设计概述

7.1.1 别墅的特点

作为居住建筑中的一种特殊类型，别墅不仅具有居住建筑的所有属性，同时也有其自身特点，主要表现在以下几个方面：

1）别墅用地一般在山上、水边、林中等，由于环境特殊，通常建筑体量小巧，空间布局灵活，造型丰富，且要求建筑因地制宜，与自然环境整体融合，以保护自然生态环境。

2）别墅的空间功能配置齐全、合理，且符合个性化生活需求，极易为住户创造更具归属感和认同感的居住环境。

3）别墅设计外观造型优美、尺度亲切宜人，建造形象体现业主的审美倾向、文化品位及职业特点。

可以看出，别墅与普通住宅的界定不同，并不以建筑面积或经济造价多少为标准，而是更加强调环境设计及居住者的个性和建造手法的独特性，是建筑师为业主“私人定制”的产品。

7.1.2 别墅设计课程介绍

别墅设计是建筑设计初级阶段的必修内容，是各建筑院校在本科二年级或一年级下学期的重要设计课程。作为建筑设计入门的传统内容，课程安排一般为8～10周，建筑面积为300～400m^2的私人别墅。这个课程的特点是：建筑规模较小，受建造技术、场地条件和经济条件的限制少，便于充分发挥学生的想象力，易于多方案比较，着重培养学生大胆进行艺术创作和技术创新。

对于初学建筑设计的学生而言，想设计出优秀的别墅作品，需要在设计过程中注意以下几点：

1）处理好别墅与周围自然环境的关系。初学者通常只关注单体设计，而对环境条件缺乏深入分析和深刻认识，导致方案违背许多环境条件的限定，最终使单体建筑自身也失去了环境特色和个性，变成放到任何地方都似乎说得过去的通用模式。

2）丰富自身的空间想象力。别墅总建筑面积不算大，但“麻雀虽小，五脏俱全”，需要仔细考虑其功能分布和组织。不仅要创造出新颖的空间关系，还要解决相应的结构布置问题。初学者如果缺乏空间想象力，易使作品形象呆板、空间单一。

3）掌握正确的学习方法。可供参考的别墅设计实例很多，但若盲目追逐各种建筑潮流，不加分析地抄袭各种流派的设计手法，则忽略建筑设计的基本原则，或是把自己主观喜爱的一切都堆砌在方案中，造成建筑与环境的关系生硬、牵强，建筑形象和内外空间琐碎、凌乱。

4）培养优秀的综合素质。别墅设计应侧重于场地分析、功能组织、空间布局和造型手法的训练，以及建筑结构知识的获取和运用，学习在理性分析与感性构思之后得出较优的方案。别墅设计课程的目的在于使学习者初步掌握建筑设计的基本方法，尝试培养其独立工作的能力（包括对设计资料和信息的获取能力、分析能力、记录能力等）。别墅设计课程能培养学生的建筑素养，使其建立起对空间形体的感觉。当然，这不是一朝一夕就能实现的，需要多年不懈地努力。

7.2 建筑场地分析与设计

建筑设计是一个从已知条件出发的解题过程，对基地条件的分析如同仔细探讨数学题目的限定条件，并以之为起点进行演绎和推理，以寻求最佳的结果。对基地的分析是别墅设计的第一步，基地往往以自身的形态和条件成为制约设计方案自由发展的限定因素，同时基地所处的地理位置、人文环境条件，为设计提供了必要的线索，使别墅成为特定条件下的必然产物。对基地条件的仔细分析可以为赋予别墅丰富的个性创造必要条件，同时为设计提供依据。基地分析包括基地的自然条件分析和基地的人文条件分析。

7.2.1 基地的自然条件分析

基地的自然条件分析包括分析基地周围的景观、日照条件，以及基地本身的地貌、植被、地形和基地的形状等等。通常，基地本身的诸多因素在一定程度上限定了设计的自由。比如基地的坡度往往直接影响别墅的平面形态和剖面设计。然而，在充分分析的基础上，细腻而准确的处理也可以化解基地原有的不利因素。

（1）基地景观分析

基地的景观包括基地周围的自然风光，如海景、山景、植被、林木等，人文景观，如古迹、文物等，以及基地范围内可以成为景观的一切有利条件。对基地周围景观条件细致周全的把握，可以成为预先设定别墅开窗主要方向的根据，并利用对景、借景等手法充分利用环境因素，将人文、自然风光引入别墅内部，同时把杂乱、嘈杂的不利因素阻隔在别墅的视野范围之外。

景观分析的主要方法是对基地地形图进行仔细分析和标注，以及对基地进行现场勘察。许多建筑师往往是亲自到基地踏勘，在地形图上详细标注目力范围以内的自然要素，以及从基地看去的视角和视距，甚至包括山的高度、仰角等，以便确定别墅开窗的方向和角度。在Roto事务所进行太格住宅设计的开始阶段，建筑师通过踏勘，在地形图上详尽标注了基地上的树木、地貌、景观以及它们之间的相互关系，以求使建筑完全与基地相吻合（见图7.1）。

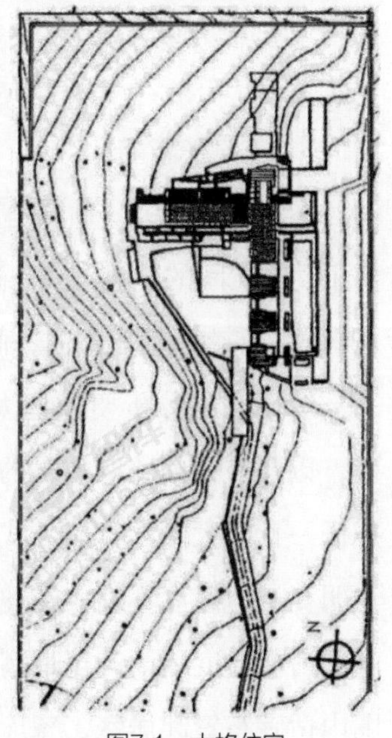

图7.1　太格住宅

同时，对基地的分析也有利于把握建筑建成后对基地所在自然环境造成的影响，并预见影响的结果。美国建筑师赖特的流水别墅依山而建，在选择建筑位置时，赖特分析了建筑物对山体形态的影响，认为别墅不宜建于山顶，而应该选择山腰的位置，一方面使建筑融于自然，另一方面不破坏山体形态，顺应自然，尊重自然。

在中国传统造园中常用的借景和对景手法往往对基地与建筑形成有机联系起到重要的作用。所谓借景就是借用环境中的景观因素作为建筑景观的一部分，对景就是通过特别设计的一系列空间限定，使环境景观中的特定因素成为建筑视野中的对应物。对基地的景观分析可以在设计之初确定所选的借景或对景物体。马里奥·博塔于1971年设计的独户住宅屹立于圣乔治奥山脚，与鲁甘诺湖对岸的古老教堂隔岸而立。红色的桥是从外界通往建筑的主要入口，从门厅上回眸望去，桥体如同一个红色的画框把对岸的古老教堂容纳其中，使古老与现代产生了视觉上的对应关系，通过对景完成了古今的对话。这种建筑与环境的对应必然是建立在建筑与环境分析的基础上的（见图7.2）。

图7.2　建筑大师马里奥·博塔草图

（2）日照分析

在建筑设计中，日照是重要的自然因素。日照影响着别墅的采光和朝向设计，还有各个功能空间的建筑布局。通常别墅的生活起居空间需要比较充分的日照，并争取布置在南向、东南或西南朝向，而别墅的服务、附属空间则多布置于没有直接日照的北向。

对日照的分析要把握太阳的运动规律，动态分析一日内太阳由东向西的运动轨迹，以及一年内（四季）的太阳高度角变化，在争取日照的同时，做好夏季的遮阳。把握一日内太阳的日照方式主要涉及以下几个方面：①早晨太阳位于东面，早晨的阳光明亮，但温度不高，在此日照范围内适于布置早餐空间及厨房；②上午至中午阳光的照射使温度逐渐升至最高，亮度也同步增强，到中午太阳来到正南面，在此日照范围内适宜布置起居室、餐厅以及温室等空间；③中午到下午太阳从烈日当空而渐渐西沉，西面的阳光比较强烈，通常会用遮阳板或花架遮阳。许多地处郊野的基地，日落的景色也是壮丽的自然馈赠，在建筑设计中也需要考虑。一年中随着四季更替，各个季节太阳高度角也有所不同，夏季太阳高度角比较大，冬季比较小，因此需要据此对别墅房檐的出挑宽度进行设计，以求兼顾夏日遮阳和冬季采光。

（3）基地地貌条件分析

基地地貌条件包括基地上的现存建筑物、树木、植物、石头、池塘等现存的物质因素。这些地貌因素通常限定了别墅平面的形状和布局，需要在地形图上做出详细的标定，以便设计的深入和完善。

通常基地上有既有建筑时，新的部分往往是对旧有部分进行增建，需要新旧的结合和配合。既有建筑不仅占据了部分基地，同时也包含部分的使用功能，新建部分必须与既有部分协调一致。对既有部分所具备的功能与空间进行分析，有利于把握新旧结合的方式、空间的组织，并使其具有协调的风格。美国哈里里建筑事务所设计的新卡南住宅就是对一个老建筑进行增建。在分析既有建筑平面的基础上，建筑师以旧建筑的入口部分作为新与旧的结合点，以具有乡土特征的廊桥连接二者，并重新分割了基地上无法移动的巨石、不能伐倒的古树。虽然这些局限了建筑平面的自由发展，但由于处理得当，成为建筑设计的点睛之笔。住宅平面围绕一棵参天大树展开，或以之作为庭院中的视觉焦点、空间序列的高潮，不辜负自然造物的天然情趣，使设计与基地固有特征有机融合。

美国建筑师赖特设计的流水别墅坐落在匹兹堡市郊区的熊溪河畔，远离工业化的喧嚣，与自然融为一体，呈现出一种流动的韵律。粗犷的岩石在整个环境中恰如其分，与山林中的绿意完美的呼应。流水别墅给人一种身临其境的真实感，它真真切切的在那儿，不似世间的浮华转瞬间悄然不见，取之于自然而又回归自然。

（4）基地坡度分析

基地很少有百分之百的平坦，尤其在城郊或野外的基地，基本都会随地表的自然走势有或陡或缓的坡度。对于小于3%的坡度，在建筑处理上会大致按照平地的处理方式进行设计。然而在许多地处郊野的基地，坡度时常很大，有时甚至可以大于45°，这样的地形对别墅的平面、剖面设计产生极大的影响，限制空间组织的方式和平面的自由展开。

对于坡度较大的基地，平面设计可以采用基于坡度层层叠落的布局方式。这种布局必须根据地形坡度对建筑剖进行面细致设计，以使建筑的叠落方式与基地相吻合。

此种设计手法可以使建筑形态较为自由舒展，风格更具野趣。美国建筑师理查德·迈耶设计的史密斯住宅（见图7.3）的入口选择在建筑的最上层，空间逐层随基地的坡度呈台阶状展开，每层具有近似的功能属性或私密程度，各个楼层间以室内楼梯相联系，同时结合室外的台阶、平台、庭院等等形成丰富的空间层次。

图7.3　史密斯住宅

当然，也有设计师不理会地形的坡度，将别墅垂直于基地，通过一座桥使建筑的某一层与外界相连。如美国建筑师理查德·迈耶设计的道格拉斯住宅（见图7.4）面对湖建于山坡之上，建筑四层高，入口在最上层，一座桥从室外道路引入住宅的最高层。建筑并不迁就地形或试图与基地的坡度相吻合，而是以独立的体量与基地硬性碰撞在一起。白色的建筑与环境的自然形态并不调和，而且在布局上也以一种与基地对立的方式表现自身，充分表达了建筑师独特的手法和个性。

图7.4　道格拉斯住宅

（5）基地形状分析

基地的形状通常极大地限制了平面形态的发展，比如基地处于城市中心地区的密集社区中，在周围建筑的包围之下，基地被周围建筑所界定，此时基地的形状可能不太规则。

如墨西哥的李住宅（见图7.5），基地周围的建筑都是三层高的独户住宅，建筑与北面三层建筑的山墙相接，因此建筑北面的建筑形态被限定。为了争取南向的采光，不得不在建筑的南面留出庭院和露台，同时为了保持街景立面的完整性，建筑沿街部分的立面其实只是一片三层高的墙，从而与邻里建筑相配合。

图7.5　墨西哥的李住宅

如果基地是某种特殊的形状，比如三角形、六边形，在设计中也可能以此为出发点，以该形状作为别墅平面设计的母题，演绎出独具特色的建筑平面设计。如西班牙的瓦维垂拉独户住宅（见图7.6），基地不仅处于坡地之上，而且形状极不规则。建筑师把它分解成三角形和梯形，并以这两种形态作为建筑平面设计的母题。建筑平面被处理成彼此平行的两个体量，中间以一个平台相连。在外观上，坚实的体量与尖锐的棱角让人联想到贝聿铭关于华盛顿美术馆东馆的造型处理。

（a）效果图

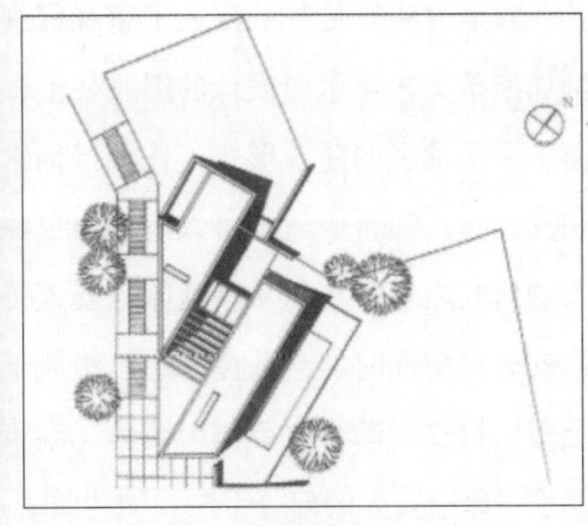

（b）平面图

图7.6　瓦维垂拉独户住宅

7.2.2 基地的人文条件分析

任何建筑都必然处于特定的自然与人文双重环境中，受自然环境与人文环境的影响和制约，同时建筑也通过自身的形态作用于自然和人文环境。不同的地域文化造就不同的建筑形态和风格，地域文化反映于居住者的生活方式中，使建筑的空间布局、使用方式、建筑特征有所差别。不同地区具有不同的建筑风格，如日本的和风建筑（见图7.7）、傣家的竹楼等；不同的宗教信仰对住宅也有不同的要求，如伊斯兰建筑极其讲究朝拜空间等。把握好基地所处地域的人文环境，可以使建筑更加合乎居住者的使用需求和精神需求。

图7.7 和风住宅

分析基地的人文条件主要分析基地所处地区的文化、建筑文脉、地方风格，以及详细了解限定别墅设计的地方法规、规划控制条例等。

建筑的文化取向表达了建筑在精神层面的需求。在别墅设计中，文化和价值观念很大程度影响着设计的最终形式。比如和风建筑以塌塌米的尺寸为建筑模数，以推拉门分割空间。建筑通透、空间变化丰富多样，而且住宅内的和室往往并不需要直接对外的采光，在形式上如同通常建筑设计中所忌讳的“黑房间”。

对地方建筑传统的深入了解和仔细研究，也有利于建筑设计地域性特征的形成。例如斯蒂文·霍尔所设计的温雅住宅，其基地位于马萨诸塞州的海边，建筑师并没有简单采用常规的建筑形式，比如当地常见的维多利亚橡木农舍、海边的船长住宅等。相反，建筑师希望建筑可以表现出更深层次的文化内涵。在对当地建筑传统进行了深入的研究之后，霍尔从当地印地安人传统的建屋方式中得到灵感。传统上，当地的印第安人建窝棚时，会选择海边已经风干的鲸鱼骨架作为建筑的主要支撑结构，在骨架上覆以树皮或动物皮革作为墙体。温雅住宅就是以木构架模仿鲸鱼的形态，在设计上继承了印第安人的部分手法，使建筑表达出鲜明而独特的地域文化特征（见图7.8）。

对地方建筑文脉的了解，也是人文环境分析的必要组成。所谓文脉就是指建筑所处环境中周围建筑的特征和风格。在特定的地区，尤其是在具有某些历史风格或乡土风格的地段，更是需要对当地的地方建筑进行分析、总结和概括，从而做到建筑风格的和谐与统一，以及建筑精神气质的一脉相承。

图7.8 温雅住宅

此外，了解并尊重业主的生活方式和生活习惯，也会赋予别墅以个性特征。例如，诺顿住宅是弗兰克·盖里为一个早年做过救生员的剧作家而设计的。由于当年的救生员经历对业主的一生有着巨大影响，他希望住宅能够帮助他保持对这段生活的记忆。于是在建筑设计中，业主的书房被独立出来，处理成海边救生员小屋的形式。

7.3 别墅设计构思与造型设计

7.3.1 设计构思

（1）设计构思的理性层面

大部分科学研究都是通过理性的思维过程寻求问题答案的。一般运用的方法不外乎是演绎法和归纳法。所谓演绎法就是从问题结论所做的假设出发，经过论证而证明假设的正确性；而归纳法则正相反。它是从已知条件出发，在全面综合处理已知条件的基础上，按照逻辑过程推出结论。建筑设计作为科学研究的一个分支，其研究方法也是遵循这两种程序的。开篇所论述的别墅设计分析方法，正是按照逻辑推理的步骤，对已知条件进行分析、整理和剖析的理性过程。设计者希望通过这个过程推出设计结果。

然而建筑设计并不像做数学题，在对已知条件分析之后可以得到唯一的结论。建筑的艺术属性使建筑设计有时更像写作文，就算相同题目和相同素材，也会形成不同的表达形式，同时评定其优劣的标准也很难有唯一性。无论如何，在别墅设计中对各种条件进行充分而深入的分析，是按照理性的方式以分析的结果作为别墅设计的起点。

（2）设计构思的非理性层面

建筑不仅是一个工程学科，也具备艺术学科的某些特征，因此，其设计过程的理性推理中也包含着非理性成分。通常理性推理会结合非理性方法，二者相辅相成，共同作用于建筑设计的构思过程。在建筑设计过程中，设计灵感的闪现，对艺术思潮的追逐，甚至对自然形态的模拟都可能成为建筑设计的构思起点。

1）灵感。建筑设计因其特有的艺术性内涵，使灵感的闪现也成为设计构思的一种手段，有时甚至灵感的突发会赋予建筑设计神来之笔。如同伍重灵感闪现设计的风帆造型的悉尼歌剧院（见图7.9），虽然造成了使用功能上的诸多矛盾，但毕竟其艺术性压倒了其余的设计属性而使之成为伍重著名的设计作品。在别墅设计中，灵感的激发可能源于多方面的因素，如类似形态的模拟（拟物、拟态等）。美国建筑师巴特·普林斯的灵感往往来自大自然的有机形态和材料，所以他的作品表现出生物的形态。

图7.9 悉尼歌剧院

2）建筑思潮与流派。不同的风格流派，其建筑设计的程序、方法以及结果均有所不同。在现代建筑发展中，近年来涌现出了现代主义、晚期现代主义、后现代主义、新古典主义以及新理性主义、构成主义和解构主义等流派，因此，即使别墅的设计条件相似，根据各自的流派理论和手法而达成的设计结果也会截然不同，甚至完全对立。例如解构主义建筑师彼得·艾森曼的设计过程是按照他所制定的形式句法展开的，梁、板、柱体系是他表达建筑思想的形式语言。在他的作品中，无处不表现出冲突和矛盾。与艾森曼相比，晚期现代派大师理查德·迈耶的设计手法也是以梁、板、柱为设计语言表达复杂空间，而他继承了现代主义均衡、和谐的构图，并使之更加丰富而颇具表现力。迈耶设计的空间复杂而不冲突、丰富而不杂乱。虽然两位建筑师的作品外显形式比较类似，都表现为平和、纯净的色彩，穿插多变的框架以及虚与实的强烈对比，但当我们细腻体验时，却很容易体会到他们在深层含义上的彼此对立。

7.3.2 造型设计

许多初学者常常是在整个平面设计和空间组织完成之后，才开始思考别墅应该有怎样的外观、建筑造型如何等等问题。其实一个成熟的建筑师，对设计作品外观和风格的考虑通常会贯穿于整个设计过程，在平面组织的同时就预想出其可能的造型和风格，使平面与立面、空间与体量的设计交织进行。对于某些特定的建筑风格，其平面设计、空间组织可能会固定于某种特定的模式，因此必须在设计之初就要对建筑风格有个初步的设想，比如日本和风建筑、西班牙风格别墅等等。总的说来，一个好的造型设计，往往建立在对构成手法、造型原理和形式法则融会贯通的前提下，以及对风格、样式、特征等多年积累和思考的基础上。下面重点介绍两种常见且易掌握的造型风格。

（1）现代主义

不论某些建筑先锋人物如何宣布现代主义的“死亡”，现代主义仍是当今存在的一类主流建筑风格。现代主义起源于第一次世界大战后，在20世纪30年代开始盛行。现代主义强调建筑功能与形式的统一，主张“形式追随功能”。在设计风格上反对过多的装饰，并主张抛开历史上已有的风格和式样，充分使用现代材料和构筑技术，创造符合现代特征的建筑作品。现代主义建筑多采用简单的几何形体为构图元素和不对称布局，自由灵活，设计中追求非对称的、动态的空间。早期的现代主义作品多以白色、平屋顶、带形窗等为特征。现代主义美学观建立在机械美学基础上，并符合古典建筑形式美的原则，因而现代主义风格的作品符合统一、均衡、比例、尺度、对比、节奏、韵律等美学原理，其作品具有简洁、明朗、纯净的审美效果，如萨伏伊别墅（见图7.10）。

图7.10　萨伏伊别墅

（2）晚期现代主义

20世纪60年代以来，随着社会的发展，人们对现代主义的反思也不断出现，批评现代主义割裂了与历史的联系，忽视对传统的继承，建筑空间与形式单调、千篇一律。从60年代开始，不少现代主义建筑师也在尝试赋予现代主义以新的内涵。晚期现代主义继承了现代主义重视功能和技术的传统，同时在设计中追求富于变化的、多层次的复杂空间。在设计中，强调建筑的体形设计，造型更加多样，同时重视不同建筑材料的对比和表现力，注意建筑光影效果的塑造。晚期现代主义也尝试以现代的手法反映地方文化传统的精神实质，以独特的方式表达对历史的传承。美国建筑师理查德·迈耶、瑞士建筑师马里奥·博塔以及日本建筑师安藤忠雄都是晚期现代主义的代表人物。表现在别墅设计中，迈耶的作品（如道格拉斯住宅，见图7.5）多以白色为主，平屋顶，没有古典的装饰，建筑以分格的混凝土墙、玻璃、钢栏杆为主要材料，简洁明快。作品体形丰富，体块间彼此咬合穿插，装饰性的架子增加了体形的张力，并赋予建筑空灵感。开窗不拘泥于楼层的分割，自由灵活的开窗与实墙面形成丰富的虚实对比。室内空间也自由生动，具有强烈的流动感。博塔和安藤的作品以简单的体形、有限的几种材料塑造复杂的空间，使建筑具有强烈的雕塑性和地方性。他们二人都尝试运用现代的设计手法，抽象地表现传统的地方风格和文化精髓。例如在圆厅住宅作品（见图7.11）中，博塔继承了现代建筑的精髓，以混凝土与玻璃为材料，建筑外观简洁而质朴，但空间丰富而生动。他常使用最基本的几何图形——正方和圆作为构图的基本元素，把光作为空间塑造的有效手段，以精炼的手法创造出丰富生动的空间。

图7.11　圆厅住宅

7.4 别墅的空间建构与功能分析

7.4.1 别墅的功能空间

别墅是功能相对简单的一种居住建筑类型。别墅的主要功能一般可以分成起居空间、卧室空间、服务空间、交通空间、辅助空间和庭院空间等大类，每大类都是一个功能元素簇，统领着某些使用功能房间。起居空间是居住者日常动态生活的空间，气氛比较活跃；卧室空间是居住者的休息空间，需要保持安静、私密的气氛；服务空间主要包括别墅所必需的服务设施；而交通空间把以上三者联系成一个有机的整体。对别墅使用功能的归纳分类，可使我们对别墅所需要的主要功能元素有一个整体上的认识，便于安排组织别墅空间。

对于初学者，结合使用功能和室内空间动线绘制一个功能分析图，是清晰把握功能需求和空间布局的有效手段。在图7.12中对各个使用功能进行分类后，用表示使用者动线的线段联系起来，就形成了完整的功能分析图，该图可非常直接地整理别墅布局和空间组织，以及各个功能之间的组合关系。

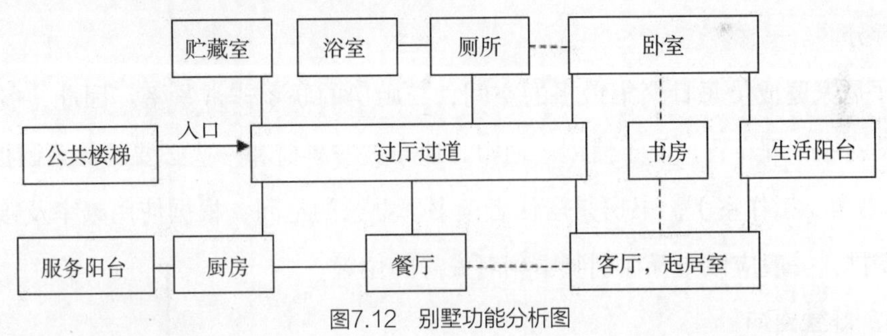

图7.12　别墅功能分析图

（1）起居空间

别墅的起居空间包括客厅、起居室、餐厅和书房，一般用于对外接待和家庭聚会。这些空间性质比较开放，使用频率高，要求有良好的采光、通风和景观。

1）客厅。客厅是最开敞的公共空间，主要用于接待朋友、宴请宾客，是别墅的核心部分。客厅在布局上通常需要与主入口有比较直接的联系，并配以必要的卫生间，平面布置应满足会客与日常生活等需求。当别墅规模较小时，起居室就充当客厅的功能。客厅、起居室无论是独立或是合并设置，面积以25～30m^{2}为宜，其平面形状往往影响其使用的方便程度。通常，矩形是最容易布置家具的平面形式，适当面积和比例的袋形空间也可提供多样的布局可能性，L形的平面（即有两个呈现L形的实体墙面）是比较开敞的布局方式。通过顶棚的造型、地面的高差等限定起居室的空间范围，空间就会具有流动性。

2）起居室。起居室是家庭团聚、接待近亲、观看电视、休息的空间，是家庭的活动中心，所以与卧室、餐厅、厨房等有直接的联系，与生活阳台也宜有联系。起居室内通常布置沙发、电视音响等供娱乐用的电器设施，并需要划分几个不同的空间领域，供各类活动（如会客、游戏娱乐、看电视、健身等）同时进行。在大型宅邸中，壁炉常会成为起居室的视觉焦点。

起居室内门的数量不宜过多，门的位置应相对集中，宜有适当完整的墙面布置家具。研究结果表明，只有保证3m以上直线墙面布置一组沙发，起居室才能形成相对稳定的角落空间。

起居室在空间处理上也比较自由，往往在层高、开窗、建筑材料、空间尺度等方面都有独立的处理，从而使这里成为展示主人个人风格的场所。

3）餐厅。餐厅是居住者就餐的空间，与起居室可分可合。即使独立设置，一般也采用比较模糊的划分方式，比如采用几个踏步、一个博古架、活动推拉门、顶棚的不同处理等，把连续空间做不完全分割。有时餐厅和起居室干脆合为一个空间，只通过家具进行分区。

餐厅是家庭成员每日聚集最多的空间，与厨房的联系非常紧密。因此，餐厅与厨房配置设施应合理布置，便于使用。通常，应布置餐桌椅和一些必要的储藏橱柜。

4）书房（工作室）。书房是居住者读书、办公的空间，根据使用频率及接待情况来具体安排，一般应该布置在别墅中相对安静的位置。

（2）卧室空间

卧室是休息的主要空间，要求布置在相对安静的位置，有一定的私密性，其功能布局应包括睡眠、储藏、休息等。卧室有主次之分，规模较大的别墅还会细分为客人卧室、儿童卧室、保姆卧室等。

1）主卧室。主卧室指主人夫妇专用的卧室空间，是别墅空间中最重要的房间。通常主卧室由三部分组成，即主人卧室、主人卫生间、更衣储物室。这三部分常见的组合方式是：以更衣储物室作为联系空间，卧室和卫生间位于两端。更衣储物间的两侧一般沿通道设挂衣架及储鞋柜等，供主人使用。从使用动线上来说，三者的空间使用顺序为在主人卫生间沐浴、到更衣室着装，然后返回卧室休息。由于主卧室在别墅中是比较重要的使用空间，因此通常布置在采光、景观条件比较好的位置，并争取做到相对独立。

2）其他卧室。由于卧室属于私密空间，又要求安静的环境，因此卧室空间通常与起居空间有所分隔。在单层别墅中，卧室空间会设于相对独立的位置；在多层别墅中，卧室空间往往设在楼上，从而使动静空间形成立体的空间划分。卧室空间需要与卫生间具有方便的联系，或设配套卫生间。

保姆卧室一般应设在门厅、储物间等辅助用房区域，可设单独卫生间，不与主人混用。

（3）服务空间

1）厨房。厨房是服务空间中最重要的组成部分。在平面布局上，厨房通常与起居空间紧密相连，并与辅助入口直接联系；有时厨房还要与别墅户外的露台相连；保姆卧室一般也位于厨房附近。在较大型的别墅中，厨房通常附带餐厅的储藏空间和一个冷藏室。以西方的习惯，厨房需要有比较好的日照条件和视野，因为家人常常聚在厨房，母亲也会通过厨房的窗户照看在庭院中玩耍的孩子。

厨房中的橱柜布置直接影响其使用方便程度，也关系到厨房门的开启方式和开窗的位置。橱柜主要具有三部分的基本功能，即清洗（水池部分）、烹饪（灶台、微波炉及烤箱部分）和储藏（冰箱及储物柜）。橱柜布置方式有L形、U形及平行布局，通常L形布局是使用最方便的布局方式。不论何种布局，灶台、冰箱和水池都应处于操作范围三角形的三个端点上。为了减小家庭主妇的操作距离，依照国外学者的研究结果，这个三角形的周长不应长于6.7m。

厨房在功能上属于餐厅的制作与供应部分，与就餐有直接联系。有时在厨房内可放置早餐桌、吧台，以便家人随时使用。随着生活方式的变化，人们在厨房中烹饪成为生活中的一种乐趣。因此，合理的厨房设计就显得尤为重要了。考虑到中西饮食习惯不同，厨房布置也应有差异。厨房内部布置要充分考虑排气、排烟设备的放置位置，做到干湿、洁污的合理分区，内部功能及设备布置应按照烹调顺序设置，避免走动过多。通常将厨房与餐厅设在别墅的首层，以便交通和使用。

2）卫生间。为了使用上的方便，根据空间分区，别墅中会设两个以上的卫生间，分别供公共和私人使用，主卧室和保姆卧室往往会附带各自使用的独立卫生间。有时客人卧室也设独立卫生间。卫生间内设备包括浴缸、淋浴房、马桶、洗脸盆、化妆镜及储藏部分，根据主次卫生间的标准选用。卫生间中洗浴和厕所应尽量做到分开设置，同时也要注意设备的布置及干湿的处理。在一些小型别墅中，有的卫生间需要兼为洗衣空间，需为洗衣机、烘干机等预留位置。在多层别墅中，上下楼层的卫生间位置需要尽可能上下对位，以方便上下水及冷热水管道的合理布置。

（4）辅助空间

别墅的辅助空间包括车库、洗衣房、储藏室等，可以布置在别墅的背面或条件较差的位置。车库是别墅必备的辅助空间，可以单独设置，也可与别墅建筑主体合并设置。车库位置和车库门开口应该统筹考虑别墅庭院的人流和车流动线，通常设在底层、半地下或建筑一侧。

车库独立于别墅之外时，可以兼用它遮挡冬日凛冽的北风或不太美观的环境。车库内车位数一般是单车位，大型别墅或有特殊需要时可设多车位。车位尺寸，在我国采用3.6m×6m为宜。车库内还要有能放置备用轮胎、自行车等闲置杂物的空间。车库净高在2.1~2.4m即可。门做成卷帘门或翻板门，车库外要有坡道，内部应有直通室内的小门，用台阶解决与室内的高差问题。

洗衣房宜设在别墅底层，与保姆房、车库、储藏室等邻近，房内设备有水池、洗衣机、烘干机和熨烫设备等，可以是单独小间，也可与次卫生间、储藏间组合布置。别墅还要有适当面积的储藏空间，可以考虑充分利用地下室、楼梯下面、车库边等零散区域。

（5）交通空间

门厅与楼梯是别墅内部交通的主要部分。其位置、细节设计是否合理，直接影响别墅内部活动质量的好坏。

1）门厅。门厅是从室外空间通过入口进入室内的过渡空间。门厅应该与起居空间直接联系，引导人流进入起居空间。同时在门厅处需要比较容易地找到主要楼梯，并尽量隐蔽通往服务空间或卧室空间的走廊。门厅需要具有一定面积，让来访者短暂停留，以便脱去外衣、更换鞋子、放置雨具等。门厅既是给予外来者对别墅的第一印象，又是与各个空间相联系的重要枢纽，因而在设计中需要精心细致地思考。除主入口的门厅外，往往还要设置辅助入口（即次入口），便于保姆出入和杂物进入，以减少干扰、污染。

2）楼梯、坡道。在多层别墅中，楼梯是重要的垂直交通联系元素，同时它也是一种塑造和装饰空间的景观元素。楼梯对别墅空间序列的展开和表现具有不可替代的重要作用。与楼梯相关内容包括两部分：一是楼梯的位置，二是楼梯的形式。

楼梯的位置往往极大地影响着别墅交通空间的组织效率，并决定着别墅二层以上空间的主要布局。合理的楼梯位置可以缩短别墅上层空间的走廊长度。楼梯位置一般有两种：一种是单独设置楼梯间，另一种是将楼梯设在客厅或起居室中。

楼梯形式按平面形状及装饰特征来分类。不同的楼梯形式（如单跑楼梯、双跑楼梯、多跑楼梯以及旋转楼梯等），影响着别墅的平面组织方式和平面形态。

不管采用何种楼梯形式，都要注意以下几点：一是尽量不要占用好的朝向；二是到达楼上时，楼梯应尽量处于楼层中心部位，使通往各个房间的走廊便捷、短小；三是要有足够的尺寸和合适的坡度。楼梯的组成包括楼梯段（是楼梯的主要使用和承重部分，由若干踏步组成，一个楼梯段的踏步数要求最多不超过18级，最少不少于3级）、平台（指两楼梯梯段之间的水平板，由楼层平台、中间平台之分）、栏杆扶手（是楼梯段的安全设施，一般设置在梯段的边缘和平台临空的一边，高度不应低于900mm）三部分。

设计楼梯主要是楼梯梯段和平台尺寸的设计，而梯段和平台的尺寸与楼梯间的开间、进深和层高有关。楼梯的相关设计要求如下：

a.楼梯踏步的尺寸要求：$2h + b = 600$mm（b为踏步宽，h为踏步高），且有如下范围：175mm$\geqslant h \geqslant$150mm，300mm$\geqslant b \geqslant$250mm。

b.楼梯踏步数量的确定：$N = H / h$（H为层高，h为踏步高）。

c.楼梯长度计算：梯段长度取决于踏步数量。N 已知后，两段等跑的楼梯梯段长 $L=$（$N/ 2–1$）b（b为踏步宽）。

d.楼梯净空高度：为保证楼梯通行或搬运物件时不受影响，其净高在平台处应大于2 000mm，在楼段处应大于2 200mm。

在许多别墅中，楼梯都经过了精心的设计。在沿楼梯一步步向上的过程中，空间产生连续的变化，人的视点也在不停地转变，因此人对别墅内部空间的体验更加生动具体。建筑师有时把主楼梯与别墅的起居空间结合，从而形成更加立体的室内造型，促进使用者形成更加丰富的空间感受。

（6）庭院空间

庭院是别墅区别于其他居住建筑的重要空间，通常包含室外活动区域、景观园林及道路等部分。室外活动空间应该直接设置于起居室或餐厅附近，并有足够的硬质地面供室外的娱乐或进餐。小型别墅多以花草树木塑造庭院，当别墅基地比较开阔时，别墅中的小园林也会以水池、花架、灯饰并结合多样的地面铺装等布置，形成丰富的室外空间。值得注意的是，为了利于植物的生长和拥有生趣盎然的庭院，最好不要把小园林布置于不见阳光的北面。

别墅庭院中的步行道路、汀步应与小园林结合设计，而车行道路必须相对独立，才不会对室外活动和小园林造成干扰，并应仔细考虑车行入库的转弯半径、尽端回车道、室外停车位的合理位置等。

7.4.2 别墅的功能分析

别墅的功能需求来自人的活动。这些活动也有相对的公共与私密、内与外、主与次、洁与污的区别。功能分析是将别墅的各个功能空间按其面积大小、使用性质和相互关系进行分析比较、归纳分类并进行有序的编排、组织的过程。

尽管别墅生活常见的功能和空间布局有一些定式，但不同阶层、不同家庭结构、不同职业对于居住空间会有不同的功能需求。因此，对别墅的各个空间进行功能分区是很有必要的。

（1）内外分区

别墅内外分区的主要依据是空间使用功能的私密程度。它一般随活动范围的扩大和成员的增加而减弱。私密性不仅要求声音、视线的隔离，而且在空间组织上也要保证尽量减少内外之间的相互影响与干扰。组成别墅的各个房间内外联系的密切程度要求有所不同，通常有对外密切联系要求的房间应布置在出入口和交通枢纽附近，而对内联系强的空间应设在比较安静、隐秘的内部使用区域内。因此，别墅的卧室、书房等常放在最里面，厨房、餐厅等放在中间，客厅、起居室等放在入口附近。

（2）动静分区

家庭生活中的各种活动有动静之分，如卧室、书房比较安静，而客厅、起居室、餐厅相对是动的。卧室也有相对动静之分，如父母的卧室相对安静，孩子的卧室相对吵闹。

（3）主次之分

由于组成别墅的各个房间的使用性质不同，以及居住者对空间的需求不同，空间必然有主次之分。客厅、主卧室等别墅的主要空间，应在位置、朝向、交通、景观以及空间构图等方面优先考虑，其他次之。

（4）洁污分区

家庭生活中各个空间会有相对的清洁区域与会产生烟、灰、气味、噪声、放射性污染的所谓“污浊”区域之分。室内空间进行洁污分区，可以满足人们在使用功能和心理上的要求。由于厨房、卫生间等空间经常用水，相对较脏，而且管线较多，如能集中布置，将有利于洁污分区。

（5）动线分流

人要在建筑空间中活动，物要在建筑空间中运行，人流、物流运动的路线就称为动线。人在建筑中的运动都有一定的规律，这种规律就决定了建筑各个功能空间的位置和相互关系。动线组织通常是评价建筑平面效率和合理性与否的重要因素。在别墅中，至少有一条动线联系与主人、客人活动密切相关的客厅、起居室、餐厅等公共区域；另一条联系对外的辅助区域（主要为厨房、洗衣房、车库等辅助区域）。两条动线各自形成自己的“流程”，相互也会有结合点。在满足同样功能要求的情况下，动线越短越好，缩短动线往往意味着空间紧凑、节约建筑面积和方便使用。合理的动线组织应保证各种交通空间通行方便，各种房间联系方便，主楼梯位置明确，交通面积集中紧凑，各种流线之间避免相互交叉、干扰。

7.5 别墅的平面设计

在把握了基地的自然条件和人文条件，并对已有的基地条件和设计任务书进行了充分的分析后，设计者已经掌握了与设计相关的各种限定条件，并经过分析和取舍，在头脑中初步形成了对别墅形态的设计预想，可以大致勾勒出粗略的总平面形态了。别墅的平面设计就在这一情形下开始。在平面设计的同时，也要考虑到建筑的空间体量组织、立面形态塑造等问题。

7.5.1 别墅平面设计的原则

别墅交通空间的高效组织、各个功能空间的顺畅联系，以及各空间的比例和尺度的合理性等，都依赖于别墅平面的完善组织。别墅平面设计必须遵循以下原则:

（1）合理的空间功能组织

别墅空间使用效果取决于空间功能的合理组织。在前面所述的功能分析中，已经把别墅的功能空间划分为起居空间、卧室空间、交通空间、辅助空间等。虽然别墅的空间组成并不复杂，但对于设计者来说，各个功能空间怎样划分、又如何进行联系，是合理组织空间的关键。

（2）合理的空间布局

在平面设计中，各个使用空间必须具有合理的比例和尺度。就一个房间而言，比较合适的比例通常遵循黄金规律，即面阔和进深之比大致是2：3的关系，同时每个房间的开窗面积不能低于房间面积的1/7。对于别墅整体而言，必须讲究各个空间元素合理的位置和联系，比如要保证起居室的充分日照和卧室的免打扰，正确处理厨房与后门的关系等。车库如果与建筑主体分离，则对二者的联系方式等也应有所考虑。同时，也应该尽量使建筑与环境建立和谐的关系。

（3）高效的交通组织

交通组织的高效性通常是评价建筑平面效率即合理性的重要指标。在任何建筑平面中，建筑使用空间都是由交通空间联系起来的。别墅中主要的交通空间有门厅、走廊、楼梯、过厅等。由于别墅面积一般不大，在设计中需要尽量使功能空间布局紧凑，在丰富空间层次的同时，也要强调空间组织的高效性。在设计中要尽量减小走廊的面积，提高平面使用面积系数。建筑平面效率的检验方式是通过计算建筑的平面系数来表达的。所谓平面系数，即建筑使用面积系数，其数值越高，表示建筑交通组织的效率越高。其计算方法如下：

建筑使用面积系数=建筑总使用面积 / 总建筑面积 ×100%

另一个检验交通空间效率的方法是：在平面图中画出住宅的交通动线，根据交通的密集程度检验建筑交通组织是否有效。

减少走廊面积与提高使用面积一样，可提高交通面积的效率。减少走廊面积的方法有：使交通空间与使用空间结合，比如将起居室与餐厅贯穿布局，通过家具的布置模糊地设置走廊空间，使走廊弱化成通道，从而达到高效组织空间的目的。另外，将楼梯居中布局，在走廊两侧都布置房间等，均有助于提高组织效率。

7.5.2 别墅平面布局的形式

（1）平面设计程序

在对别墅的各个条件进行合理的功能分区之后，设计者逐渐对别墅的平面布局构思有了比较清晰的认识，并在头脑中形成了设计的“设想”。通常此时所表达出的设计结果往往是一个初步的、概念化的平面。这时的平面一般以1：500的粗略草图表示，图中只需表达几个大体的功能分区位置。例如，起居室、主卧室、餐厅等重点空间的采光、景观以及所构思的别墅层数等。

在进一步的设计过程中，设计者必须逐渐放大平面设计草图比例，比如从设计构思的1：500扩大到1：200，以进一步在设计图上表达比较明晰的空间组织、交通组织方式，比如楼梯的位置、门厅与走廊的关系等。如果是多层别墅，也要尽量勾勒出各层平面可能的布局，从而检验楼梯的位置是否合理，上下层的卫生间位置是否对应，走廊是否过多或过长等。

初学者在设计过程中，可能出现设计的结果与设计原则不符的情况。比如平面中出现了没有开窗的“黑房间”、交通面积过大或平面超出基地的限定范围等。也可能设计的结果未能表现设计者最初的“设想”，比如原本希望模仿赖特的草原住宅十字形平面的一些特征，但最终无法达成等。此时设计者可能需要推翻这个设计方案，重新尝试，以满足设计要求，并表达自己的设计构想。此时的设计草图比例尺较小，所以对各个元素布局位置的改动相对容易，勾画草图也节省时间。

在肯定了初步的设计草图后，设计图的比例尺可以扩大到1：100，利于结合空间构思完善平面设计。在别墅平面草图比例尺不断扩大的过程中，设计者所思考的问题也逐步从粗略到细致，从概念化到具体化。此时，设计者思考的问题将涉及更多细节，比如起居室与餐厅以什么方式来分隔，是彼此开敞，还是中间加入推拉门、家具或博古架；或者二者间设置几步台阶、砌筑部分矮墙等。此时还需要在平面图中标明门窗位置，并在设计的平面图中布置家具。通常通过门窗和家具布置可以检验平面是否合理，房间的长宽比例是否恰当，平面中是否有足够的墙面来布置家具，等等。对某些特殊的局部，比如卫生间的布置、起居室地面的铺装图案等，可能需要1：50或1：20的比例，以完成更加细致的设计。

可以看出，设计者如果希望设计出理想的平面，不仅需要反复评估设计所到达的结果是否符合预想和设计原则，还需要设计者经验的积累和对成功实例的模仿与借鉴。

需要强调的是，建筑是三维空间，方案设计仅仅从平面入手是不够的，还必须随时让平面立起来，以检验体型是否理想，即平面内容与体型形式是否有机结合，这是平面设计是否成立的前提。推敲体型的有效手段是做工作模型（草模）。功能是平面设计的基础，但不是唯一条件，造型与空间对平面设计也有决定作用。同样，造型与立面设计不仅要从美的角度来推敲，也受到平面设计的制约。只有使平面设计与体型、空间设计有机结合，才能使方案逐步完善。

（2）别墅层数与平面设计

1）单层别墅适合于郊野、牧场等场地比较大的地方，它可以充分利用基地的自然条件，使建筑面向优美的景观展开。单层别墅平面布局通常自由而舒展，功能分区明确。单层别墅是沿水平面方向展开的，在建筑外观和体量设计时，往往缺乏垂直方向的元素，因此单层别墅的屋顶通常成为设计的重点，在平面设计时应该预先考虑到所设计的别墅屋顶的可能形式。为增加单层别墅的自然气息或野趣，在平面中有时会插入室外露台、毛石墙或花架等伸展元素，使平面更加舒展。

2）多层别墅的适用性比较强，适合各种地形条件，尤其在用地紧张的地区，可以更多发挥空间组织紧凑、占地少的优势。同时对一些面积大、功能复杂多样的大型宅邸，分层布局可以使功能分区更加合理。另外，对于山地或坡地等特殊地形，多层布局可以更充分地顺应地形。在构思别墅造型和体量时，多层别墅可供模仿和借鉴的造型元素及手法也相对更丰富一些。例如，墨西哥Casa Diaz住宅（见图7.13）在沿湖泊旁的倾斜地基布局建设，三个长方形体量呈“Z”形向上分布，尽最大可能地让每一个房间都能看到水景。裸露的屋顶表面形成露台、花园和避水庭院都可以从室内直接进入。站在湖边的角度观赏住宅，就能看到白色的住宅如同丝带般蜿蜒在土坡上。

图7.13　墨西哥Casa Diaz住宅

3）错层是指建筑内部不是垂直分割成几个楼层，而是几个部分彼此高度相差几级踏步或半层，从而使室内空间灵活而且变化多样，丰富使用者的空间感受，例如都市生活里的花园住宅。错层布局中，楼梯往往居中布置，这时楼梯起跑的方向和楼梯在平面中的位置是空间组织的关键。常见的错层布局有以下三种：

a.错半层。它是以双跑楼梯的每个休息平台的高度为一组功能空间，每组空间彼此相差半层。科隆建筑师之家就是错半层布局的实例（见图7.14）。

别墅的楼梯位于建筑平面的中间，楼梯不再有休息平台，楼梯南北两侧相差半层。起居室空间与厨房餐厅空间、卧室和主卧室空间分居楼梯两侧，高度相差半层，空间错落。

b.错几级踏步。通常这种错层设计是在多跑楼梯的多个平台高度上布置不同的功能空间。以库拉伊安特住宅为例（见图7.15），别墅的正中是四跑楼梯，每个休息平台附带一个空间，别墅的使用空间便按照从公共空间到私密空间的顺序螺旋上升，每个空间高度相差4个踏步，整个空间沿着楼梯自然顺畅地展开，丰富而有趣。

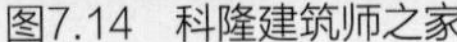

图7.14　科隆建筑师之家

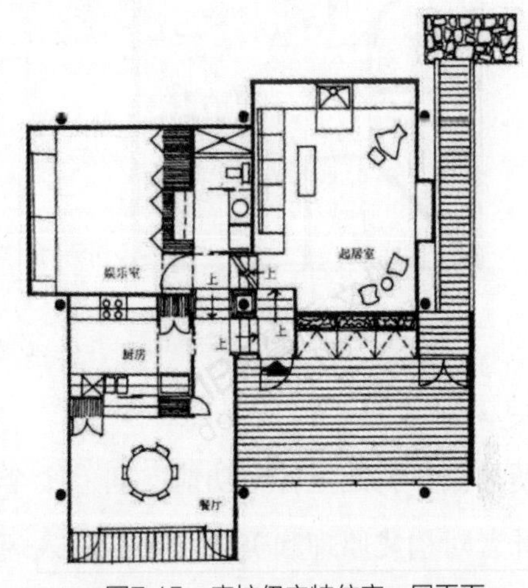

图7.15　库拉伊安特住宅一层平面

c.按照基地坡度错层。此种布局比较简单，平面中各个空间依照基地坡度逐渐向上展开。单跑楼梯沿垂直于等高线地方向向上，不同的休息平台通往别墅的不同使用空间。根据基地坡度，楼梯跑的长度可长可短，每组空间的错落也可大可小。

7.5.3　别墅平面设计的手法

（1）简单几何形

许多面积不大的别墅，其平面设计往往就是在一个简单的几何形（如矩形、正方形、圆形等）中进行空间的分隔和划分，在满足任务书要求的同时，保持几何形状的完整性。例如，日本的香山别墅平面是在一个正方形内进行划分的（见图7.16）。它以正方形中心的柱子为平面和空间划分的辅助点，通过四边平行的线和45°线组织平面，并在屋顶形式的设计中呼应了平面中的45°线。

（2）减法

减法是在平面设计中对简单几何形进行切、挖等削减，使简单几何形的边、角等决定轮廓的主要因素有所中断或缺损，但几何形状的大部分特征还保持。减法手法设计的平面需要对几何形中各个控制因素、辅助线和辅助点有深入了解和把握，要求设计者有较强的对形状的控制能力。马里奥·博塔在圆厅住宅设计中运用纯熟的手法对圆形进行切削，打破简单的平面，插入多种开口，并以此为在塑造体形使产生丰富的凹凸变化和形式对比埋下伏笔（见图7.17）。

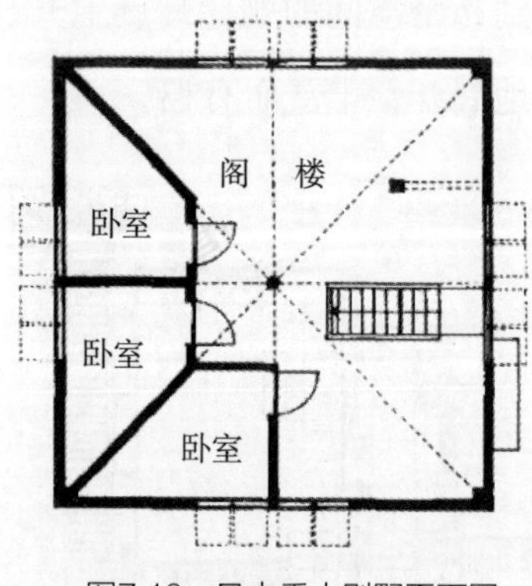

图7.16 日本香山别墅平面图

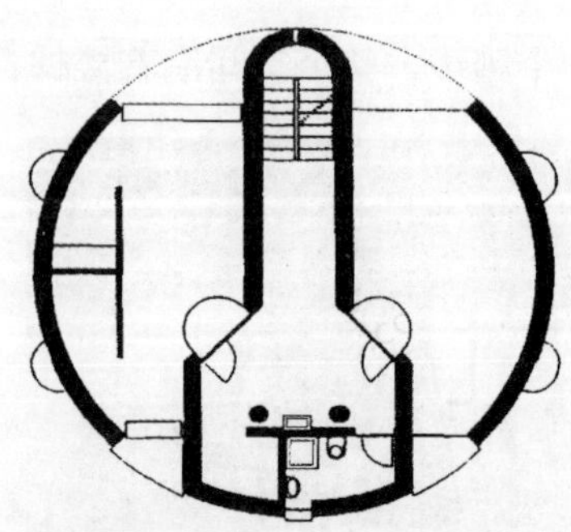
图7.17 圆厅住宅一层平面

（3）加法

所谓加法，就是把各个功能空间一个个地并置累加起来，形成平面。优美的平面要求设计者对构成原理和美学规则有深入理解和灵活运用的能力。在空间累加时，设计者可以根据基地条件自由组织。如果可能，可以依照自己对平面的初步设想（比如十字形或L形平面）进行组织。十字形和L形平面都便于在平面中不同的翼配置不同功能空间。通常，十字形平面的别墅以交通枢纽为十字形的中心，不同性质的空间按各个翼展开，楼梯居中，便于交通空间与各翼均衡联系。而L 形平面具有一定的围合感，更适于界定庭院，使建筑与庭院建立良好的相互关系。

（4）母题法

所谓母题，就是指建筑平面以多个形状相同或相似（指几何形以相同的比例放大或缩小）的简单几何形（如三角形、圆形、方形等）累加，可使平面显示一定的统一、秩序及和谐的方法。需要注意的是，在同一平面中，不宜使用过多

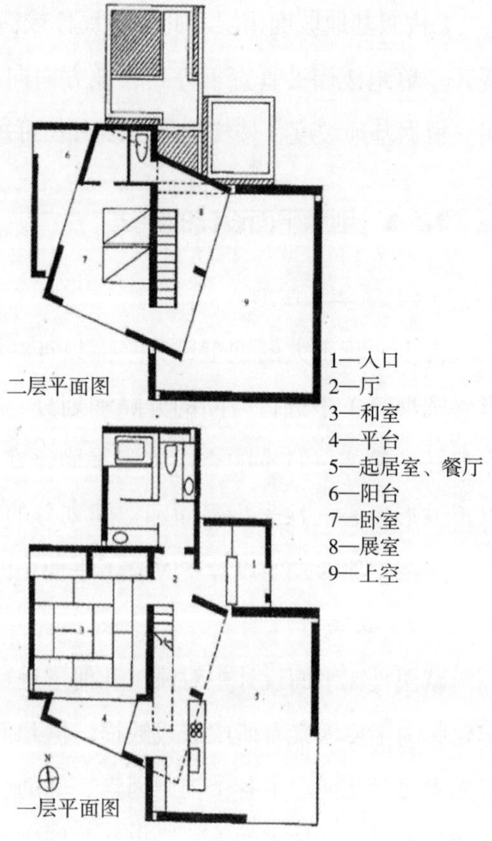

图7.18 “光中六柱体”平面

的母题。在别墅设计中，有时以三角形和六边形为母题，可以使平面统一和谐，还可使空间自由活跃、灵活多变。例如，日本建筑师叶祥荣设计的“光中六柱体”（见图7.18），就以6个比例逐渐放大的正方形为母题，使平面中具有鲜明的秩序性，而其中扭转的正方形又增加了平面的趣味。

7.5.4 别墅平面设计的细部推敲

（1）高差变化

有的居住者喜欢别墅有某些微妙的空间变化，比如通过几步台阶创造房间及区域间的高度变化，从而使空间的分区更加清晰。一般正常情况下，三级或三级以上的台阶比较安全。因为三级踏步才会在视觉上有比较明显的高度变化，而一、二级台阶则因空间变化比较细微，使用者不注意时还会摔倒而造成意外伤害。

（2）家具布置

家具的作用是为居住者提供方便舒适，并在可能的情况下营造愉悦的视觉感受。作为建筑师，必须熟悉各种类型的家具及其不同的布局方式对住宅空间的影响。成功的家具布局能够提高别墅空间的使用价值，且在塑造空间时，不同的家具风格会产生不同的室内效果。许多建筑师同时也是家具设计师，比如赖特设计的别墅中，许多家具甚至墙面的浮雕、窗玻璃上的花纹都由他亲自设计；密斯设计的巴塞罗那椅也给我们留下深刻印象。

在别墅平面设计的过程中，依据不同的使用空间布置家具，可以帮助建筑师更全面直接地了解各个空间的使用情况，从而确定室内空间的使用动线，并有助于确定门、窗的位置和可能的开启方式。例如，可以通过家具的布置，检验起居室中是否有过多的开门而影响居住者使用，是否有足够完整的墙面而来布置沙发、电视，沙发和电视间的距离是否恰当、舒适等。

（3）开门的方式

通向室外的大门一般由室内开向室外。在别墅内部，门的开启往往是从走廊开向室内的，门打开后靠向墙壁或家具。同时，初学设计者必须注意：如果房门位于楼梯、坡道或踏步的顶端，那么楼梯踏步和房门之间必须留有足够宽度的休息平台，以供使用者回转，而不能让楼梯顶住房门。

7.6 别墅空间组织与建构

依照本书所提出的设计程序，通过对各个基本条件的分析，将别墅的主要组成部分进行概念性分区。在分析别墅的每个组成元素后，我们对特定基地上、有特定要求的别墅有了比较充分的把握。

下面我们沿着室外到起居室的行进路线，对美国科卢克和塞克斯顿建筑师事务所设计的“砖与玻璃住宅”案例进行空间组合和序列的分析（见图7.19）。

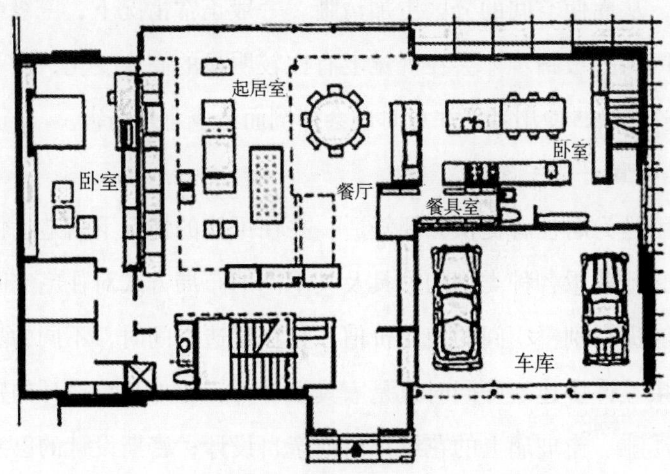

图7.19　砖与玻璃住宅

别墅的主入口设在北面，深深出挑的雨棚在室外界定出别墅的入口空间。进入狭小的门厅，左边的楼梯吸引并引导部分人流向上进入三层。建筑师用一组储物柜挡住人的视线，使人站在门厅不能直接看到起居室，而南面的强烈光线比门厅的楼梯更吸引人，按顺时人流的前进方向，转过储物柜后，人的眼前豁然开朗，一部分为两层通高的起居室成为最吸引人的去处，而起居室内单层层高部分对比并衬托出两层层高的部分，以空间的高度暗示出空间布局的重点。由于左面的起居室空间对比丰富，开敞明亮，而使右面通往开敞式餐厅厨房的相对狭窄的入口很容易被忽视。因此使用者非常自然地就按照设计者预先设计的使用动线进入起居空间。同时，在另一条主楼梯边的走廊上，通往起居室的开口大而顺畅，引人前往，而走廊尽端通往卧室的门则稍稍偏离走廊的中线，卫生间的门更是沿走廊略有退后、有所隐蔽，这两个门都比通往起居室的开口显得次要，不吸引人。在这个实例中，空间序列依次展开，几个空间（如门廊、门厅、楼梯间、起居室、餐厅等空间）界限清晰明确。每组空间之间有大与小、高与矮、明与暗等的对比，使空间的主次分明，同时在对比中引导人在空间中的行进方向，从而形成了流畅的空间序列。

可以看出，建筑内部空间集群要体现出有层次、有重点、统一完整的特性，就需要在进行空间序列的组织中把围与透、对比与重复、过渡与延伸等各种处理手法综合运用起来。

7.7 建筑结构相关知识

建筑结构承担着两个重要作用：第一个作用是保证建筑的安全。建筑必需抵御地心引力、地震和台风的作用，为了使建筑物能够充分发挥其应有的功能，结构方面的知识和技术储备是必备的。第二个作用是对建筑美学的贡献。建筑与雕塑不同，由于它是规模较大的实体，建筑物通常不可能像雕塑那样随心所欲地表现作者所期望的造型，而仅能实现与其所承受力的大小及力的作用原理相适应的造型。

7.7.1 承重结构的分类

（1）墙承重结构

墙承重结构的特点：墙体是传力构件，属于“面”构件。墙体既承重，又具有围护和隔墙的作用。这是最传统、最广泛的结构形式，通常选用砖或石材作为砌墙材料，因此也称为砖石结构。随着混凝土材料的大量使用，该结构演变为砖混结构。如果承重墙体全部采用钢筋混凝土，则称为剪力墙结构。墙承重结构由于具有良好的强度和刚度，常应用在多层、高层建筑中。

（2）柱承重结构

柱承重结构的特点：柱子是传力构件，属于“线”构件。这种结构形式由来已久，中国古代的木结构建筑，无论是穿斗式还是抬梁式，多属于柱承重结构，其内外墙仅起到围护和隔断的作用，因此素有“墙倒屋不塌”的说法。柱承重结构在现代建筑中的应用也极为普遍，只是材料换成了混凝土或钢材。现代的柱承重结构，往往以柱、梁、板组成框架体系，称为框架结构。柱承重结构的内部柱列整齐，空间敞亮，可以根据需要设隔墙或者隔断。

7.7.2 结构布置

别墅建筑设计时，除了因满足使用功能而进行平面和空间的布置以及塑造美的外观和屋顶外，进行合理、经济的结构布置也同样重要。

（1）结构形式

1）砖混结构。砖混结构是一种墙承重结构。墙体材料采用砖砌体，楼面则采用钢筋混凝土楼板和梁。出于抗震的需要，大部分砖混结构的楼板体系采用混凝土现浇结构，以获得较好的整体刚度。现浇楼板的厚度受到跨度和荷载影响，为使板厚不至于过大，往往采用梁来分隔楼板。根据梁的受力特点和作用不同，又分为主梁和次梁。次梁的作用在于楼板自重尽量均匀地分布到主梁上，所以次梁的布置是把楼板均匀分隔成相互平行的几个部分，而主梁则将板和次梁的力再传递给墙体，传至基础。这就是砖混结构的受力原理。

梁的截面高度会影响空间的净高，所以在建筑的剖面图中应予以重点考虑。混凝土楼板的结构厚度通常为100mm。对一般民用建筑而言，主梁的经济跨度为5～8m，主梁的高度一般为跨度的1/10；次梁的跨度一般小于主梁的跨度，高度通常为其跨度的1/14。板的厚度一般不小于其跨度的1/40。楼板的长边和短边之比为2时，称为双向受力板，否则称为单向板。即使其短边是支撑在梁或墙上的，也可以忽略墙、梁对板的约束作用。

2）框架结构。框架结构的受力原理与砖混结构相似，只是力被最终传给了柱子而非墙体。因此，框架结构的内、外也称为填充墙，是不承重的。与砖混结构不同的是，框架柱通常是现浇混凝土，因此能和梁、板共同组成整体性极好的框架体系。

在有抗震要求的建筑中，往往优先选用框架结构而不是砖混结构。当然，砖混结构可以通过一些加固措施来满足抗震需要。另外，框架结构的楼板体系一般是连续现浇的，这样的楼板及梁称为连续板及连续梁。

钢筋混凝土框架结构在我国现阶段普通民用建筑中比较常见，是使用最多的一种结构形式。它通过钢筋混凝土梁柱体系支撑起建筑，而分隔空间的墙体是不起支撑作用的。最为著名的例子当属柯布西耶的多米诺结构体系。在框架结构中，柱与柱之间的距离称为跨度，这个数值通常在10m以下时属于经济跨度。超过这个数值时，我们会开始考虑其他的结构形式，比如钢结构。

3）钢结构。钢结构是由钢制材料组成的结构，是主要的建筑结构类型之一，一般由型钢和钢板等制成的钢梁、钢柱、钢桁架等构件组成。各构件或部件之间通常采用焊缝、螺栓或铆钉连接。因其自重较轻，且施工简单，广泛应用于大型厂房、场馆、超高层建筑等领域。因钢结构容易锈蚀，一般钢结构要除锈、镀锌或涂料，且要定期维护。

（2）各种结构的优缺点比较

别墅建筑由于层数较少（通常在3层以下），就一般情况而言，在抗震设防烈度较低地区（7度），可采用框架结构，也可采用砖混结构和木结构。当采用砖混结构时，对建筑布置有较严格的约束。必须遵循砖混结构的技术规范及建筑抗震规范，特别是上、下墙体应尽量对齐，平面、立面要属规则型。当上层墙内收时，需要用梁来抬墙及更上层的屋面，此时抬墙梁两端支承宜做钢筋混凝土柱，此柱又必须按构造柱施工方法与下层墙体连接。从抗震概念设计范畴来讲不宜采用这种形式。在承重墙上开大孔洞时，洞两侧需要设置构造柱。现代建筑采用的众多大门窗决定了要多用构造柱，其总造价相对于框架结构也并无很大优势。另外，抗震计算后可能要调整建筑平面布置，有可能无法实施最佳建筑方案。而房屋所有人的后续改造却受到严格的限制，因为此时的每一片墙体均不是多余的，而是不可缺少的支承体。其优点是比框架结构造价略低，但这是以牺牲建筑功能和立面造型为代价的，而且其安全可靠性也不及框架结构。钢筋混凝土框架结构在很大程度上能适应建筑体形、视觉要求，其安全性能要比砖混结构可靠，能适应房屋所有人的局部改造，是一种比较合理的结构。

钢结构别墅的优点在于结构性能好、重量轻、强度高、抗震性能好、钢材可回收利用；工厂加工比砌体、混凝土更节能环保，质量也有保证，基础造价低；结构构件截面小、柱细、壁薄，建筑使用面积大；现场施工周期短，现场基本无湿作业，无粉尘、污水等污染。

然而，钢结构不可避免地存在以下的缺点：需要熟练工人，安装费用略贵，而且很大程度上依赖工业配套设施，如预制墙板、屋面板、保温材料、墙体填充的防火材料等。目前国内流行的混凝土、砌体结构基本都是现场湿法砌筑，而轻钢结构需要干法预制墙板。它需要室内装饰材料、设备和方法的配合。比如热水器、空调、画框安装在预制墙板上的方法和现在安装在砌筑墙上的方法就有很大的区别。除此之外，钢结构还需定期保养和维护。

（3）关于悬挑与悬臂

完整的楼板体系一般是由四边支撑的，其端部由墙或柱支撑。但是在日常生活中，我们经常看到一些“出挑”的结构，如阳台、雨棚、篮球架、体育场的看台等，这种结构称为悬挑结构。悬挑结构的梁、板称为悬臂梁、悬臂板。换句话说，悬臂是物体外伸悬在空中的部分。一棵树的树枝就是悬臂，鸟的双翅是悬臂，峻峭倾斜的岩石也是悬臂，可见这并非不寻常的结构形式，而是与大自然紧密相关的。

设计合理的悬臂结构，除了满足使用要求外，还有美化外观的作用，甚至还可以起到受力、变形的平衡和调节作用。别墅外阳台的结构，在钢筋混凝土结构体系下可悬挑2 ~ 2.5m（属于经济跨度），现在悬挑3m也算比较常见了。当然还有其他悬挑结构形式，钢结构可以轻易实现更大跨度（二三十米），以及更小的梁高与跨度比（1/ 30 ~ 1/20）。

（4）结构布置的优化

有时由于使用空间的需要，在一个大空间里为了增加室内的净高而必须减少梁的高度，此时可以设计成“无梁结构”和“井字梁结构”。前者是把板厚加大或在柱顶加“柱帽”，使之形成无梁的厚板结构，但造价相对较高；后者则刚好相反，减少板厚，并布置双向均匀等跨等高的梁，形成“井”字，整齐的方格外观相当美观，无须吊顶装修，缺点是施工略显复杂且空间平面只适用于方形。

总之，在结构设计方面，我们需要长期学习、实践才能逐步掌握分析和优化的方法。

参考文献

[1] 刘波，史青．建筑设计初步［M］．合肥：合肥工业大学出版社，2018.
[2] 程新宇，柴宗刚．建筑设计初步［M］．北京：清华大学出版社，2018.
[3] 陈根．建筑设计：看这本就够了［M］．北京：化学工业出版社，2019.
[4] 亓萌，田铁威．建筑设计基础［M］．杭州：浙江大学出版社，2009.
[5] 李延龄．建筑设计原理［M］．北京：中国建筑工业出版社，2011.
[6] 丁沃沃，刘铨，冷天．建筑设计基础［M］．2版．北京：中国建筑工业出版社，2020.
[7] 周忠凯，赵继龙．建筑设计的分析与表达图式［M］．南京：江苏凤凰科学技术出版社，2018.
[8] 乌兰，朱永杰．建筑设计基础［M］．武汉：华中科技大学出版社，2018.
[9] 韩贵红，吴巍．建筑创意设计［M］．北京：化学工业出版社，2010.
[10] 黎志涛．建筑设计方法［M］．北京：中国建筑工业出版社，2010.
[11] 边颖．建筑外立面设计［M］．北京：机械工业出版社，2012.
[12] 胡仁禄，胡明．当代建筑造型构图技艺［M］．北京：中国建筑工业出版社，2011.
[13] 沈晓舟．现代建筑立面造型细部设计［D］．合肥：合肥工业大学，2010.
[14] 田学哲．建筑初步［M］．北京：中国建筑工业出版社，2019.
[15] 曾坚，蔡良娃．建筑美学［M］．北京：中国建筑工业出版社，2021.
[16] 张文忠．公共建筑设计原理［M］．4版．北京：中国建筑工业出版社，2008.
[17] 董莉莉，魏晓．建筑设计原理［M］．武汉：华中科技大学出版社，2017.
[18] 芦原义信．外部空间设计［M］．尹培桐，译．北京：中国建筑工业出版社，1985.
[19] 彭一刚．建筑空间组合论［M］．3版．北京：中国建筑工业出版社，2008.
[20] 顾大庆，柏庭卫．空间、建构与设计［M］．北京：中国建筑工业出版社，2011.
[21] 张伶伶，孟浩．场地设计［M］．北京：中国建筑工业出版社，2011.

［22］间寒．建筑学场地设计［M］．北京：中国建筑工业出版社，2012.

［23］刘磊．场地设计［M］．北京：中国建材工业出版社，2007.

［24］赵晓光．民用建筑场地设计［M］．北京：中国建筑工业出版社，2004.

［25］姚宏韬．场地设计［M］．沈阳：辽宁科学技术出版社，2000.

［26］岳华，马怡红．建筑设计入门［M］．上海：上海交通大学出版社，2014.

［27］马云林．别墅设计［M］．重庆：重庆大学出版社，2018.